機械学習工学

Machine Learning Engineering

石川冬樹
丸山 宏 編著

柿沼太一
竹内広宜
土橋 昌
中川裕志
原 聡
堀内新吾
鷲崎弘宜 著

講談社

■ シリーズ編者
杉山　将　博士（工学）
理化学研究所 革新知能統合研究センター センター長
東京大学大学院新領域創成科学研究科 教授

- 本書の内容に関して適用した結果生じたこと，また，適用できなかった結果について，著者および出版社は一切の責任を負えませんので，あらかじめご了承ください．
- 本書に記載されているウェブサイトなどは，予告なく変更されていることがあります．
- 本書に記載されている会社名，製品名，サービス名などは，一般に各社の商標または登録商標です．なお，本書では，™，®，©マークを省略しています．

■ シリーズの刊行にあたって

インターネットや多種多様なセンサから，大量のデータを容易に入手できる「ビッグデータ」の時代がやって来ました．現在，ビッグデータから新たな価値を創造するための取り組みが世界的に行われており，日本でも産学官が連携した研究開発体制が構築されつつあります．

ビッグデータの解析には，データの背後に潜む規則や知識を見つけ出す「機械学習」と呼ばれる知的データ処理技術が重要な働きをします．機械学習の技術は，近年のコンピュータの飛躍的な性能向上と相まって，目覚ましい速さで発展しています．そして，最先端の機械学習技術は，音声，画像，自然言語，ロボットなどの工学分野で大きな成功を収めるとともに，生物学，脳科学，医学，天文学などの基礎科学分野でも不可欠になりつつあります．

しかし，機械学習の最先端のアルゴリズムは，統計学，確率論，最適化理論，アルゴリズム論などの高度な数学を駆使して設計されているため，初学者が習得するのは極めて困難です．また，機械学習技術の応用分野は非常に多様なため，これらを俯瞰的な視点から学ぶことも難しいのが現状です．

本シリーズでは，これからデータサイエンス分野で研究を行おうとしている大学生・大学院生，および，機械学習技術を基礎科学や産業に応用しようとしている大学院生・研究者・技術者を主な対象として，ビッグデータ時代を牽引している若手・中堅の現役研究者が，発展著しい機械学習技術の数学的な基礎理論，実用的なアルゴリズム，さらには，それらの活用法を，入門的な内容から最先端の研究成果までわかりやすく解説します．

本シリーズが，読者の皆さんのデータサイエンスに対するより一層の興味を掻き立てるとともに，ビッグデータ時代を渡り歩いていくための技術獲得の一助となることを願います．

2014 年 11 月

「機械学習プロフェッショナルシリーズ」編者
杉山 将

刊行によせて

深層学習に代表される機械学習の技術が急速に進化しつつある．画像認識，音声認識などではすでに，状況によっては人間の能力を超えているものもある．だが，新しい技術が社会に広く受け入れられるようになるには成熟が必要だ．

機械学習研究の第一人者の一人である，カリフォルニア大学バークレイ校の Michael Jordan 教授は 2018 年のブログで，人々が安心して橋をわたれるのは土木工学という知識体系があるからだ，同様に我々にも機械学習という技術を安心して使えるようにするための，新しい工学が必要だと訴えた[*1]．これを機械学習工学と呼ぼう．

実はソフトウェア技術に工学が導入されるのはこれが初めてではない．およそ 60 年前，情報技術が未成熟だったころに「ソフトウェア危機」が叫ばれたことがあった．当時どんどん高性能化するハードウェアに対して，高品質なソフトウェアをタイムリーに作れる方法論がなかったためだ．それに呼応して，ソフトウェア工学という新しい学問分野が現れた．60 年経った今，ソフトウェア工学は高品質なソフトウェアを開発するためになくてはならないものになっている．

本書は，我が国のソフトウェア工学の専門家と機械学習の専門家が知恵を集めて，機械学習を工学にしようと 2017 年から取り組んできた成果をまとめたものである．ソフトウェア工学と機械学習という異なる学術分野の接点だけではなく，学術研究者と実務家の間の密接な議論の結果であることが，工学としての特徴を示している．

産業革命時に機械を打ち壊したラッダイト運動の例を引くまでもなく，新しい技術の導入には反対や慎重論がつきものだ．だが，スマートスピーカから自動運転車まで，機械学習が社会に与えるインパクトの可能性を考えれば，いずれ機械学習が工学として熟成されていくのは間違いない．本書がその最初の 1 ページとなることを強く期待する．

2022 年 5 月　　丸山 宏

*1 https://medium.com/@mijordan3/artificial-intelligence-the-revolution-hasnt-happened-yet-5e1d5812e1e7

まえがき

本書の背景

第3次AIブームと呼ばれる潮流，特に深層学習技術の大きな進展を受け，機械学習技術を用いたAIシステムの産業応用への取り組みが盛んに行われている．これまで機械学習においては，とにかく予測性能を実用的なレベルに上げることが焦点であった．

一方で，ある程度の予測性能が達成され，産業応用に耐えるかという検討が行われると，多様な要請が生じてきた．まず予測性能といっても，「集めたデータに対して85%正解した」というだけでは不十分で，ビジネス上の価値創造や課題解決を明確にし，それらにつながるような評価が必要である．また予測性能以外にも，影響が大きい特定の失敗が起きる可能性が十分に低いという安全性や，予測の結果を利用者が解釈し受容しやすいかという説明可能性・解釈性などの要請もある．

加えて，ビジネスとして成立するように，価値とコストが見合っていなければならない．つまり，開発や運用の活動が効率よく安定して行われることも必要である．新たなシステムに取り組むたびに，さまざまな判断を一からそのつど考えてなんとなく行う，あるいは天才・ベテランに完全に依存するような形では，活動の効率や成果物の品質を継続的に維持・向上していくことは難しいだろう．活動に参加する開発者の経験やアイデアを活かしつつ，原則や規律をもって組織的で系統立った取り組みを行う必要がある．

最初に挙げたように，予測に関する挙動や性能をとらえるためには，当然ながら機械学習技術に関する知見が必要である．一方で，次に挙げた開発や運用の活動の効率化や安定化については，ソフトウェア工学技術やシステム工学技術に関する知見が必要である．しかし，それらの分野における既存の知見がそのまま活用できるわけではない．機械学習の観点では，産業や社会からの要請はかつてないほど強く，それらに対応することは新たな課題となっている．ソフトウェア工学やシステム工学においては，振る舞いを人が設計するシステムが主対象となっており，振る舞いをデータから獲得するシステムに対する取り組みは主流ではなかった．

上記の観点からの議論は特に2017年後半から盛んに行われるようになり，国内では本書のタイトルである「機械学習工学」という言葉も提起された．この言葉を使うかどうかはさておき，本書執筆時点（2021年はじめ）においては，システムの開発や運用，その先にある価値創造・課題解決のための工学的アプローチは，すでに本格的な潮流となっており，研究開発やガイドライン化などの対象となっている．

本書は，この機械学習工学への要請という喫緊の課題を受けて，発展途上ながらも執筆時点（2021年はじめ）における知見をまとめ，実務者や研究者の活動を支えることを目的としている．

本書の位置づけと読み方

本書は機械学習工学，すなわち機械学習を用いたシステムの開発や運用に関する原則や技術に焦点を当てている．このため基本的には，開発や運用の活動に携わる実務者や研究者を対象としている．この対象には，開発や運用を直接担当するエンジニアは当然として，エンジニアの活動を理解し密に協働すべき発注者や経営者も含まれる．

本書においては，機械学習工学に関する多様なトピックのうち，執筆時点（2021年はじめ）において代表的なトピックを俯瞰的にまとめている．実務者や研究者には特定のトピックにしか直接関連がないということもあるかもしれない．例えば本書では，契約や倫理に関するトピックも扱っており，技術的なことにしか興味がない（今の業務で携わらない）というエンジニアもいるかもしれない．本書はもちろん一部の章のみ読んでいただくことも可能な構成となっている．しかし，結局のところ，一見異なる観点が数珠（じゅず）つなぎのように互いに関連しており，それら全体を踏まえることで適切な議論が可能となる．ぜひいろいろな章に目を通していただきたい．

一方で，本書は俯瞰的であるため，それぞれのトピックについては参考文献をたどっていただき，より深い知見を得る必要がある．また分野として新しく技術的にも社会的にもまだまだ情勢が変化していくことが考えられる．このため，本書を読んでいただく時点での最新知識は，最新のガイドラインやレポート，論文などを調査いただく必要性もあるかもしれない．本書を，そういった活動の基盤として活用いただきたい．

本書の構成

本書では，まず 1 章において本書の位置づけや，本書における基本的な概念や用語について説明している．そのため，最初にざっと目を通していただくのがよいであろう．2 章から 8 章においては多様なトピックをそれぞれの章で論じており，基本的にはどの章から読んでもかまわない．9 章では，本書で扱えなかったトピックを紹介している．以下に 1 章以降の内容を示す．

第 I 部：機械学習工学とは

1 章においては，AI の歴史を振り返りつつ 2018 年前後において盛んとなった機械学習工学への潮流について論じる．

1 章：機械学習工学
2018 年前後に急激に立ち上がった機械学習工学の潮流および，本書において焦点となる概念について概観する．
（中川裕志・理化学研究所，石川冬樹・国立情報学研究所）

第 II 部：機械学習システムの開発・運用マネジメント

続いて二つの章においては，機械学習技術を活用したシステムの開発および運用のそれぞれについて，全体を俯瞰し，主な活動や重要な原則についてまとめている．

2 章：機械学習システムの開発とその検証プロジェクト
機械学習を用いたシステムを開発するプロジェクトの全体像を概観する．特に，PoC と呼ばれる検証フェーズについて，ビジネスとの整合性（アライメント）に着目して分析する．
（竹内広宜・武蔵大学）

3 章：機械学習システムの運用
機械学習を用いて開発したシステムの運用に関する原則やアプローチについて論じる．特にデータの傾向やモデルの性能の変化に対する監視や，変化への対応に着目する．
（堀内新吾，土橋昌・株式会社エヌ・ティ・ティ・データ）

第 III 部：機械学習システムの開発技術と倫理

次の 4 つの章においては，ソフトウェア工学における重要な技術領域として，システム設計および品質保証の二つについて論じる．これらの領域は，機械学習を用いたシステムの開発・運用に適合するための概念整理や技術の提案が特に盛んになされてきた領域である．加えて，品質と近いがより広く，人間や組織，社会との接点を考える AI 倫理についても論じる．

4 章：機械学習デザインパターン
機械学習を用いてシステムを開発していくためのパターン，すなわち頻発する問題とその解決アプローチを解説する．特にモデルやシステムの設計に関するデザインパターンを扱う．
（鷲崎弘宜・早稲田大学）

5 章：品質のとらえ方と管理
機械学習モデルや，それを含むシステム全体に対する品質の評価や管理を概観する．特に，ガイドラインなどで示されている評価の観点（品質特性）を中心として，従来のソフトウェアシステムに対する考え方との差異について論じる．
（石川冬樹・国立情報学研究所）

6 章：機械学習モデルの説明法
機械学習モデルに対して，その出力の説明根拠や理由を「説明する」技術について論じる．異なる技術アプローチの仕組みと特性を理解することを重視する．
（原　聡・大阪大学）

7 章：AI 倫理
人間や社会とのかかわりの観点から機械学習技術が利用される AI システムのあり方，特に AI 倫理と総称される側面について論じる．
（中川裕志・理化学研究所）

第 IV 部：機械学習と知財・契約

機械学習を用いたシステムの開発に内在する難しさや不確実性ゆえに，システム開発契約における課題も顕在化している．本章では，このような課題も機械学習工学の重要な側面と考えて議論する．

8 章：機械学習と知財・契約
機械学習における知的財産や契約の考え方について，特に開発者の観点から基本的な考え方や必要な留意事項について論じる．
（柿沼太一・弁護士法人 STORIA）

第 V 部：機械学習工学の今後

機械学習工学分野はまだ発展途上であり，本書で扱えなかった側面が多く存在する．本章では，そういった側面の一部について論じるとともに，今後に向けた期待を述べる．

9 章：今後に向けて
本書で扱えなかったトピックにも言及しつつ，今後に向けた期待を述べる．
（石川冬樹・国立情報学研究所）

■ 目 次

第II部 機械学習システムの開発・運用マネジメント 29

Chapter 7

第 7 章 AI 倫理 …… 199

第I部

機械学習工学とは

Machine Learning
Professional Series

Chapter 1

機械学習工学

中川裕志（理化学研究所）
石川冬樹（国立情報学研究所）

2018 年前後に急激に立ち上がった機械学習工学の潮流および，本書において焦点となる概念について概観する．

1.1 機械学習のプロローグ

1.1.1 第 1 次 AI ブーム

機械学習技術が現在の状況に至るまでの経過を俯瞰するにあたっては，人工知能 (**Artificial Intelligence, AI**) の誕生と進展を切り離すことができない．そこで，本節では，AI の誕生から今日の機械学習技術に至る道筋を技術そのものだけではなく，その時期ごとの社会的環境との関係も含めて振り返ることにする．

AI というアイデアは誕生の場所と年月がはっきりしている．1956 年 7 月から 8 月にかけてアメリカのダートマス大学で開催された計算機科学の研究者が集まった会議で，ジョン・マッカーシーが人間の知的能力を計算機で実現することを AI と名づけたことが開始点である．

AI ほど知られてはいないが，**知的支援 (intelligent assistance)** あるいは**知的増幅 (intelligence amplifier)** すなわち IA という概念は，具体的な知的システムを計算機技術で実現するというものである．ただし，その誕生ははっきりしない．その理由はAIが冬の時代になったときのAI研究者や情報科学研究者の活動の目的をIAとしてとらえたからである．AIのちょうど裏側にいるのがIAである．そして，AIの誕生以来，AIとIAが主役交代を繰り返してきた．

AIは，計算機科学や情報科学の研究者たちの知能への純粋な好奇心から生まれたアイデアであろう．マッカーシーは論理的推論を知的能力と考えていたので，それを計算機で実行するためのプログラム言語としてLISPを開発した．だが，当時は高価だった計算機を使う以上，資金は必要である．一方，当時，アメリカ政府（国防省）は，ソ連の内情を知るために，大量のロシア語の文書を理解したかったが，人間の力だけでは限界だった．そこでロシア語を対象言語にした露英機械翻訳の実現に期待し投資した．機械翻訳はAIの重要なテーマと考えられていた．だが，当時の貧弱な計算機ではまったく歯が立たず，進展はなかった．この状態を失敗と断じたALPAC Report*1が1965年に刊行された．このレポートでは機械翻訳の前にそもそも言語の計算的仕組みを明らかにするべきだとしている．つまり，人間の知的能力を計算機で行うという理念の実現を目標としたAIにおいて，知的能力が何かをよくわかっていなかったことに警鐘を鳴らした．言い換えれば，AIは当時の状況では，相当な無理筋の研究だったことが露呈したわけである．こうして，第1次AIブームは去り，冬の時代を迎えた．

この冬の時代にIAとしてはタイムシェアリングシステム，日本ではかな漢字変換などの実用的なシステムやソフトウェアが開発された．かな漢字変換は日本ではいたるところで使われているので機械学習技術とは関係ないと考えているかもしれない，しかし，開発初期の言語学の知識を基礎にしたシステムから，変換に関する規則を大規模な言語データで学習することによって，性能向上が実現された経緯においては機械学習技術の活用が必須であったといえる．

1.1.2 第2次AIブームと日本の状況

1970年代後半から医学など種々の分野における専門家のスキルを計算機上

---

*1 A Report by the Automatic Language Processing Advisory Committee, https://web.archive.org/web/20110409070141/http://www.mt-archive.info/ALPAC-1966.pdf ［2022年4月にアクセス］

で実現するエキスパートシステムが注目され，AI は第 2 次ブームを迎える．エキスパートシステムで必要となる対象分野の知識は，その分野の専門家に作ってもらえばよいと当初は考えていた．しかし，実際に実用的なエキスパートシステムを作ろうとすると，この方針は安易すぎることが露呈した．人間の専門家が持っている専門分野の知識をエキスパートシステムの入力となる if-then 型ルールの知識として書き下すことは，専門家にとって容易な作業ではなかった．数千，数万というルールを矛盾のない知識体系として整備することは，人間の能力にあまるようなタスクであり，専門家は窮した．当時は，自動的な知識獲得を行う機械学習技術も存在しなかった．こうして，エキスパートシステムの実用化は挫折し，1980 年代後半には再び冬の時代を迎える．

この時代の日本の状況について触れておくことは，今後の AI，機械学習の基礎理論とビジネス化を考えるときの参考になる．1980 年当時，一階述語論理という体系化された数理モデルに基づく Prolog という論理型プログラミング言語が if-then 型ルールを実現するプログラミング言語として，日本では注目され，第 5 世代コンピュータプロジェクトとして 500 億円の国費を投入して研究が進められた．

では，アメリカでは当時は何をしていたのだろうか．進化するネットワークに対応できる OS として Windows3.1，ついで Windows95 をマイクロソフト社が開発していた．日本では，このような将来の IT の支配的インフラになる OS を無視していたのかといえば，そんなことはなく，TRON という OS 開発プロジェクトを東京大学の坂村教授が進めていた．ではなぜ OS ではなく論理型言語に国家的に注力することになったのだろうか．TRON を初等教育用の PC の OS にしようという国家プロジェクトの動きはあったのだが，アメリカは TRON を国家的に優遇することは非関税障壁と考えたらしい．交渉の過程はわからないが，結果として，TRON は国家プロジェクトにならず論理型言語が国家プロジェクトになった．

このことから得られる教訓は，大きな予算が動く研究というのは，技術的な良し悪しだけで決まるのではなく，産業政策，国際関係など政治情勢に左右される可能性があることである．論理型言語は論理学や推論という基礎的な研究であったが，それでも時の状況に翻弄された．研究者や技術者が自分の専門技術だけしか見ていないと，危うさがつきまとう．社会状況，政治・経済状況，法制度の基礎などにも最低限の知識と現状把握能力を持ち，将来性のある研究テーマを選ぶことが重要である．

さて，2 回目の冬の時代の IA の成果は，1 回目の冬の時代の IA より現代に大きな影響を残した．まず想起される成果は，インターネット上の Web ページをスクロールして収集し，これをデータベース化して，誰でも容易に検索できるようにした検索エンジンの普及である．

コラム　Google の誕生

検索エンジンの代表である Google は，ラリー・ページとセルゲイ・ブリンが立ち上げたベンチャー企業から出発した．この 2 名はスタンフォード大学の大学院生であり，指導教員にこのテーマを与えられたという．指導教員は第 1 次，第 2 次の AI ブームの中心人物の 1 人であり，自然言語処理の著名な研究者であったテリー・ウィノグラードである．彼は，積み木の箱の世界を自然言語で操作するシステムの開発者として有名だが，実用化が絶望的に困難であることを身をもって体験した人物である．その彼が，大学院生に与えた研究テーマが Google のもとになったのは興味深い．

これによって，膨大なデータを研究・開発・ビジネスで利用できるようになった．つまり，大量のデータを必要とする機械学習技術のデータインフラストラクチャーを構築できる技術が整った．一方，第 2 次 AI ブームの課題だった知識獲得は，意外な方向，すなわち人力で知識を入力し集積するという AI が目指した機械化とは逆の方向で Wikipedia として実現された．内容の正確さや完璧さには目をつぶり，世界中の興味を持った専門家が自由に項目を書き込めるという人海戦術が成功したわけである．人海戦術ではあるものの，人数の多さ，専門家の知識を伝えたいという熱意は想像を超えていたということである．インターネット上の百科事典である Wikipedia はこうしてできあがり，成長を続けており，現代の AI とりわけ自然言語処理の分野では必須の情報資源となっている．

これらの例で示した検索エンジンや Wikipedia は，目的が極めて明確で研究・開発・事業化がしやすい．したがって，社会に直接与える影響はもちろん，機械学習技術への関与としては IA の成果のほうが大きかったと考えられる．

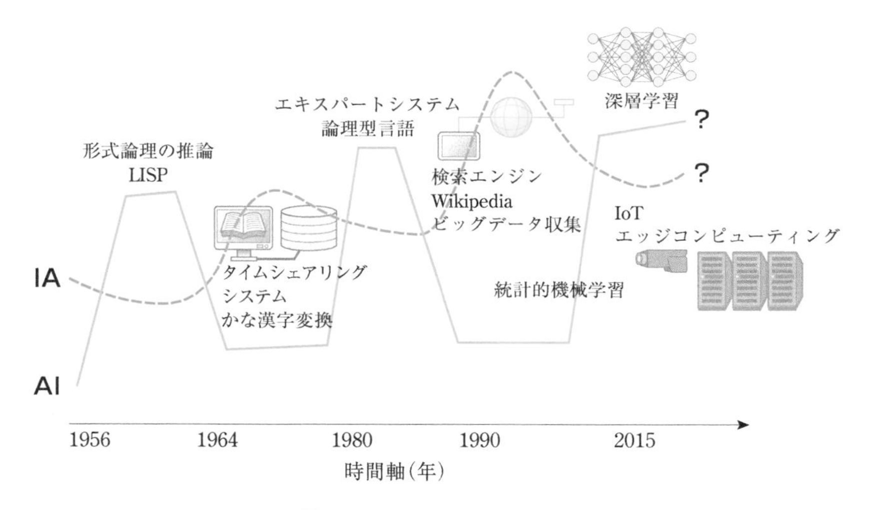

図 1.1 AI と IA の歴史的推移

こうして見てくると，人間のような知的能力を持つ計算機のソフトウェアという AI の定義は，人間の知的能力が明確化されていない以上，目的自体がどうしても不明確になりがちである．とはいえ，人間の知的能力とは何かという人間にとって本質的かつ科学的な問いかけを想起させ続ける AI は，哲学，数学，脳科学，社会科学などを巻き込みつつ，そのカバー範囲を拡大している．AI は常に新しい疑問点や問題点を発掘してくる概念枠組みであり，その価値は下がることはない．以上述べた AI と IA の浮き沈みの歴史的推移を図 1.1 に示す．

1.1.3 第 3 次 AI ブームへ

1980 年代後半からの 2 回目の冬の時代にもう一つ大きな変化があった．インターネットや検索エンジンの普及で，膨大なデータが容易に入手可能になった．このデータを研究・開発・ビジネスのための情報資源として使う流れが巻き起こった*2．

データ利用のための手段としてまず利用されたのは統計学である．入手で

*2 それ以前は，研究目的ですら自由に使える電子的データはほとんど存在しなかった．

きたデータ量が大きければ，母集団の確率分布を正確に推定できる統計学における推論手法が膨大なデータによって実用的な効果を狙って利用されはじめた．精度の高い母集団の確率分布が得られれば，新規に入手したデータから，回帰・分類・予測などの有益な処理結果を高い精度で得られる．

コラム　データマイニング

統計的技法をビジネス目的で体系化し，ツールを整備したことによって，データから価値あるデータを発掘するというデータマイニングが一世を風靡した．有名な例としては，スーパーマーケットの購買履歴を大量に集めたビッグデータをデータマイニングすると，紙おむつとビールを同時に買う人が多いということがわかった．この結果から，商品棚に紙おむつとビールを近接して配置して売上増加を達成した．この例に限らず，データマイニング技術は，物の購買，イベントの推薦，旅行，医療など多くの分野で有力な手段を提供した．

気をつけなければならないのは，入手したデータそのもの，すなわち生データを機械学習の入力データとして使えるように前処理して整形すること，すなわちデータクレンジング処理が大きな労力を要することである．

このように大量のデータから統計的処理によって有意義な結果を得る機械学習は，1990 年代から本格的に発展した．この流れをさらに加速したのが深層学習である．

深層学習は，1980 年代から研究されていたニューラルネットワークを大規模化と新たな理論的工夫によって，大量かつ画像など高次元のデータを効果的に扱える機械学習アルゴリズムであり，2010 年以降に急速に発展した．深層学習を用いて，人物の画像から多数の層間を重みづけ変換して順次計算し，最後にその人物の感情を認識する例を図 1.2 に示す．左端の人物の画像を入力し，各画素を重みづけして総和したものを非線形変換して次の層の入力とする．この変換を次の層に対して行うことを繰り返し，最終結果を右端の層で得る．そこでは，赤丸は怒り，青丸は喜び，白抜きの丸は判定できずという結果に分類される．

深層学習は，それまで 0.1%の精度向上にしのぎを削っていた既存の機械学

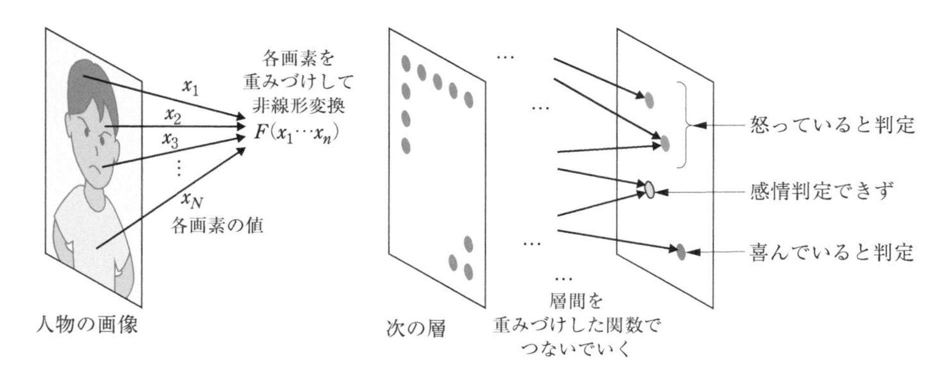

図 1.2　深層学習の概念例

習の性能を一気に 10%というレベルで改善することに成功した．このような深層学習によってもたらされた AI システムの性能の大幅な上昇によって第 3 次 AI ブームが開花した．

コラム　データのバイアス

機械学習の結果の価値は使用するデータに大きく依存する．機械学習で用いる入力データを作成するにあたって，特定の種類のデータを意識して使わない，例えば人種，性別などによって特定のデータを使用するかどうかが恣意的に決められてしまうと，悪意を含んだ結果になってしまう．仮に悪意を持った恣意的操作でなくても，既存のデータに人種，性別などの特徴量における偏り（バイアス）があると，信頼できる結果が得られない．例えば，新入社員の採用を機械学習で判定する場合，過去の女性の応募者ないし女性の社員が非常に少なく，採用例がないと，新規に応募した女性の採用判定の不利な結果が出やすくなる．機械学習を実用の場で使うにあたっては，このようなデータのバイアスを十分に吟味しなければならない．このことは 7 章に述べる AI 倫理指針では重視する項目とされている．

1.1.4　第 3 次 AI ブーム再考

第 3 次 AI ブームのけん引車になった深層学習は，性能向上と引き換えに内部での学習メカニズムが複雑で，学習過程が理解しにくいというブラックボックス化を起こしている．その理由は，深層学習によって学習された分類器・識別器などは，データの次元が高いこと，隣接層との間が非線形重みの関数を含むコネクションでリンクされた多数の層の重なりからできていることなどから，その動作の説明可能性が低い．画像認識において，1 画素 1 次元として，1 画面を構成している画素数と同じ次元を持つと，非常に大きな次元のデータになってしまう．幸いなことに画像の場合はどの部分に着目したかを提示することができる．しかし，自然言語処理や社会の種々の場所に設置されたセンサやビデオカメラから継続的に発生される IoT データの処理など，直感的な説明表示が困難な分野では，なぜその結果が得られたかを一般人にも理解できるような説明を生成できないと，利用者に結果を信頼してもらいにくい．まして，結果が利用者の予測と異なる場合は，その理由の説明を要求されることが多いだろう．

説明可能性は，AI の実用化が進むにつれて，AI システムに対して要求されることが増えている．しかし，現実には説明可能性，さらに生成された説明の理解可能性まで含めると，これらの技術は第 3 次 AI ブームを支えた機械学習技術では十分には解決できていない．

ここで，第 1 次，第 2 次の AI ブームを振り返ってみよう．人間の知能を計算機で実現する AI の手段として論理学を基礎とする論理式や人手で作った if-then 型ルールに基づく推論は，大規模化が苦手で発展性に乏しいと思われていた．しかし，論理式や if-then 型ルールの意味は明確で，推論システムの動作を説明できるという点ではすぐれていたことも事実である．6 章で述べるように，深層学習でブラックボックス化した分類器や予測器を意味が明確で理解可能な決定木や if-then 型ルールのリストを用いて説明用に近似するという研究が進展してきている（6 章参照）．

深層学習は計算速度，メモリ量の大きなマシンで長時間計算しなければならないという点を横目で見て，むしろ，旧来のサポートベクトルマシン，ランダムフォレスト，XGBoost*3 のような学習をこつこつと鍛えた結果，深層学習に匹敵する性能も出せる場合も増えてきている．特にデータサイズが小

*3 それぞれ機械学習のアルゴリズムの一種である．

さい場合は深層学習の優位性は薄れるかもしれない．

加えて，目的は限定的とはいえ速度的には極めてすぐれた量子計算機の研究開発も盛んになってきている．また，人間の脳と神経レベル，ないし脳の局在化した処理モジュールに近い構造を持つ全脳アーキテクチャの研究も続いていることを考えると，機械学習技術は進歩し続けているという意識を持つことが大切である．

AIの立場から見れば，機械学習も現状の技術に限定して考えるべきではないということを第1次，第2次AIブームのときに学んだ．そのような観点から，機械学習技術を産業に応用していくための課題を次節で展開する．

1.2　機械学習技術の産業応用に向けた課題

改めて機械学習という用語を広く定義すると，データをもとにして，そのデータを理解したり，そのデータをもとに何かの予測をするための数学的なモデルを構築したりする技術である．数学的なモデルというと広くさまざまなものが考えられるが，実用上は入力から出力を予測する方法ととらえることが多い．つまり**情報技術**(**information technology, IT**)または**情報通信技術**(**information and communication technology, ICT**)の観点では，機械学習とは，予測機能を持つソフトウェアを，データに基づいて構築する技術と見なせる．

2010年代においては，特に深層学習技術を中心として，機械学習技術が大きく発展した．膨大な数のパラメータにより機能を表現・学習できる深層学習により，画像や音声，自然言語など複雑なデータを扱う機能が実現できるようになった．例えば，画像に写っている物体が何であるかを判別したり，音声を日本語の文書として書き出したりする機能である．深層学習技術の発展により，こういった機能における正解率などの予測性能が飛躍的に向上し，実用化が盛んに検討されるようになった．一般には人工知能(AI)という言葉が用いられ，さまざまな産業分野での活用検討が進んだ(第3次AIブーム)．

データに基づいて機能を構築するということは，逆に，実現したい機能を処理規則として細かに書き出す必要がないということである．従来のソフトウェア開発のほとんどにおいては，条件分岐や繰り返しといった制御構造を用い，人間の開発者がソフトウェアの挙動を定義しプログラムとして書き出してきた．しかしこの場合，多数のデータ項目を考慮しての総合判断や，処理規則を書き出すことが困難な画像や音声，自然言語に対する判断の実現は難しい．例えば画像に写っているものが犬なのか猫なのかを分類するというだけでも，人間の感覚としては一定の判断基準があるものの，処理規則として言葉や数式として書き出すことは難しい．機械学習技術の実用化は，そのような機能の実現を可能とし，ソフトウェアの可能性を大きく広げている．画像に写ったものを分類するという機能だけ考えても，自動運転や運転支援における標識や障害物の種別判断，工場における不良製品の検出，内視鏡画像などを用いた医療診断など，機械学習により高い実用性が確立された応用事例が多数ある．

機械学習技術の性能が限られていた時代においては，大学の研究室や企業の研究部門が，正解率などの予測性能をとにかく上げることを目的とした研究開発に取り組んできた．しかし機械学習技術はいまや，実用的なソフトウェアを構築するための技術であるといえる．企業であれば事業部門が活用していく技術ということであり，産業界や社会におけるさまざまな立場のステークホルダ（利害関係者）がかかわることになる．当然ながら，製品あるいはサービスとしての良し悪しが重要になるということである．予測性能はもちろん高いほうがよいであろうが，それに限らず，以下のような問いが本質的となる．

- 機械学習技術を用いて構築したソフトウェア，そしてそれを中心としたシステムにより，どれだけの価値創造・課題解決ができるか．
- そのシステムの開発や運用において，品質や効率をどのように高めていくか．

これらの問いは，予測機能の実現や高性能化そのものを主に目指してきた機械学習技術とは異なる視点からの問いである．むしろ，機械学習技術を用いない従来のソフトウェアシステムに対して，ソフトウェア工学やシステム工学といった分野が挑んできた問いである．

一方で，機械学習技術を用いて構築したソフトウェアは，データからの訓練により機能を定義・実現するという，従来のソフトウェアと大きく異なる特性を持つ．訓練や評価に用いるデータが非常に重要な役割を果たすとともに，構築した振る舞いは開発者が直接定義したものではなく不確実性がある．このため，従来のソフトウェア工学やシステム工学の知見や技術が必ずしも有効とは限らない．機械学習を用いたAIシステムの潮流を受けて，これまで機械学習技術を知らなかったようなソフトウェア技術者が，機械学習を用いたシステムに携わることが非常に多くなってきている．従来から積み上げてきた開発，品質保証や運用のノウハウを活かしつつ，機械学習技術の特性に適合させ，開発や運用の効率や安定性を高め，高品質なシステムを送り出す方法論を確立することが急務となっている．

これらの背景を受けて，日本国内では**機械学習工学** (**Machine Learning Systems Engineering, MLSE**)*4 という分野名を掲げての活動が，2018前後より立ち上がった．もちろんこのような知見や技術に対する追求を新たな分野名のもとで掲げるかどうかは本質的でなく，機械学習分野やソフトウェア工学分野でも同様な観点での追求が当然行われている．本書は「機械学習工学」と題し，以下のようなアプローチについて論じていく．

用語解説

機械学習工学

機械学習技術を一部分にでも用いて構築されたソフトウェアシステムの開発・運用・保守に対する工学的アプローチ，すなわち，系統的で規律化された定量化可能なアプローチ．

1.3 機械学習

前述のように本書における機械学習とは，予測機能を持つソフトウェアを，データに基づいて構築する技術である．本書執筆時点において産業応用が追求されているのは，主に教師あり学習と呼ばれる技術である．「教師あり」とは，各入力値と入力に対する出力値のペア（すなわち正解例）がデータとして与えられているということを意味する．このデータを**訓練データ** (**training data**) と呼ぶ．教師データや学習データと呼ぶこともある．

*4 機械学習工学という用語は，日本ソフトウェア科学会における機械学習工学研究会にて用いられた．https://sites.google.com/view/sig-mlse/

1.3.1 教師あり学習

教師あり学習 (**supervised learning**) では，既存の入出力データをもとに，その入出力の関係性を再現するような予測機能を実現することを目指す．過去に起きた事柄に関するデータセットがあれば，同じ状況で起きそうなことを予測する機能を実現できる．例えば，売上や天気の予測である．人間が過去に実施した判断に関するデータセットがあれば，あるいは工数をかけて用意すれば，同じような判断を行う機能を実現できる．例えば，ローン貸し付けの可否判断や，画像に写った物体の識別である．

ここでの予測とは，入出力の関係性が明示的に与えられていない場合でも，入力から出力を求めることを指している．技術的な用語としては，出力がカテゴリからの選択である場合は**分類** (**classification**)，出力が数値である場合は**回帰** (**regression**) と呼ぶ．一般的な言葉としては，予測というよりも，判断や分類，識別，検出といった言葉が合うこともある．しかし具体的なタスクを定めずに一般的に論じる場合，「予測」という用語を用いる．また，「推論」という用語を用いることも多い．

教師あり学習においては，「製品の画像を入力として，不良品を検出する」というように，自分たちのビジネスに含まれるタスクのシステム化（自動化）による応用イメージを持ちやすい．本書では，執筆時点でのこの状況を踏まえ，教師あり学習を主題として機械学習工学に関する議論を行っていく．

用語解説

本書において主題となる機械学習

与えたデータセットから入出力の関係性を得ることで，予測機能をソフトウェアとして実現する教師あり学習技術.

なお，本書においては，**学習** (**learning**) よりも，**訓練** (**training**) という用語を用いている．「AI が何かを学んでくれる」という比喩的な受け止め方をすべきでないという意識があるためである．あくまで，エンジニアを中心とした人間が主語となる工学的な活動として「訓練」があるということである．

1.3.2 他の機械学習技術

教師あり学習と対比される技術としては，教師なし学習がある．教師なし学習の場合は，正解値のようなものは定義せず，データセットを分析して何かしらの知識を得ることを目指す．これはビジネスにおいて非常に重要なことであり，データサイエンスの根幹であるともいえる．ただし，知識を得る部分については，可視化，相関分析，クラスタリングなどの共通技術からの選択とカスタマイズ，インターフェース整備を行うことが主となる．このため，教師あり学習ほど，自分たちのビジネス固有の特別なシステム化を検討するわけではない．また本来，教師なし学習は探索的であり，開発プロジェクトとして構造化して取り組むことが難しい．これらの理由により本書執筆時点では，機械学習を用いたシステム開発といえば，教師あり学習が主題になっている．

ほかにも，「状況に応じた適切な行動の選択」を得る強化学習という技術もある．残念ながら本書執筆時点では，ビジネスにおける強化学習の活用について知見がたまっているとはいいがたい．今後，活用事例やそれにともなう知見の累積を受けて，強化学習のための工学的ノウハウについてもぜひ整理をしていきたい．

1.4 ソフトウェア工学

ISO/IEC/IEEE 12207:2017 によれば，ソフトウェア工学の定義は以下となっている（著者による訳）．

> **用語解説**
>
> **ソフトウェア工学**
>
> ソフトウェアの開発，運用，保守に対する，系統的で規律化され，定量化可能なアプローチ，すなわち工学的アプローチの適用．

1.2 節における機械学習工学の定義もこれにならっている．ソフトウェア工学には，非常に多岐にわたるトピックが含まれる．例えば，ソフトウェア工学に関する知識体系（SWEBOK 3.0*5）では，15 個の知識領域を定義している．要求，設計，構築，テスティングといった開発の活動に加え，プラクティス（適切な活動の指針），管理，経済的観点なども含まれる．

以下では，本書において現れる概念について簡単に論じる．機械学習工学自体発展途上であるとともに，限られた紙面ということもあり，ソフトウェア工学のごく一部の観点しか扱えていない点には注意していただきたい．

1.4.1 アジャイルソフトウェア開発

アジャイルソフトウェア開発は，ソフトウェア開発に対するパラダイム（大きな視点でのとらえ方）の一つである．アジャイルソフトウェア開発宣言*6を踏まえ，顧客と連携して反復的・漸進的な開発を行うアプローチの総称である．本書では単にアジャイル開発という．

反復的・漸進的な開発ということは，数週間，長くても数ヵ月の単位でプロダクトのリリースを反復し，徐々に機能を追加していくことを意味する．リリースに至る工程はさらに，イテレーションやスプリントと呼ばれる短い期間に分けられる．イテレーションごとに顧客と開発者が連携し，「価値を生み出す，動くソフトウェア」*7という観点からその期間での目標を定めていく．

非常に大まかには，価値が高い一部分から作り，そのフィードバックも踏まえ次に作ることも決めていくということを繰り返していく．常に，顧客にとっての価値創造や課題解決につながるような「動くソフトウェア」を提供，改善し続ける．これは，事前の契約や長期の計画を過度に重視すると，長期間フィードバックを得られず変化への対応ができないという問題へのアンチテーゼである．

機械学習を用いたシステムの開発においては，その不確実性から試行錯誤を含めた反復をとらざるを得ず，アジャイル開発の考え方を参考にすることが多い．ただし，必ずしも従来のアジャイル開発がそのまま適合するわけではない．例えば，顧客価値や動くソフトウェアに直接つながらないデータ整備に対して多大な時間をかける必要がある．こういった価値の分析やプロセ

---

*5 Software Engineering Body of Knowledge, https://www.computer.org/education/bodies-of-knowledge/software-engineering

*6 http://agilemanifesto.org/iso/ja/manifesto.html

*7 企画書や仕様書に価値はあるものの，それらだけが大きく膨らんでいくようなことを進捗とせず，動作し利用者に価値を提供するソフトウェアが進捗の主な基準となるべきであるということ．

スについては2章にて論じる.

1.4.2 要求モデル・論証モデル

ソフトウェアシステムの開発や運用においては，対象ソフトウェアが本来の目的となるビジネス上のゴールや，安全性などのゴールを満たしているかどうかの確認が非常に重要となる．ここでのゴールとは，システムにかかわる利用者，発注者，開発者などさまざまなステークホルダ（利害関係者）が達成したい事柄である．ただし，達成することに決めた，あるいは達成したとは限らない．このようなゴールが満たされているかの確認には，「このゴールを満たすためには，具体的にはこれらのサブゴールを満たす必要がある」という形で段階的に詳細化していくことが必要である．例えば，「軽減税率に対応する*8」というゴールであれば，以下の二つのサブゴールに分解できる.

1. 購入者によるイートインかテイクアウトかの選択を入力できる.
2. 選択および消費税法に従い正しく税率を反映して消費税を計算し，商品金額に加味できる.

2. については，イートインかテイクアウトそれぞれの場合に対応することや，端数の扱いが適切であることなどのサブゴールにさらに分解できる．このようなゴールの分解をモデルとして明示的に表現・記録することにより，その妥当性検証を行えるようになる．また変更発生時に追跡を行い，変更が及ぼす影響の範囲に関する判断ができるようになる.

このようなゴールの分解は，木構造として表現できる*9．そのようなゴールモデルをゴール分解木と呼ぶ．ソフトウェアシステム開発の初期段階において，そのシステムが何をすべきかを分析し定めていく（**要求分析**）際に，ゴール分解木を用いることができる．上記の例に関するゴール分解木を図 1.3 に示す*10．木の上部は，ゴール（楕円表記）を分解しており，末端部では，実現項目として十分に具体化されたタスク（六角形表記）を定義している.

一方で，実際にソフトウェアシステムができたとして，あるゴールが達成

*8 2019 年 10 月に施行された制度を想定している.

*9 「実行が速い」「利用者の手間が少ない」などの非機能的なゴールが含まれると，一つのゴールが多数の親ゴールを持ちうるので，DAG (Directed Acyclic Graph) となる.

*10 User Requirements Notation (URN) という記法を用いている.

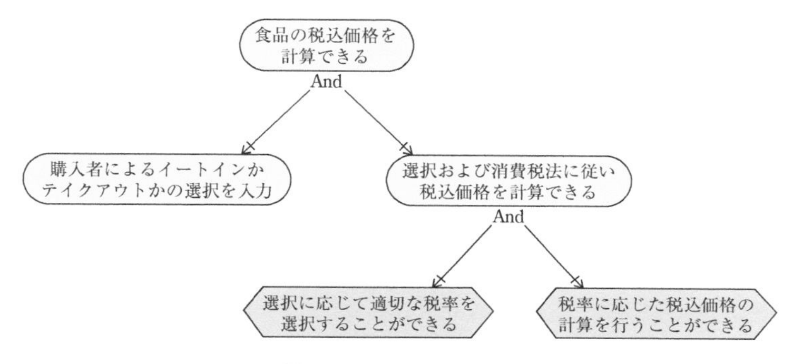

図 1.3 ゴール分解木の例

できていることを確認したり，第三者に説明をしたりする必要もある．このような場合，ゴール分解木のような構造に加えて，ゴール分解の妥当性に関する仮定や正当化とともに，何をもってゴールが満たされたと考えるかという証拠あるいは解法も考える．このようなモデルは，主張を正当化するための**論証 (argument)** のためのモデルであり，**保証ケース**（あるいは**アシュアランスケース, assurance case**）などと呼ばれる*11．図 1.4 に保証ケースの例を示す．ゴール G1 の成立を議論するために，**戦略 (strategy)** S1，**仮定 (assumption)** A1 に基づいてサブゴール G2, G3 への分解が行われている．それぞれについて，**解法 (solution)** Sn1, Sn2 としてゴール充足を示す手段（証拠）が与えられている．

本書ではこれらの技術の詳細についてこれ以上扱わないが，2 章において，機械学習を用いたシステムとビジネスとのアライメント（整合性）を論じる際に，ゴール分解木や保証ケースを用いる．

1.4.3 パターン

パターンとは，一般的に「しばしば同じように繰り返される何かしらの型」を指す．「繰り返される」ということは，何度も同じ状況に出会うということである．「型」ということは，個々の具体的事例から抽象化・一般化されて利用できるものとなっているということである．問題解決の観点では，パター

*11 もともとは安全性を示すために用いられた Safety Case があり，Assurance Case はそれを一般化している．Dependability Case (D-case) という言い方もある．

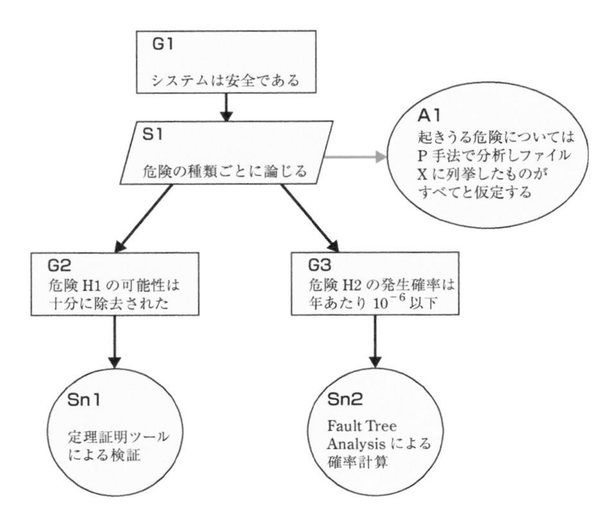

図 1.4 保証ケースの例

ンというのは，今後も出会う状況に対して，過去の経験を踏まえて問題解決を行うための知識だといえる．

機械学習分野においては，データの傾向をパターンとしてとらえていくが，ソフトウェア工学においては，ソフトウェア設計や開発活動に関するパターンをとらえて論じていく．

ソフトウェア工学においては，さまざまな組織やプロジェクトで頻発する問題解決方法の型をパターンと呼ぶ．問題とその解決アプローチの組であり，しばしばカタログという形で複数のパターンが整理される．特に **GoF (Gang of Four)**[*12] と呼ばれるオブジェクト指向の設計に関する 23 個のデザインパターンが有名である．例えば，「あるクラスのインスタンスがシステム内に複数存在して不整合が生じる」という問題に対して，以下のような解決アプローチがある（singleton パターン）．

> コンストラクタを同一クラスからのみアクセス可能（いわゆる private）にし，インスタンス生成を独自のメソッドで制御し，その中で既存インスタンスの有無を確認してからインスタンス生成を行う．

*12 Erich Gamma ら 4 名のベテランエンジニアにより策定されたことに由来する．

これはオブジェクト指向におけるデザイン，すなわちモジュールとなるクラスの切り分けやそのインターフェース制御に関する解決アプローチのパターンである．GoF パターンに限らず，マルチスレッドプログラミング，クラウドを用いたシステム開発など，さまざまな対象に対してパターンがまとめられている．ソフトウェア工学におけるパターンは，抽象度が高いアーキテクチャや人の活動が対象となるため，自然言語や図による説明となることが多い．

本書では，4 章において機械学習を用いたシステム開発のためのパターンについて論じる．

1.4.4 テスティング

ISO/IEC/IEEE 26513:2017 によれば，**テスティング (testing)** とは，「システムやその部品を特定の状況下で実行し，結果を観測・記録し，評価を行うこと」とある（著者訳）．日本語では「テスト」という言葉のほうがなじみが深いと思われる．英語では，上記の活動・行為と，そのための検査項目定義などの成果物が，自然と testing と test という単語で呼び分けられる．このため，特定の活動アプローチを「○○テスティング」と呼ぶことになる．

機械学習分野においては，訓練によって得たモデルの予測性能を評価することをテスティングと考えることが多い．テスティングという活動よりも，訓練データとテストデータという区別で「テスト」という用語が出てくることが多く，予測性能の評価は単に「評価」と呼ぶことが多いであろう．

テスティングに関する究極のゴールは，「どれだけ効果的・効率的に，不具合（バグ）を見つけるか，そして，製品・サービスの品質が高いことを示すか」ということである．ただし，テスティングは，無数にあるシステムの振る舞いの一部しか試すことができない．このため，不具合がないことを示すことはできない．また当然ながら，どのような不具合があるのかは未知であるので，不具合を確実に見つけるようなテスティングも不可能である．この前提のもとで，効果・効率を高めるためのさまざまな原則や技術が追求されてきた．

従来，プログラムに対するテスティング技術の一例としては，ホワイトボックステスティングのためのカバレッジ指標が挙げられる．ホワイトボックステスティングとは，プログラムコードを踏まえたテスティングアプローチである．カバレッジの場合，プログラムコードを基準として，その構成要素をどれだけ検査することができたかを計測する．つまり，カバレッジ指標は，「どれだけ『よい』評価ができているか？」という，評価項目一式（テストスイート）に対する評価指標である．具体的な指標としては，テストスイートにより実行された文の割合，テストスイートにより実行された分岐の割合などがある*13．

「作ったもの」を基準にするカバレッジと別のアプローチとしては，「達成すべきこと」（要求や仕様，設計のモデル）を基準としたテスティングもある（ブラックボックステスティング）．この場合は，振る舞いや出力が変わる状況など，振る舞いの規則性をグループ化し，そのグループやその境界に基づいてテストスイートを定めていく（同値分割，境界値分析）．

機械学習システムでは，そもそもプログラムコードの構成要素はあまり本質的でなく，振る舞いの規則性も不確かである．上記のようなテスティングのアプローチは，裏にある原則は活きるとしても，少なくとも技術として直接は利用できない．本書では，5章において機械学習により構築した予測モデルやそれを含むシステムに対するテスティングについて論じる．

1.5 重要な概念と用語

ここまで機械学習とソフトウェア工学，それぞれの分野について概観した．以下では，本書において軸となる概念，特に場合によって意味が変わったり用語が変わったりする語句について改めて整理しておく．

1.5.1 モデル

一般的に**モデル**とは，何かしらの事象やシステムに対して，その本質を抜き出して抽象化・簡易化してとらえたものである．特に数学的なものであり，分析や検証に適したものとすることが多い*14．

機械学習分野とソフトウェア工学分野においては，「モデル」という用語が異なったニュアンスで用いられてきた．上記の抽象的な定義のレベルでは，本質は一緒なのかもしれないが，それぞれのコミュニティにおける慣習や語

---

*13 それぞれステートメントカバレッジ，ブランチカバレッジと呼ぶ．
*14 「モデル」にはほかにも，「手本となるもの」「見本となるもの」「車や機械の特定の型」といった意味もあるが，本書の焦点ではない．

法を意識し，混同しないように意識したほうがよい．

1.5.1.1 機械学習におけるモデル

教師あり学習の流れを図 1.5 に示す．ここでは，入力 x から，出力 y を予想する問題（回帰という）を例にしている．機械学習分野においては，データの傾向を表現する方法や，入力から出力を得る計算方法などを表現したものをモデルと呼ぶ．例えば，入力 x から出力 y をどのように予測するかというときに，$y = ax + b$ という 1 次関数による予測計算を用いるとする．すると，この $y = ax + b$ という表現が，予測のためのモデルということになる．予測，特に値を当てる回帰タスクであるため，予測モデルや回帰モデルとも呼べる．1 次関数であるという構造が重要ならば，線形モデル，1 次式モデルなどと呼ぶ．ほかにも，サポートベクトルマシン，ランダムフォレスト，深層ニューラルネットワークなど多くの予測モデルがある．上記の予測モデ

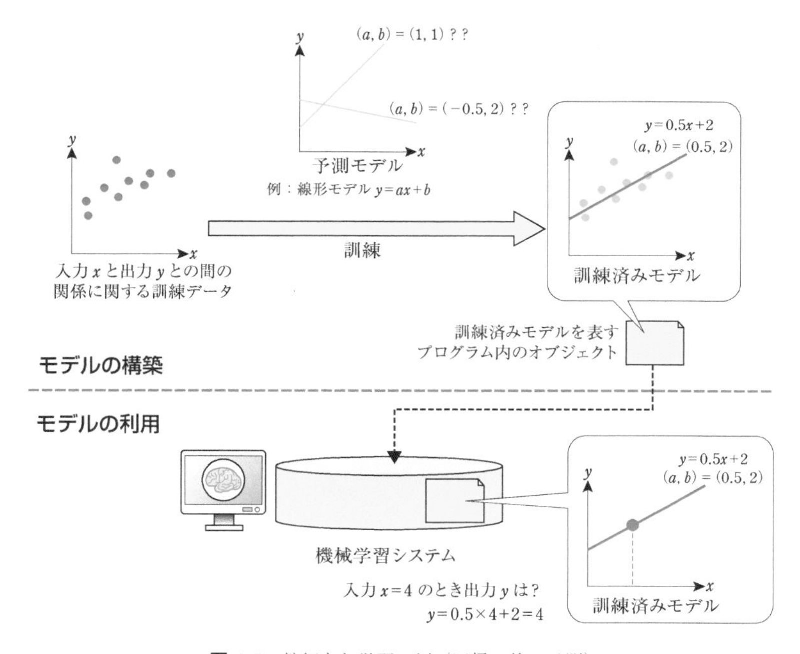

図 1.5 教師あり学習の例（回帰：値の予測）

ルにおいては，a, b がパラメータとなっている．これに対して，訓練データをもとにして，a, b のパラメータを定めるのが訓練ということになる．

訓練を通して，例えば $y = 0.5x + 2$ のような具体的な計算方法が得られることになる．モデルという用語は，訓練を通して具体化され，実用可能となったものを指すときもある．上記の予測モデルと区別する場合，訓練済みモデルと呼ぶ．この場合，概念的な数式ではなく，プログラム上の部品として実現されていることが多い．

これら二つのモデルの使い分けは暗黙的であることも多い．「データや問題の性質に応じて適切にモデルを選ぶ」という場合，訓練以前の予測モデルのことを指している．「モデルをシステムに組み込む」という場合，訓練済みモデル，特にプログラムとして動作可能なものを指している．

1.5.1.2 ソフトウェア工学におけるモデル

ソフトウェア工学分野においては，開発や運用などの対象となるシステムに対し，重要な側面をモデルとして表現することが多い．あるいは，開発や運用などの活動やそれらの連なり（プロセス）についてもモデルとして表現することが多い．ビジネスの構成要素やそれらの関係をとらえたモデルであれば，ビジネスモデルと呼ぶし，システムの開発に現れる活動やそれらの関係をとらえたモデルであれば，プロセスモデルと呼ぶ．これらのモデルは，複雑なシステムや活動を，注目する側面に絞って抽象化・単純化して表現したものである．多くの場合は人間が構築するものであるが，あるモデルから別のモデルへの自動変換などを考えることもある．この用法での「モデル」については，さまざまな側面をとらえる可能性がもともとあるので，自然と「○○モデル」という呼び名で明示化される．

1.5.2 機械学習システム

本書執筆時点における Web 検索の結果などを見ると，**機械学習システム**という用語は，「機械学習を活用して構築されたシステム」を指していることが多いようだ．すなわち，予測機能を実現した訓練済みモデルを一つの部品として組み込んで，必要に応じて他の部品やユーザインターフェース，ハードウェアやネットワークも含めて作り上げたシステム全体のことを指している．

本書においても，同じ意味で「機械学習システム」という用語を用いる．

「ハードウェアなどを含めて全体を組み上げたもの」ということに焦点がある場合は「機械学習システム」という用語を用いる．「実用にそくしたもの」ということで「機械学習アプリケーション」や「機械学習サービス」といった用語を用いる場合もある．

参照する文献によっては，機械学習技術に限らずより広いAI技術を対象としている場合もあり，そのような場合は「AIシステム」という用語を用いる．

ここで，上記は「機械学習技術を活用して構築されたシステム」であったが，「機械学習技術を用いて訓練を実施するシステム」もある．つまり，データをもとに訓練済みモデルを得る訓練を実施するためのシステムである．本書では，このようなシステムは「訓練システム」と呼ぶことにする．ほかにも「訓練パイプライン」や「訓練アルゴリズム」などの用語も用いる．これは，そのときの議論で注目したい対象による．例えば，計算資源の割り当て・活用なども含めた全体の話をしているなら「訓練システム」と呼ぶし，前処理も含めた一連の手続きに注目しているなら「訓練パイプライン」や「訓練プロセス」と呼ぶであろう．ひとまとまりの訓練機能が提供されているという意味で「訓練エンジン」や「訓練サービス」と呼ぶこともあるだろう．

訓練システムは，多くの場合，エンジニアが用いる開発のためのツールであるといえる．ただし，常に最新のデータを自動的に反映し続けるような機械学習システムの場合，訓練システムは製品である機械学習システムの一部品となることもある．

1.5.3 ステークホルダ

機械学習システムの開発や運用には，さまざまな役割の**ステークホルダ**（利害関係者）がかかわることになる．各企業における職名，資格制度における名称などは多様であるが，本書では**表 1.1** のように統一する．

機械学習システムの産業応用ということは，その活用により，何かしらの事業における価値創造や課題解決を目指すはずである．このため，その事業を行っている企業や団体，あるいはその部門があるはずである．これは営利企業かもしれないし，政府機関や大学かもしれない．以降では，これらの可能性を分けず，事業部門という言葉で総括する．この事業部門においては，機械学習システムの応用により対象事業における価値創造や課題解決を目指す事業企画担当者と，対象となる事業を実施している事業実務者を考える．

表 1.1 本書におけるステークホルダ（開発活動の視点）

事業部門	企画担当者	新しいシステムを企画し事業における価値創造や課題解決を行う
	事業実務者	事業における業務を担当し，業務タスクを遂行する
開発部門	ビジネスアナリスト	事業部門の業務に対し，ITの専門性をもって価値創造や課題解決の手段を立案する
	データサイエンティスト	価値創造や課題解決の手段をデータ分析問題や予測問題として定式化し，モデルを構築する
	データエンジニア	データの必要な加工を行う
	アプリケーションエンジニア	機械学習システムの全体の開発，品質保証，運用に取り組む

一方で，機械学習を含むIT技術の専門性を持ち，価値創造や課題解決のためのシステム実装に取り組む企業や団体，その部門がある．本書では開発部門と総括する．本書における機械学習工学は，この開発部門における活動を主眼においているといえる．開発部門におけるステークホルダとしては，表1.1にあるように，4つの役割を考えている．まず，ITの観点から事業の価値創造や課題解決の手段を立案するビジネスアナリストがある．機械学習技術を用いる場合，その手段をデータ分析問題や予測問題として定式化し，モデルを構築するデータサイエンティスト，および，データに必要な加工を行うデータエンジニアがいる．機械学習システムの全体の開発や運用に取り組むエンジニアを総称してアプリケーションエンジニアと呼ぶ．

当然ながら，組織やプロジェクトにより，これらのステークホルダの実態は異なる．事業部門と開発部門と呼んでいる組織は，その名のとおり，一つの企業の中での異なる部門とは限らず，製造業や金融業の企業と，システムの開発・運用を請け負うITベンダ企業かもしれない．1人のエンジニアが，データサイエンティストとデータエンジニア両方の役割を兼ねているかもしれない．アプリケーションエンジニアについて，設計担当，実装担当，テスト担当など細分化されていることもあるであろう．

場合によっては，**表 1.2** にあるように，顧客，利用者，開発者という用語を用いることもある．これはソフトウェア工学においてよく用いられる区分である．ITの専門知識をもって開発者がシステムの開発や運用を行うが，その際には本来のニーズを踏まえることが肝要である．このために，システムに

表 1.2 本書におけるステークホルダ（システムの視点）

顧客	システムによる価値創造・課題解決を目指し，その開発や運用を企画，依頼や発注する立場
利用者	システムを直接利用する立場
開発者	ITの専門知識をもってシステムの開発・品質保証・運用を行う立場

よる価値創造・課題解決を依頼あるいは発注する顧客と協働することが必要不可欠である．また，顧客とは別にシステムの利用者がいる場合も多い．例えば大学の履修管理システムであれば，大学の事務室や情報部門が顧客として，開発者となる IT ベンダに発注を行うが，システムの利用者は教員や学生となる．特にユーザインターフェースや**ユーザの体験** (**user experience, UX**) を考える際には，利用者の理解，利用者との協働が重要となる．

1.6 従来のソフトウェアと機械学習によるソフトウェア

ここでは，従来のソフトウェアと機械学習を用いたソフトウェアを対比し，本書の焦点である後者における留意点についてまとめる．

1.6.1 演繹と帰納

論理学あるいはより広く科学に関する概念として，**演繹** (**deduction**) と**帰納** (**induction**) がある．演繹とは，一般的な前提から，個別の事例に関する結論を導くことである．例えば,「人間はいつか死ぬ」という一般的な前提から,「(人間である）ソクラテスはいつか死ぬ」という個別の結論を導くのは演繹的な推論である．一方で帰納とは，個別の事例を前提として，一般的な結論を導くことである．例えば,「ソクラテスは死んだ，アリストテレスも死んだ」といった個別の前提から,「人間はいつか死ぬのであろう」という結論を導くのは帰納的な推論である．

従来のソフトウェアは，演繹的な考え方で構築されてきたといえる．「購入した食品を店内で食べる場合，食品の価格の 8%の消費税を徴収する」という一般論があり，その一般論を開発者がプログラムとして書き出すことがソフトウェアの開発となる．この一般論は，対象となるドメイン（適用領域）に応じ，ソフトウェアを活用しようとする顧客が開発者と協働して定めることになる．つまり，ソフトウェアの振る舞いは，**仕様 (specification)** として人間が言葉や数式として定義したものに従っている．

一方で機械学習を用いるということは，ソフトウェアを帰納的な考え方で構築するといえる．例えば，「3 月第 3 週水曜日の 11 時から 12 時，大雨の日の場合，おにぎりが 100〜120 個売れる」といった形で，売上予測を行うソフトウェアを考えてみる．機械学習を用いれば，日時や時間帯と天気に応じた過去の売上データをもとにして，このような予測を行う機能を構築できる．この部分が帰納である．ではエンジニアは何をするかというと，この帰納を行う部分，つまりデータをもとに予測機能を構築するための訓練機能をプログラムとして書き出している．すると，人間が定めたのはデータと訓練方法であり，最終的に使われる売上予測ソフトウェアの振る舞いについては，人間は直接定めていないことになる．

機械学習を用いて構築したソフトウェアの振る舞いについて，人間が直接決めていないということは，そこに不確実性があるとともに，細かい制御が困難であることを意味する．AI という広い言葉ではいろいろな技術を用いたものが考えられるが，帰納に基づく機能の構築という特性が，機械学習工学において最も重要な点となる．

1.6.2 開発プロセスに関する違い

図 1.6 に，従来のソフトウェアと機械学習によるソフトウェアそれぞれにおける開発プロセスを簡易にまとめたものを示す．(a) の従来のソフトウェアの場合，実現すると決めた事柄（要求）を，仕様として明確に書き出す．この仕様においては，ソフトウェアの機能としての入出力の関係が明確に定義される．この仕様をもとにしてプログラムが構築される．プログラムは，同じように要求や仕様から導かれたテストにより検証され，品質評価が得られる．

(b) の機械学習によるソフトウェアの場合，要求のうち機能としての入出力関係は，データの形で表現される．例えば「画像に写っているのがどの動物かを判断する」という機能の場合，このようにあいまいな要求を書き出すことができるが，より具体的な処理規則として仕様を定めることは困難である．ゆえに従来のソフトウェアではなく機械学習を用いるのである．もちろん，「訓練データにはパンダの画像が 1 万枚以上あること」「パンダを他の動

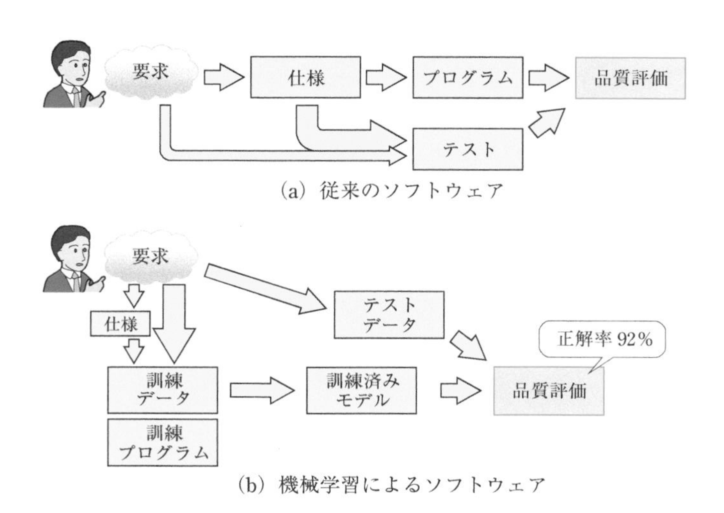

図 1.6 開発プロセスの違い

物と間違える割合は10%未満」といったデータや予測性能に関する仕様などはあるかもしれない．しかし機能自体の定義は，具体的にはデータという形で表現されている．このように，機械学習によるソフトウェアの開発においては，データが非常に重要な役割を果たす．

1.6.3 要求充足とテスティングに関する違い

従来のソフトウェアの場合，仕様で定められた範囲については，基本的に確実に充足すべきであり，そうでない場合は不具合（バグ）と見なされる．またテスティングは，同値分割と呼ばれる規則性を踏まえて行われる．つまり，特定の振る舞いをとる入力をそれぞれ試すべきだが，同じ振る舞いをとる入力を何種類も試す必要性はないと考える．例えば，前述の税込価格の計算の場合，「イートインの場合」と「テイクアウトの場合」を両方テストすべきである．一方，「イートインの場合」で商品が「コーヒーの場合」と「紅茶の場合」を両方試す意義は低い（同じ規則性で，片方が正しく計算できるならもう片方も正しく計算できるだろう）と考える．

機械学習によるソフトウェアの場合，そもそも要求があいまいで，その境界線（何はできるべきで何はできなくてよいか）は明確に言語化しがたい．また，予測性能は100%になるわけではなく誤った出力が本来存在する．このため，望ましくない挙動があったとしても，その責任が開発者にあるとは限らず，技術的な性能限界である可能性もある．

機械学習モデルの挙動に対するテストにおいては，同値分割のような規則性を前提とするアプローチが有効ではなくなってくる．特に深層ニューラルネットワークなど複雑な予測モデルを用いた場合，例えば人間には同一に見えるような微少な差しかない二つの画像を入力しても，まったく違う挙動になる可能性がある．このため評価は，個別の入力データに対して予測の正否などを計測する形で行われる．評価結果は，データセットに対して相対的で「○○件のうち□□件」といった評価になり，正解率などのメトリクス値を用いて表現される．

1.6.4 実装に関する違い

第3次AIブームのきっかけになったのは，機械学習モデルのうち深層ニューラルネットワークと呼ばれるものを用いた訓練方法（**深層学習, deep learning**）である．特に深層ニューラルネットワークを用いた場合，ときには数百万を超えるパラメータを訓練を通して設定する．これは，条件分岐を用いて処理規則を定めている従来のソフトウェアとはまったく異なるものである．このような形で実装されたソフトウェアは，何ができて何ができないのかという境界線や，計算の意味を人間が把握し解釈することが困難である．このような特性から，特に深層ニューラルネットワークとして実現されたソフトウェアのことを，従来のソフトウェアとは異なる対象としてSoftware 2.0と呼ぶこともある．

1.7 本章のまとめ

本章では，機械学習工学の背景にある考え方として，機械学習技術とソフトウェア工学技術それぞれの考え方やその融合における課題を概観した．データにより挙動が決まるという帰納に関する特性，それにより扱えるようになった要求や問題設定のあいまいさ，活動や実装における複雑さや不確実性の増大といった問題に対し，従来のソフトウェアに対する原則や技術を踏まえたアプローチが議論されている．

第II部
機械学習システムの開発・運用マネジメント

Machine Learning Professional Series

Chapter 2

機械学習システムの開発とその検証プロジェクト

竹内広宜（武蔵大学）

機械学習を用いたシステムを開発するプロジェクト（機械学習プロジェクト）の全体像を概観する．特に，PoC と呼ばれる検証フェーズについて，ビジネスとの整合性（アライメント）に着目して分析する．

2.1 本章について

機械学習を用いたシステムの開発には，「試行段階でプロジェクトが終了してしまい，なかなか本番化に進めない」という課題がある．これは従来のソフトウェアシステムと同様のやり方をそのまま適用することが難しいことを意味しており，機械学習工学と呼ばれる新たな工学的アプローチの必要性が提起されている理由の一つである．

企業のある事業部門が IT ベンダに機械学習を用いたシステム開発を依頼するケースにおいて，「試行段階でプロジェクトが終了してしまう」という状況は，事業部門の視点では「機械学習に投資してみたが，期待通りではなかった」となり，将来にわたって当該部門で機械学習を活用する機会を失う可能性が高くなる．また，IT ベンダの視点では「大規模開発となる本番化を期待し，開発コストを持ち出して試行を進めたが，コストを回収できずに終わってしまった（PoC 貧乏*1)」となっている可能性が高い．

当然ながら，機械学習を用いたシステムの開発プロジェクトの中には，開発したシステムが業務で本格的に使われ効果を生み出しているものも多く存在する．そのような開発プロジェクトは試行段階においても，設定した課題を解決し本格展開する道筋を立てている．そのような成功プロジェクトに共通する特徴や，プロジェクト実施者が行った工夫を工学的にまとめることは，機械学習の社会実装を発展するうえで重要となる．

本章では，従来の業務システムの開発で用いられている保証ケースやビジネス IT アライメントモデルといった手法を用いて，機械学習を用いたシステムの開発プロジェクトとその実施について，ビジネスとの整合性（アライメント）という観点から分析する．そして，

- 機械学習プロジェクトとは何か．PoC と呼ばれる試行とは何か
- 企業をはじめとした組織で機械学習プロジェクトはどのように進めていくのか
- 機械学習プロジェクトの成功に向けてどのようなことが必要になるのか

について考察する．

2.2 機械学習の実用例と機械学習システム

2.2.1 企業内の業務における機械学習の実用例

機械学習は AI の重要な要素技術の一つであり，AI への期待の高まりとともに社会のさまざまな分野への適用が開始されている．マッキンゼーの調査 [1] では，19 の産業における 400 以上のユースケースを分析した結果，顧客サービス管理や販促といったマーケティング・営業領域のビジネス課題や，予知保全や歩留まり最適化といったサプライチェーン管理・製造領域のビジネス課題に機械学習を適用する潜在的な価値があると報告されている．また，金融業界における調査 [2] では，事務支援，コールセンタ（ヘルプデスク）のオペレーションといった領域は機械学習と親和性が高く，10 年後の業務代替性

*1 機械学習プロジェクトを受託する企業が PoC と呼ばれる検証プロジェクトばかりを安価に実施し，お金が稼げなくなる状態．

が約 40%になると推測されている．以降で実用例について二つほど述べる．

一つ目の例はコールセンタのオペレーションにおける活用である．多くの企業がコールセンタを開設し，顧客や社内からの問い合わせに回答する照会応答業務を行っている．例えば金融機関のコールセンタのオペレータは，照会応答業務として顧客や社員からの電話による問い合わせに対し，関連する業務文書（FAQ やマニュアル）を探し出し，それを確認しながら回答している．問い合わせによっては，関連する業務文書を探し出す時間が長くなっていた．このような状況に対し，質問者（問い合わせをした顧客や社員）とオペレータとの会話の声を音声認識によりリアルタイムでテキスト化し，そこから機械学習を用いた分類によって会話のトピックを推定し，その結果をもとに関連する業務文書を検索するシステムが開発されている．このシステムの概要を図 2.1 に示す．このシステムの活用により，オペレータは質問者と会話しながら，画面に出力された回答候補から適切なものを選択し，確認しながら回答を読み上げることで効果的に業務を進められるようになっている．このシステムの導入によって，回答までにかかる時間の短縮だけではなく，オペレータの新人教育期間を短くすることや，問い合わせ対応の品質向上という効果も得られている．

二つ目の例に，銀行の事務業務の一つである海外送金業務への活用を挙げる．銀行では，個人や法人から依頼を受け海外への送金を行っている．この

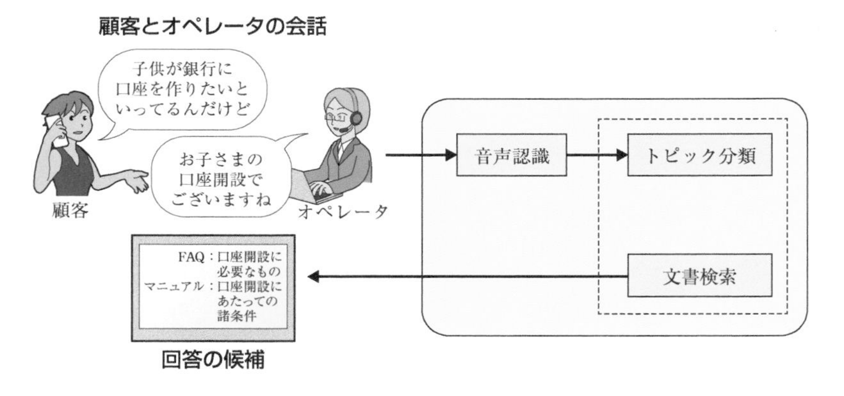

図 2.1 コールセンタにおける照会応答支援システム

海外送金業務では，顧客が指定する最終的な送金先に応じた仕向先（しむけさき）*2 の銀行に送金する．したがって，顧客からの依頼書に自然言語で書かれた送金先記述をもとに仕向先を担当者が判定し送金する必要がある．このとき，送金先記述から送金先の情報である銀行名，都市名そして銀行コードを機械学習で自動抽出し，その結果からビジネスルールをもとに仕向先判定を行うシステムが開発されている．このシステムの概要を図 2.2 に示す．

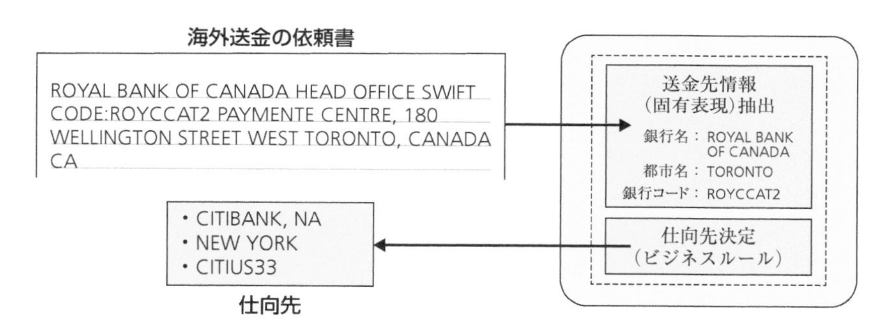

図 2.2 海外送金業務支援システムの処理概要

この支援システムにより仕向先判定の作業が担当者の熟練度や送金先についての記載内容に大きく依存せずに進められるようになっている．

2.2.2 ビジネスアプリケーションとしての機械学習システム

本章では，企業などにおける機械学習システムの開発プロジェクトについて考える．機械学習システムの開発にはさまざまな役割のステークホルダがかかわる．そこで，システムを利用する事業部門と開発を担当する開発部門の両方の視点で機械学習システムについてモデル化する．

企業などの組織内で開発される IT システムはなんらかの業務で用いられる．したがって，(1) どのようなビジネス目標を達成するために，(2) どのようなビジネスプロセスで，(3) どのようなアプリケーションを使うのか，ということを各ステークホルダが理解する必要がある．そのような視点で業務シ

---

*2 海外送金では，すべての銀行同士で送金をせず，いくつかの代表的な銀行が送付先の銀行に送金することになっている．この代表的な銀行のことを仕向先の銀行と呼ぶ．

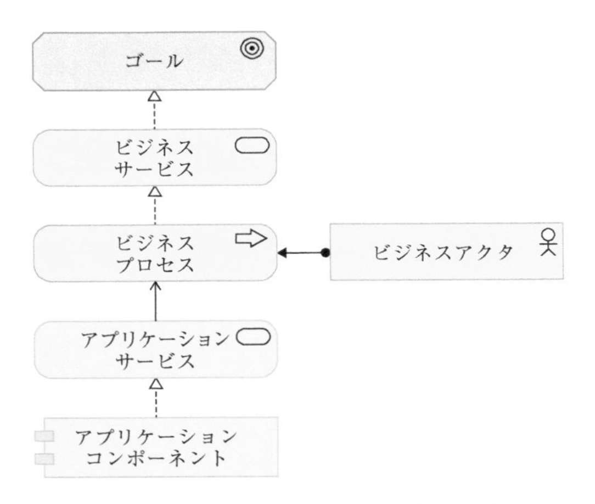

図 2.3 ArchiMateで表現した一般的なビジネスアプリケーション

ステムを表現する手法として**エンタープライズアーキテクチャ**(**Enterprise Architecture, EA**)と呼ばれるモデリング手法がある．エンタープライズアーキテクチャの代表的なモデリング言語であるArchiMate[3]を用いると，一般的なビジネスアプリケーションは**図 2.3**のように表される．ArchiMateはビジネスシステムだけでなく，システムにかかわる活動やその目的や状況を含め，組織におけるさまざまなモノやコトを表現できるモデリング言語である．ArchiMateではビジネス層，アプリケーション層，動機拡張という層別に対象を分け，その構成要素とそれらの関係を記述する．ここでArchiMateで定義されている代表的な構成要素や関係を**表 2.1**，**表 2.2**に示す．本章では，機械学習プロジェクトを表現する際にArchiMateを主に用いる．

ArchiMateを用いてビジネスアプリケーションシステムを図2.3のように表現したと同様に機械学習システムをEAモデルとして表現する．機械学習システムは，構築されたモデルを用いて，入力に対する予測結果を出力するシステムである．機械学習システムを利用するには，各入力値と入力に対する出力値のペアからなる訓練データを集め，予測に用いるモデルを構築する必要がある．つまり，訓練データを訓練アルゴリズムに投入し訓練済みモデルを作成する訓練システムが別途必要となる．ある業務について機械学習システムを開発し利用する場合，対象業務のデータから訓練データを準備し，そ

表 2.1　ArchiMate で定義されている代表的な構成要素

ビジネス層の要素	アプリケーション層の要素	動機拡張の要素
ビジネスアクタ（組織の実行主体）	アプリケーションサービス（アプリケーションが自動的に提供するサービス）	ドライバ（組織が推進しようとすること）
ビジネスサービス（業務課題を満たすサービス）	アプリケーション機能（アプリケーションが持つ機能）	ゴール（組織が達成しようとする意図）
ビジネスプロセス（ビジネスサービスを提供する活動）	アプリケーションコンポーネント（アプリケーションの実体）	アセスメント（ドライバやゴールを分析した結果）
ビジネスオブジェクト（活動の対象となる情報）	データオブジェクト（アプリケーションの実行対象となるデータ）	

表 2.2　ArchiMate で定義されている構成要素間の関係

表記	関係名	意味
	接近（access）	オブジェクトを操作する関係
	割り当て（assignment）	割り当てられた実行主体やアプリケーションコンポーネントを示す関係
	関連（association）	一般的な関係
	分解（composition）	上位が下位に分解される関係
+/−	影響（influence）	肯定または否定の影響を与える関係
	実現（realization）	目的が手段により実現される関係
	提供（serving）	機能を提供する関係
	契機（trigger）	前者が後者の契機となる関係

こから訓練アルゴリズムをサービスとして用いてモデルを構築するビジネスプロセスと，訓練済みモデルを用いて予測をする業務アプリケーション（機械学習アプリケーション）を開発し，それをサービスとして利用するビジネスプロセスがある．これらの要素とそれらの間の関係を表現すると図 **2.4** のようになる．図 2.4 で「機械学習アプリケーションのサービス」以下が機械学習システム，「訓練アルゴリズムを用いるサービス」以下が訓練システムとなる．図 2.4 には記載されていないが，機械学習アプリケーションをサービスとして利用するビジネスプロセスによって実現される機械学習システムが業務における課題（ゴール）を解決することとなる．

本章では，以降，この機械学習システムを構築することを機械学習プロジェクトとし，その開発プロセスやプロジェクト管理について考える．

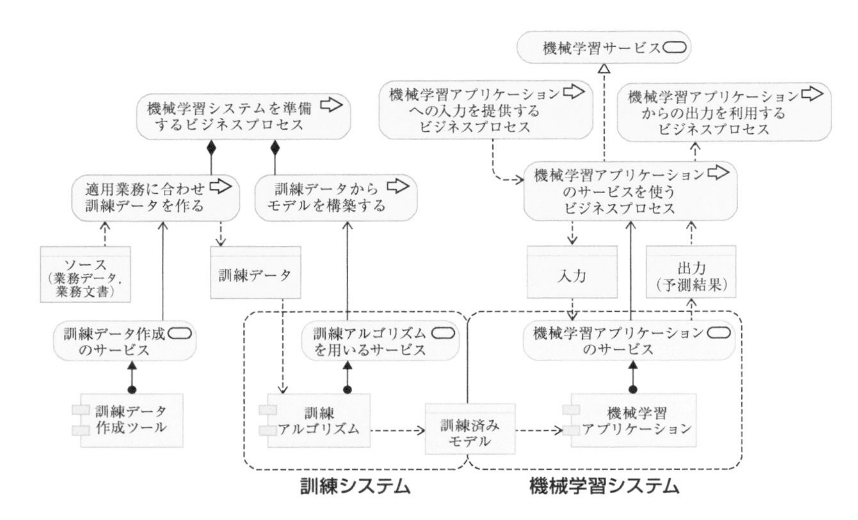

図 2.4 ArchiMate で表現した機械学習システムおよび訓練システム

2.3 機械学習システムの開発プロジェクトとその課題

2.3.1 機械学習システムの開発

機械学習の活用は，一般的に図 2.5 のようなワークフローに沿って行われる [4]．このワークフロー中の各活動は以下のとおりである．

モデルの選択
機械学習によって解く予測問題を決める．また，どのような機械学習モデルを用いるのかを決める．

データの収集
訓練に利用可能なデータ（組織内にあるデータ，オープンデータなど外部の

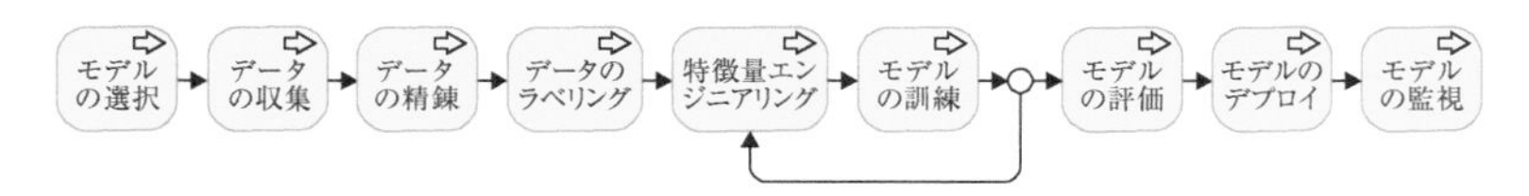

図 2.5 機械学習の活用ワークフロー

データ）を収集する.

データの精錬

データクレンジングや前処理とも呼ばれる．欠損データへの対応や外れ値のようなノイズと思われるデータの除去を行う．データサイエンスに広く共通する活動である.

データのラベリング

各データに対してラベルを付与する．ラベルは予測問題に応じて定義され，エンジニア，対象領域の専門家，クラウドソーシングなどによって各データに付与される.

特徴量エンジニアリング

データが持つ特徴量のうち訓練に用いるものを選択する．選択する特徴量によって予測の性能が変化するため，さまざまな特徴量の組み合わせを試すことになる．深層学習の場合は，ハイパーパラメータを選ぶことに相当する.

モデルの訓練

精錬およびラベリング済みの訓練データについて選択した特徴量を用いて，機械学習モデルを得る.

モデルの評価

テストデータを用いて，機械学習モデルによる予測の性能を評価する.

モデルのデプロイ

業務アプリケーションに機械学習モデルによる予測モジュールを組み込む.

モデルの監視

利用において，予測エラーがどの程度発生しているのかを定期的に監視する.

企業の業務などに用いる機械学習システムを開発するうえでは，「どの業務に機械学習を適用すると効果があるのか」「機械学習を用いた予測により業務が効果的に行えるのか」という検討が必要となる．この点を考えると，図 2.5 のワークフローだけでは機械学習システムの開発プロジェクトを計画し遂行していくうえで不十分であることがわかる.

機械学習に限定せず，新しい技術を利用したシステムを開発する際，検証システムを開発し，それを評価した後に本番システムを開発し，運用していくことが多い．この過程は図 2.6 のように表される．図 2.5 のワークフローをこのワークフローに対応させると，図 2.7 のようになる.

図 2.6 検証システムと本番システムの開発からなるプロジェクト

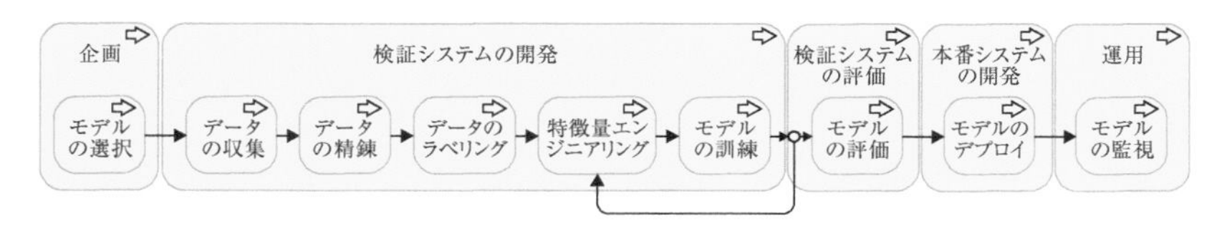

図 2.7 検証・本番システムを考慮した機械学習システムの開発ワークフロー

検証システムを開発し，評価してから本番システムを開発する場合，企画・検証システムの開発・検証システムの評価までを独立したプロジェクトとして実施することがほとんどであり，このようなプロジェクトは**検証 (proof-of-concept, PoC) プロジェクト**（あるいは概念実証プロジェクト）と呼ばれる．また，PoC プロジェクトの実施においては，アジャイル開発で進めるというケースが多い．しかし，「機械学習システムの PoC プロジェクトとは何か」「機械学習システムを従来のアジャイル開発の中でどのように進めるのか」については明確になっていない．次節以降で機械学習システムの PoC プロジェクトおよびアジャイル開発について述べる．

2.3.2 機械学習システムの PoC プロジェクト

PoC プロジェクトではなんらかのシステムを開発し，検証することになるが，「何を検証するのか」「検証システムとして何を開発するのか」という点をプロジェクト関係者で共通理解することが重要である．まず検証については，

- **技術検証**：検討対象技術で何ができるかを検証する
- **ビジネス効果の検証**：検討対象技術を用いたシステムを業務適用することで効果が得られるかどうかを検証する

の 2 種類がある．次に，検証システムとして開発するものとして，

- **プロトタイプ**：動作やできあがりイメージを確認するもの
- Minimum Viable Product（**MVP**, 実用最小限の製品）：機能を限定した

もの

がある．プロトタイプとは動作やできあがり状態を利用者がイメージするために作るものである．進化型プロトタイピングという形で継続的に開発を続けることもあるが，できあがり状態をイメージする目的の場合，作成した後に破棄されることが多い．通常のアプリケーション開発であればユーザインターフェースのモックアップが相当する．一方，MVP は業務で利用するために最低限必要な機能を実装したものであり，検証後に機能を追加することで，本番利用可能なシステムとなる．

機械学習システムの場合，訓練データの集め方によって異なる種類の検証システムとなる．対象業務について利用可能なデータをすべて訓練に用い，データの更新といったような運用機能は含まず予測機能に限定して構築した検証システムは MVP となる．そして MVP を通して，現在利用可能データを用いて機械学習システムが業務の中で効果的に利用できるかを評価する．一方，業務データの一部をサンプルデータとし利用しモデルを訓練した場合，構築されたシステムを通して機械学習でどのような予測ができるのかを理解することはできるが，業務の中で効果的に利用可能かを評価することはできない．そのような評価を行うためには改めて業務データを準備することとなり，再開発が必要となる．その意味でプロトタイプと位置づけられる．これらの関係を表すと図 2.8 のようになる．

PoC プロジェクトのゴールが本番システムの開発を判断することであるた

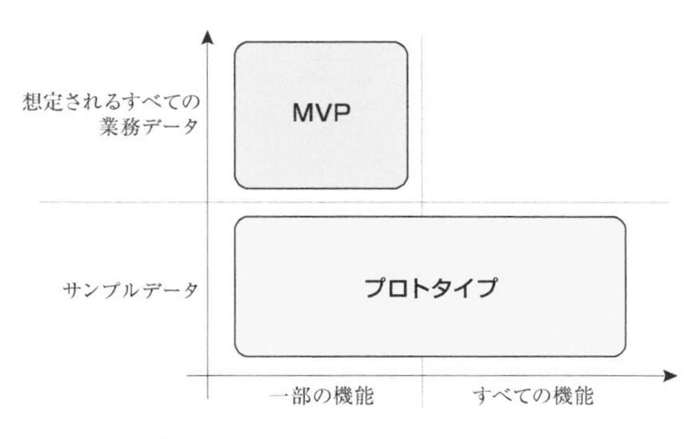

図 2.8 プロトタイプと MVP の関係

め，ビジネス効果の検証を行う必要がある．機械学習を適用するビジネス課題が明確である場合は，対象業務に関するデータを集め，MVP を構築しビジネス効果の検証を行うことが PoC プロジェクトとなる．一方，プロジェクトの中には「このようなデータがあるが，機械学習を使って何かできないか」というケースや「機械学習を使って何かしたい」というケースも存在する．この場合，機械学習を適用するビジネス課題が明確になっていない．そのため，サンプルデータを用いて**技術検証**（**proof-of-technology**）を実施し，機械学習という技術の対象領域での活用シーンを理解したうえで，適用によって解決するビジネス課題を明確にする活動を第一段階として行う．そのうえで，対象業務に関するデータを集め，MVP を構築し**ビジネス効果の検証**を進めることになる．つまり，PoC プロジェクトには，ビジネス効果の検証のみのものと，技術検証＋ビジネス効果の検証の 2 フェーズから構成されるものがあることに注意して，プロジェクトを企画する必要がある．

2.3.3　機械学習システムの PoC プロジェクトとアジャイル開発

アジャイル開発にはスクラム，エクストリームプログラミング (extreme programing, XP) などに代表される手法があるが，そのライフサイクルは一般に図 2.9 のように表される．この図において，方向づけと構築のフェーズが PoC プロジェクトに相当する．

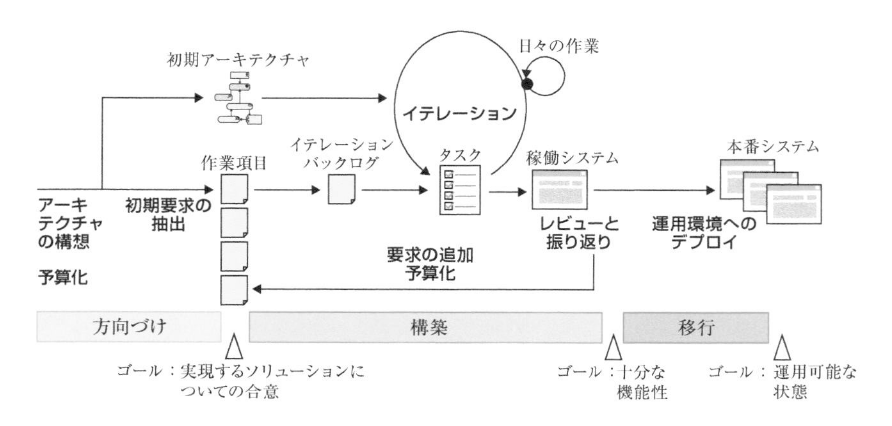

図 2.9　アジャイル開発のライフサイクル

方向づけフェーズでは実現するソリューション（解決策）を決め，ソリューションの初期アーキテクチャを決め，開発予算を決める．そして，初期要求を抽出する．機械学習システムの開発において，このフェーズでは対象業務において機械学習による予測でどのようなビジネス課題を解決するのかを決め，機械学習システムの重要な要素である利用可能なデータを集める．機械学習を適用するビジネス課題が明確になっていない場合では，このフェーズで業務で用いられるデータの一部をサンプルデータとして用いて技術検証を行い，その結果をもとにソリューションを決める．

構築フェーズでは，十分な機能性を満たすまで，稼働システムを作るイテレーション*3 を行う．機械学習システムの開発では，利用する機械学習モデルを選定し，訓練データを準備し，機械学習モデルを訓練する．そして訓練済みモデルを用いて予測を行う機械学習アプリケーションを作り，業務に適用できるかどうかを検証する．しかし，機械学習システムの PoC プロジェクトでは構築フェーズにおいて以下のような課題がある．

- 課題 1：機能性を満たすかどうかの判断基準が自明ではない．
- 課題 2：機械学習モデルの精度について達成できる値を事前に設定することが困難である．
- 課題 3：イテレーションで実施する作業項目について，予算に対して実施できるものを明確に決められない場合がある．

このように，機械学習システムの PoC プロジェクトでは，何回も訓練を繰り返すことからアジャイル開発と親和性が高いと考えがちだが，イテレーション・レビューに進むかどうかを決めるイテレーション・バックログをどのように決めるか，また，十分な機能性があるかどうかを判断する基準を持たないままプロジェクトを遂行する場合が存在する．

次節では，これらの課題を考慮し，PoC プロジェクトにおける機械学習システムの開発を図 2.5, 2.6, 2.7 とは別な形でモデル化する．

2.3.4 機械学習システムの PoC プロジェクトのモデル化

機械学習システムの PoC プロジェクトでは，機械学習の業務適用におけ

*3 短期間（1〜2 週間程度）で繰り返し開発を進める 1 サイクルのこと．スクラム開発ではスプリントとも呼ばれる．

るビジネス効果の検証を行う．機械学習システムがシステムとして機能性を満たしたうえで，それが業務適用において十分であるかを評価することになる．したがって，PoC プロジェクトで構築する検証システム（MVP）が満たすべきゴールは，「機械学習システムが機能性を満たす」となる．機能性はソフトウェアが持つべき品質であり，品質特性の一つとして考えられている．ISO/IEC25010 では，機能性をさらに細分化した品質副特性として**完全性**，**適切性**，**正確性**が定義されている[*4]．ここで，完全性と適切性はそれぞれ「利用者の目的を網羅すること」「利用者の目的を達成すること」であるが，これは機械学習システムで分類予測をする場合，選択肢がシステム内に網羅的に定義されていることを示す．これは**合目的性**と呼ばれる．また，正確性は機械学習システムによる予測が正確であることを示す．

さらに，機械学習システムでは予測結果が出力されるが，それを利用者も含めたほかのシステムが適切に利用できる**相互運用性**も必要となる．また，訓練に用いるデータによって機能が決まることから，**機密性**や**標準適合性**も機械学習システムが機能を満たすうえで必要な特性と考えられる[*5]．以上の特性を機械学習システムの視点で整理すると，**表 2.3** のようになる．

最上位のゴール（機能性を満たすこと）を表 2.3 に示した品質副特性をサ

表 2.3 機械学習システムの機能性に関する品質副特性

特性	ソフトウェアシステムとして満たすべき特性	機械学習システムとして満たすべき特性
完全性	期待する目的が網羅されている	適用対象の選択肢がシステム内に網羅的に定義されている（**合目的性**）
適切性	期待する目的を達成できる	
正確性	出力結果が正しい	入力に対して，正しい選択肢が定められた値以上の確率で得られる
相互運用性	指定された他のシステムとやりとりをできる	入力を生成する／出力を利用するシステム（人を含む）とやりとりをできる
機密性	実行する権限がない人に内部を参照されたり実行されない	左と同じ
標準適合性	関連する法規，業界標準，規格に沿っている	左と同じ

*4 品質特性については 5 章にて詳しく述べる．

*5 ソフトウェア品質評価の最初の国際標準 ISO/IEC9126 では，合目的性，正確性，相互運用性，機密性，標準適合性がソフトウェアの機能性に関する品質副特性として定義されていた．

ブゴールとして分解する．ここで，合目的性，正確性，相互運用性を満たすというサブゴールは，それぞれ選択肢，精度，入出力に関して必要となる前提条件となっている．対象業務に合わせて機械学習モデル内に定義する選択肢は網羅性があるだけでなく，システム化できる形で外在化され，さらに機械処理が容易な形で電子化および構造化されている必要がある．また，正確性については，システムの性能を評価する指標の定義が明確化できていることと，指標を向上させる手段がある必要がある．そして，入出力については，想定される入力の品質だけでなく，出力の品質が十分でない場合の対応策が検討されていることが重要となる．このような観点で合目的性，正確性，相互運用性のサブゴールをさらに分解する．このように最上位のゴールをサブゴールに分解し，それを木の形で表現したものをゴール分解木と呼ぶ（1.4.2節参照）．ArchiMate のゴール要素を用いると，ゴール分解木は図 2.10 のように表される．

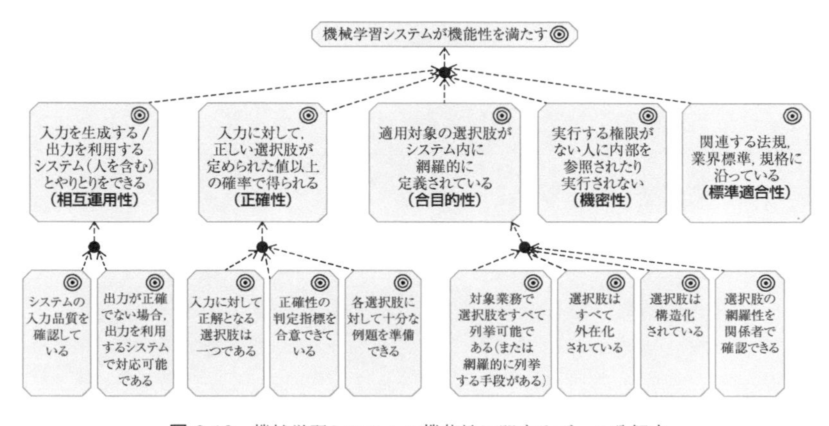

図 2.10 機械学習システムの機能性に関するゴール分解木

次に，機械学習システムの開発に携わるステークホルダについて考える．1.5.3 節で論じたステークホルダについて振り返る．企業などの組織における業務を対象とした場合，業務を所管する事業部門とシステムを開発する開発部門が存在する．開発において，事業部門では

- 企画担当者：新しいシステムを企画し事業における価値創造や課題解決を行う
- 事業実務者：事業における業務を担当し，業務タスクを遂行する

の 2 種類のステークホルダを考える．開発部門では

- ビジネスアナリスト：事業部門の業務に対し，IT の専門性をもって価値創造や課題解決の手段を立案する
- データサイエンティスト：価値創造や課題解決の手段をデータ分析問題や予測問題として定式化し，モデルを構築する
- データエンジニア：データの必要な加工を行う
- アプリケーションエンジニア：機械学習システムの全体の開発，品質保証，運用に取り組む

の 4 種類のステークホルダを考える．これらのステークホルダを表 2.1 のビジネスアクタ（アクタ）を用いて表す．

実際のプロジェクトでは，開発部門として IT ベンダが機械学習システムの開発を担うことが多い．このとき，IT ベンダからデータサイエンティストとともに，当該業務に精通したビジネスアナリスト（コンサルタント）が参画することが考えられる．そこで，ここではビジネスアナリストを開発部門の所属として定義している．

図 2.9 で示したアジャイル開発のライフサイクルで PoC プロジェクトを実施する場合，方向づけフェーズでは，目的の明確化と仮説の立案，そしてプロジェクトで必要となるリソースの定義や棚卸しが必要となる．ここでのリソースは，機械学習モデルに必要な訓練データのもととなる業務データや構築フェーズを実施する体制が含まれる．一方，構築フェーズでは，訓練データの作成，機械学習モデルの訓練，訓練済みモデルを用いたアプリケーションの開発を行う．

これらの作業について，作業を主に実施するアクタおよび作業をすることによって実現されるゴールとの間に関連づけることにより，機械学習システムの PoC プロジェクトにおける検証システムの開発モデルが作成できる．例えば，このモデルの中で各作業と，それに対するアクタとゴールの関係を表すビューは図 2.11 のようになる．これは PoC プロジェクトにおいて，「何

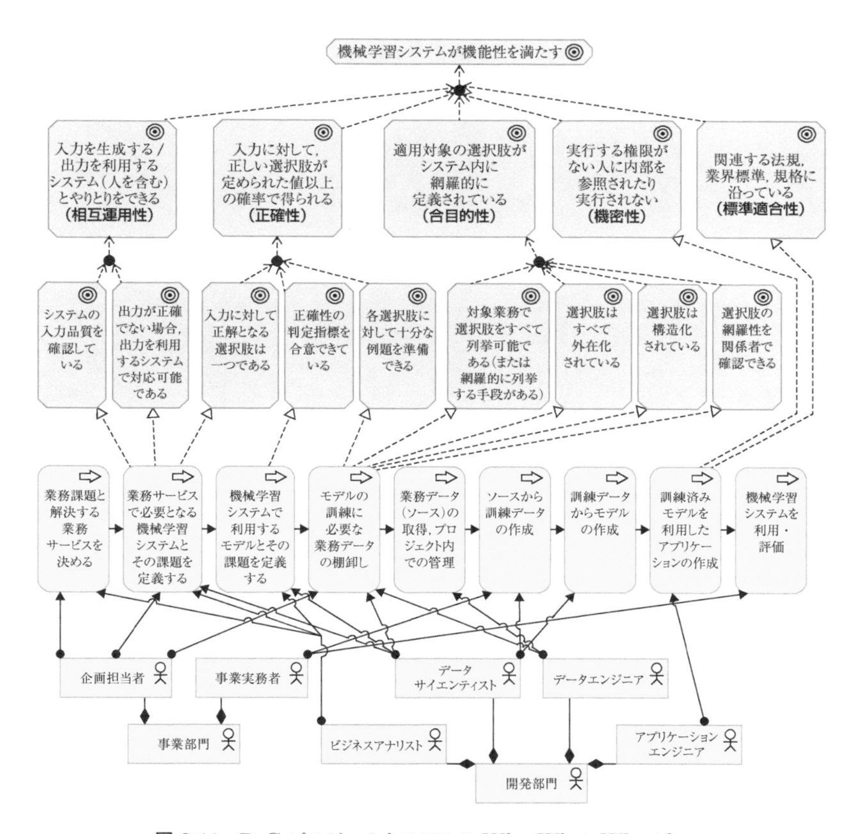

図 2.11　PoC プロジェクトモデルの Why-What-Who ビュー

のために？」「何を？」「誰が？」を表す Why-What-Who ビューととらえられる．

一方，各活動と，それに対するアクタと図 2.4 で示した機械学習システムの構成要素をビューで表すと**図 2.12** となる．これは，「誰が？」「何を？」「どのように？」を表す Who-What-How ビューととらえられる．

2.3.5　PoC プロジェクトモデルのプロジェクト管理における活用

前節で示した開発モデルを用いる効果については，例えば，図 2.11，図 2.12

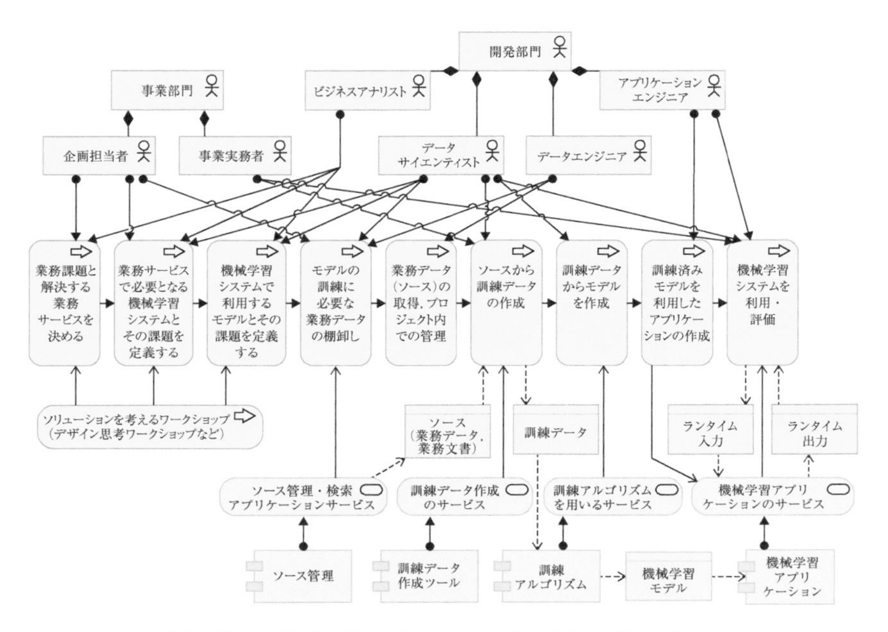

図 2.12 PoC プロジェクトモデルの Who-What-How ビュー

における,「モデルの訓練に必要な業務データの棚卸し」までが図 2.9 で示したアジャイル開発のライフサイクルの方向づけフェーズに相当する.このフェーズでは,主に事業部門の企画担当者と開発部門のビジネスアナリストとの間で,機械学習を用いた業務課題の解決策を定義した後,データサイエンティストが加わり,適用可能な機械学習モデルやデータの棚卸しをすることがこれらのビューからわかる.また,このフェーズの活動により,機能性を構成する相互運用性,正確性,合目的性に関する要求を効果的に獲得できるようになる.また,業務課題を解決する業務サービスを決めるにあたり,機械学習システムを必要とするかを評価する活動(図 2.11 の左から 2 番目の活動)を設けることで,必ずしもプロジェクト企画の初期段階から常にデータサイエンティストが参画する必要がないこともわかる.さらに,方向づけフェーズでは,アプリケーションエンジニアやデータエンジニアの参画は限定されることもわかる.

このように，機械学習システムの PoC プロジェクトを検討するとき（図 2.9 の方向づけフェーズ）に，「誰が・何のために・何を・どのように」の視点で表した開発モデルを参照モデルとすることで，検証システムの構築における作業項目や，体制，事業部門と開発部門の役割分担の明確化が可能となり，プロジェクトのリスクを低減できると期待される．

2.4　機械学習システムの開発におけるプロジェクト管理

2.4.1　機械学習プロジェクトの課題

機械学習を使ったシステムの開発が活発になるにともない，今までのシステム開発と同じアプローチではプロジェクトの遂行が難しい状況が発生している．一方，ソーシャルメディアをはじめとして，インターネット上での情報発信が容易になっており，機械学習プロジェクトの課題や実践上のノウハウが公開されている．

例えば，1993 年に Knowledge Discovery Nuggets と呼ばれる研究者同士をつなぐニュースレターがはじまった．この活動は後日，KDnuggets と呼ばれる Web サイトとなり，データマイニングや機械学習に関する技術的な情報が発信されている．機械学習の社会実装の試みが進むにつれ，KDnuggets に「機械学習プロジェクトがうまくいかない 9 つの理由 (9 Reasons why your machine learning project will fail)」と呼ばれる記事が公開された (図 2.13).

ここで提示された 9 つの理由をグループ化すると以下となる．

- 課題設定
  (1) 課題設定が間違っている
  (2) 間違った問題を解くために機械学習を使っている
- データ
  (3) 適切なデータがない
  (4) 十分なデータがない
  (5) データが多すぎる
- 評価指標
  (6) 適切な評価方法を使っていない
- チーム編成

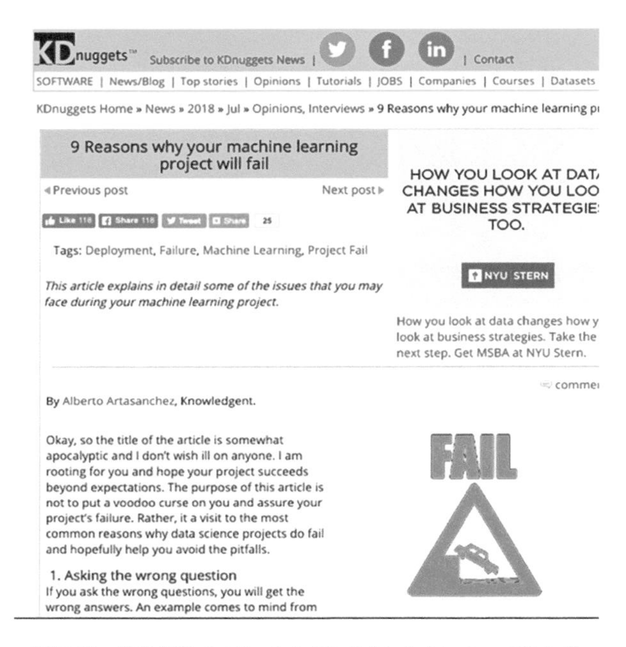

図 2.13 機械学習プロジェクトがうまくいかない 9 つの理由 *6

(7) 適材適所でない人材を雇っている

- プロジェクト遂行時のノウハウ

(8) 間違ったツールを使っている

(9) 適切なモデルを使っていない

(8)(9) はプロジェクトメンバの経験やスキルによるものであるが，(1)〜(7) についてはプロジェクト管理上の課題と考えることができる．そして，これらの課題の中には，プロジェクトを企画する段階で適切な活動を行うことで解決できるものもある．本節では，機械学習システムの開発におけるプロジェクト管理について，プロジェクト企画段階に注目して考える．このプロジェクト企画段階は図 2.9 で示したアジャイル開発のライフサイクルでは方向づけフェーズに相当し，図 2.11, 図 2.12 で示した開発モデルでは，最初か

*6 https://www.kdnuggets.com/2018/07/why-machine-learning-project-fail.html

ら「モデルの訓練に必要な業務データの棚卸し」の活動までに相当する.

2.4.2 保証ケースを用いたプロジェクト分析

ここでは，ある業務を対象とした機械学習システムについてのビジネス効果の検証を PoC プロジェクトとする．プロジェクトを開始するにあたっては，開始前の企画段階としてプロジェクト関係者でさまざまな議論を行う．ここでは，その議論の状況をもとに，機械学習システムの PoC プロジェクトの準備状況をプロジェクト間で比較する．プロジェクト間を比較し何かしらの特徴を得るには，各プロジェクトの準備状況をモデル化する必要がある．そして，準備状況が，プロジェクトが PoC プロジェクトのみで終了するか本番システムへの展開に進むかどうかに影響を与えるという仮説を立て，プロジェクトの準備状況を分析する.

具体的には，図 2.14 に示すようにプロジェクト開始前の議論をもとにプロジェクトの準備状況をモデル化し，PoC プロジェクト間の比較について分析する．このとき，対象に関する主張をサブゴールに分解し主張に関する議論状況を可視化する手法である**保証ケース**を用いる．保証ケースは安全性の分析において，上位のゴールを達成するのに必要な議論が網羅されているかを評価するために用いられている．この手法を各 PoC プロジェクトの準備状況を表現する際に用いる．そして，準備状況の分析結果から，

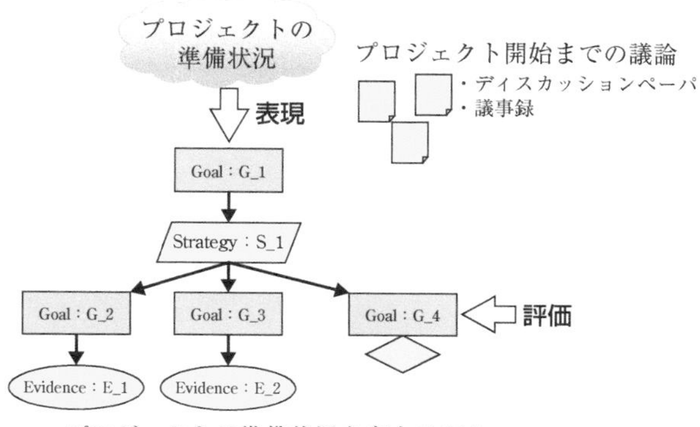

図 2.14 議論状況に基づいた PoC プロジェクトの準備状況の表現と評価の全体像

- 機械学習システムの PoC プロジェクトにおいて，失敗を回避するための準備状況上の特徴を成功要因として同定できる
- 成功要因からプロジェクト管理上の知見が得られる

ことを目指す．

保証ケース（1.4.2 節）は，抽象度の高い上位の主張を網羅的に分解し，根拠を付与することで，主張を正当化する論証のためのモデルである [5]．プロジェクト全体の主張（ゴール）を合意された視点で分解することで，主張を細部にわたって関係者の間で共通理解することが期待できる．また，各サブゴールが満たされていることを調べることにより，最終目標である上位のゴールについて，その達成度合いを評価できる．機械学習システムの PoC プロジェクトの企画段階で，どのような議論をステークホルダ間ですべきかは明確になっていない．そこで，保証ケースを用いて企画段階における議論状況をモデル化し，プロジェクトの準備状況を評価する．

具体的には，機械学習システムが機能性を満たしていることを最上位のゴールとして保証ケースを作成する．まず PoC プロジェクトのゴールとして機械学習システムが機能性を持つことを最上位のゴールとしてゴール分解木（図 2.10）を準備する．保証ケースでは，ゴールを特定の前提のもと，定義した視点でサブゴールに分解する．図 2.10 のゴール分解木では，最上位のゴールを 2.3.4 節で述べた機械学習システムが持つべき機能性を前提とし，表 2.3 の品質副特性に分解したものである．ゴール分解木の末端のサブゴールに根拠を付与することで保証ケースを完成させる（図 2.15 左）．プロジェクトの準備

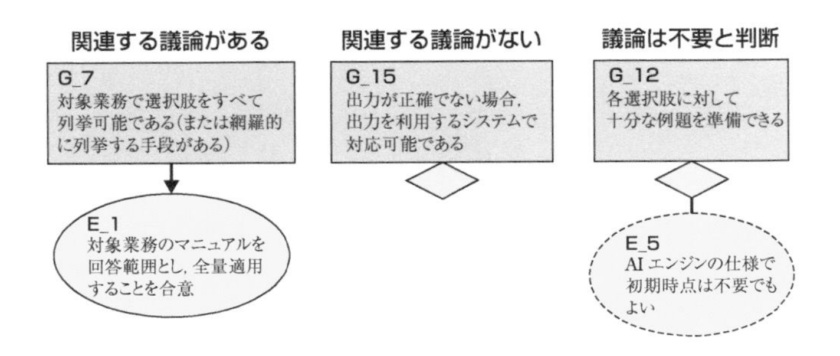

図 2.15 根拠の付与の表現形式（根拠 (E_1) や議論が不要な理由 (E_5) は例）

状況を表す保証ケースの場合，分解木の末端のサブゴールに対して，企画段階での議論内容を分析し，その内容を根拠として付与する．しかし，プロジェクト開始までに，すべての末端のサブゴールが議論されない場合もある．その場合は，ゴールを保証するための十分な議論または根拠がないことを示すために，保証ケースで定義されている未展開記号を付与する（図 2.15 中央）．一方，サブゴールの中には開発者側の判断で議論不要とする場合も存在する．例えば，機械学習モデルの仕様により，ゴールが自動的に満たされる場合が相当する．このような状況を表現するために新たな記法として導入し，そこに議論が不要である理由を記載し未展開記号に付与する（図 2.15 右）[6]．これにより，プロジェクト開始までの段階で，議論が不要と判断したことを明示できる．

こうして作成された保証ケースを用いて，プロジェクト開始時点での準備状況を評価する．具体的には，プロジェクト開始時の情報をもとに作成された保証ケースに対して，関連する議論がないサブゴールの数を求める．そして，その数がすべての末端サブゴール数に占める割合を求め，準備状況指数として評価に用いる．2.2.1 節で述べたコールセンタにおける照会業務を支援する機械学習システムの PoC プロジェクト（コールセンタプロジェクト）において，プロジェクト開始時までのディスカッションペーパやそれをもとに行ったシステムの機能性に関する議論の内容を根拠として付与した保証ケースを図 2.16 に示す．この保証ケースでは，プロジェクトの準備状況として，議論不要のサブゴールは存在するが，すべての末端サブゴールについて必要な議論が行われていることがわかる．この保証ケースでは，準備状況指数は 1.0 となる．

2.4.3 プロジェクトの準備状況の分析例とプロジェクト管理に向けた知見

前節で述べた分析手法を，すでに実施した機械学習システムの PoC プロジェクトに対して適用する．その適用の流れと分析結果のイメージを図 2.17 に示す．

対象プロジェクトについて，プロジェクトマネージャが保証ケースを作成したうえで，プロジェクトの準備状況を分析した．根拠の付与は，プロジェクト提案書と提案までに実施した事業部門と開発部門（ベンダ）の間の会議におけるディスカッションペーパや議事録をもとに行った．作成されたプロ

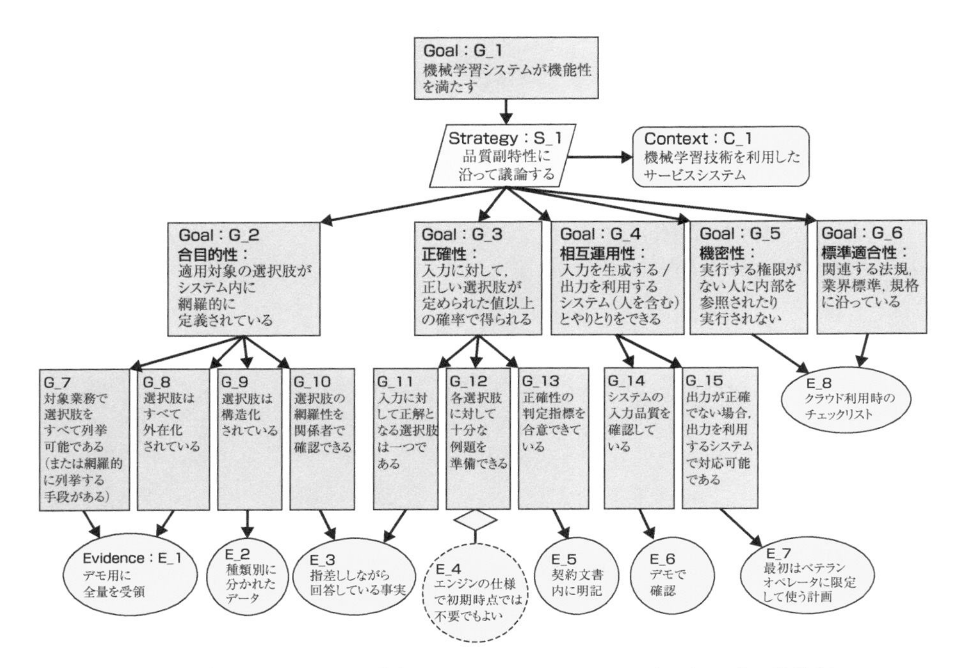

図 2.16　機械学習システムの機能性に注目したコールセンタプロジェクトの準備状況

ジェクトの準備状況を表す保証ケースについて，根拠の付与状況を分析した．このとき，11 の末端のサブゴールに対して，議論を通してサブゴールを満たすことを確認したケースに○，議論したがサブゴールを満たすことを明確に確認していないケースに△，議論せずサブゴールを満たしていることを確認していないケースに□を付与した．ここで，開発部門で事業部門との議論は不要と判断したものも△とした．対象プロジェクトでは，開発部門側の品質管理チームによってプロジェクト提案書のレビューが行われており，データの準備は誰がいつまでに行うのか，プロジェクトで目標とする指標の定義は何かといったことも記載されていた．対象となる PoC プロジェクトは，金融機関で実施された以下の 3 種類からなる 6 プロジェクトである．

- コールセンタにおける照会業務の支援や自動照会応答
- 営業支援のための新規販売先の候補抽出

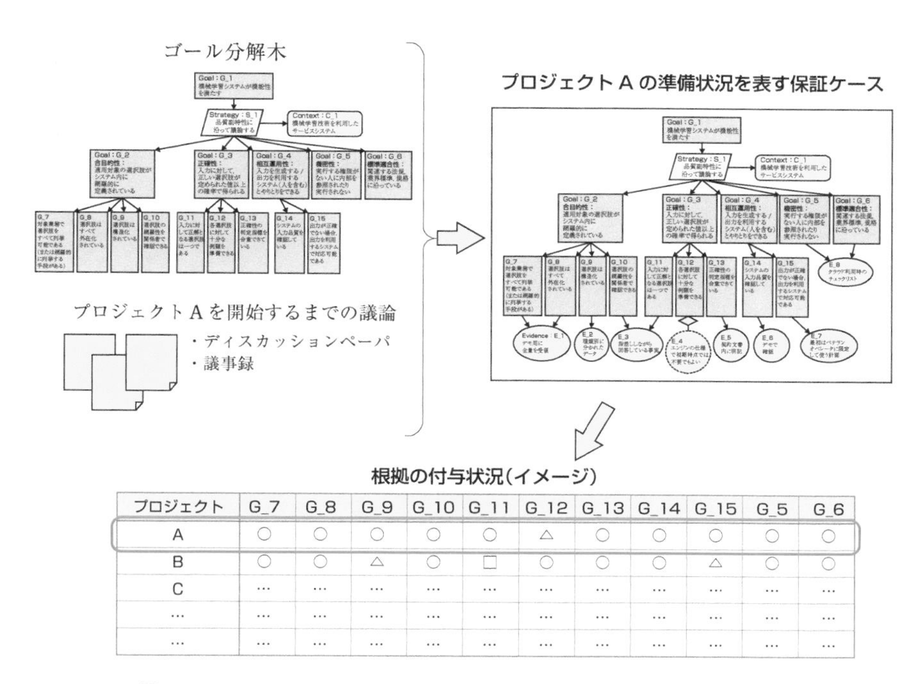

プロジェクト	G_7	G_8	G_9	G_10	G_11	G_12	G_13	G_14	G_15	G_5	G_6
A	○	○	○	○	○	△	○	○	○	○	○
B	○	○	△	○	□	○	○	○	△	○	○
C	…	…	…	…	…	…	…	…	…	…	…
…	…	…	…	…	…	…	…	…	…	…	…
…	…	…	…	…	…	…	…	…	…	…	…

図 2.17　プロジェクト分析の流れと分析結果（根拠の付与状況）のイメージ

● 文書を対象とした審査業務の自動化

2.2.1 節で述べたシステムを構築し，コールセンタの担当者を支援することや，専用端末を用いて問い合わせをする人が自身で回答を得ることを目指すことで，照会業務が効率的に行われることが期待される．この分析では，複数の事業部の照会応答業務に対して業務担当者支援や自動照会応答の検証システムを開発した PoC プロジェクトを対象とした．次の新規販売先の候補抽出では，金融機関の取引先企業の情報を入力とし，協業先の候補を見つけて提示するものであり，企業分析の専門家の支援を行うシステムを構築する PoC プロジェクトを実施した．そして，審査業務の支援では，入力文書の内容をもとに担当者が融資のようになんらかの判定をする際に，システムが事前に判定結果を出すことで担当者の作業を短縮することを目指す．具体的なプロジェクトとして，2.2.1 節で述べた海外送金事務における仕向先判定支援システムのPoCプロジェクトが該当する．

これらのプロジェクトについて保証ケースを作成し，プロジェクト開始時の準備状況の分析を行った．対象プロジェクトはすでに実施済みであるため，各プロジェクトを，その状況を示す**実績値(status)**に分類した．具体的には，プロジェクト実施期間中に特段の課題が発生せず，本番展開に向けたプロジェクトが開始しているケース（status=3）から，プロジェクト開始前の合意不足などに起因する課題がプロジェクト実施期間中に発生したケース（status=1）までの3段階の状態を付与した．そして，根拠の付与状況を示す分析結果とプロジェクト実績値から根拠の付与とプロジェクトの実績に関連があるかどうかを，相関係数を求め調査した．プロジェクト実績と相関係数0.75以上の強い正の相関を持つサブゴールを表2.4に示す．

表2.4 プロジェクト実績と高い相関を持つサブゴール

サブゴール		相関係数
G_12	各選択肢に対して十分な例題を準備できる	0.891
G_15	出力が正確でない場合，出力を利用するシステムで対応可能である	0.891
G_8	選択肢はすべて外在化されている	0.866
G_9	選択肢は構造化されている	0.750
G_10	選択肢の網羅性を関係者で確認できる	0.750

この結果から，機械学習システムのPoCプロジェクトにおいて，失敗を回避し成功に導くために有効な項目を優先して得られている．これら5つのサブゴールから成功要因を整理すると，以下のようになる．

- システムが選択して出力する各選択肢に対して十分な訓練データを準備できる（G_12）
- 出力が正確でない場合，システムのユーザによる対応も含め，システム全体として対応できる（G_15）
- 選択肢となるデータが，機械処理が容易な形式で準備されている（G_8, 9）
- 定義した選択肢に対して，網羅性を確認できる（G_10）

一方，プロジェクト実績と根拠の付与状況の相関が低いサブゴールは，機密性（G_5）と標準適合性（G_6）であった．これらは，従来のソフトウェアシステムの開発と同じ項目であり，また，金融機関におけるシステム開発ではプロジェクト開始にあたり検討が必須とされているためサブゴールとして意識するか否かの影響は小さかったと考えられる．

機械学習システムでは例えば分類であれば，事前に定義した選択肢の中から最適なものを予測して出力する．そのPoCプロジェクトを実施するうえでの成功要因を，実施済みのプロジェクトを分析することで同定できた．これは，機械学習システムのPoCプロジェクトを開始する際には，保証ケースを作成し，成功要因に関連した議論の有無を分析することで，PoCプロジェクトの成功を予測できる可能性が高いことを示している．機械学習システムのPoCプロジェクトにおける導入準備評価は以下の手順となる．

1. 2.3.4節で定義した機械学習システムの機能性に関するゴール分解木（図2.10）に対し，PoCプロジェクトの開始にいたるまでの議論内容を用いて保証ケースを作成する
2. 保証ケースの各末端サブゴールに対する根拠（議論や合意）の有無を確認する
3. 根拠がないサブゴールに注目し，プロジェクトの成功要因と強い相関があるサブゴール（G_12, G_15, G_8, G_9, G_10）については，再度議論し，根拠を付与して保証ケースを更新する
4. 成功要因と相関が弱いサブゴールについては，確認を行った後，議論不要の記法を用いて保証ケースを更新する
5. すべての末端サブゴールに根拠または議論不要の未展開記号が付与された保証ケースが得られた段階で導入準備評価を終了し，PoCプロジェクトを開始する

この評価手順を実施することで，例えばプロジェクトを図2.9で示すようなアジャイル開発で進める場合は，方向づけフェーズでプロジェクトの成功に不可欠な項目を確実に合意したうえで，構築フェーズを開始することができるようになる．この手順では，ゴール分解木のすべての末端サブゴールに対し議論の有無を調べ，保証ケースを作成する．これによって，プロジェクトの成否と相関が弱い項目についても，「議論は不要と判断した」または「何も検討していない」のいずれの状態であるかをプロジェクト開始後に確認で

きる状態になる．このような情報もプロジェクトの品質管理上は有効となる．

2.5　プロジェクト共通理解に向けた機械学習システムのモデル化

2.5.1　機械学習システムのビジネス IT アライメント

企業などの組織で用いられる業務システムについて，ビジネスゴール，ビジネスプロセス，そして IT アプリケーションを関連づけることを**ビジネス IT アライメント**と呼ぶ．このアライメントは経営視点で IT システムを評価する際や，外的環境の変化に合わせ業務システムをどのように変革すべきかを議論する際に使用されており，企業内のさまざまなステークホルダが俊敏に対応できるようになると期待されている．そして，ビジネス IT アライメントを継続的に分析する必要性やエンタープライズアーキテクチャを用いた分析方法論が議論されている [7]．

機械学習システムについても，その開発プロジェクトにおいて，事業部門と開発部門で開発対象について共通理解を持つことが重要であることを前節までに示してきた．本節では，プロジェクト関係者がそれぞれの視点で，プロジェクトで開発する機械学習システムについて理解することを目的としたビジネス IT アライメントモデルについて考える．

事業部門側は，機械学習システムを業務に適用するにあたって，以下の目的を持っていると考えられる．

- 管轄する業務（ビジネス）にどのくらい貢献するのかを知りたい（経営者）
- 得られる効果を業務の視点で評価したい（企画担当者）

これに対する開発部門側の目的は，「開発する機械学習システムの効果を業務視点で示したい」になる．ここから，

1. 事業部門のミッション に対して，業務課題 がある
2. ビジネス性能 で，業務課題 の達成状況を評価する
3. 事業部門の企画担当者 は 業務課題 の解決を担っている
4. 解決したい 業務課題（ゴール）はさまざまなサブゴールに分割でき，その間に機械学習を用いたシステムで解決できる 機械学習課題 がある
5. システム利用による アプリケーション性能（アプリ性能）で，機械学習課

題 の達成状況を評価する
6. 開発部門 は機械学習システムを開発し，機械学習課題 の解決を担う
7. 機械学習課題 の解決をするためには，訓練した機械学習モデルが達成すべき 機械学習モデル課題 がある
8. 精度や再現率といった モデル性能 で，機械学習モデル課題 の達成状況を評価する
9. 開発部門のデータサイエンティスト がアルゴリズムの修正などを通して 機械学習モデル課題 を解決する

の関係が得られる．一方，開発する機械学習システムはなんらかのビジネスプロセスの中で利用される．また，機械学習システムの利用のみで業務課題が解決されるケースは少なく，それを利用するビジネスプロセスを含めた全体プロセスを新しく設計する必要もある．ここから，

10. 業務課題 は新しい 業務サービス によって解決され，業務サービスは 業務課題を解決するビジネスプロセス によって実現される
11. 機械学習課題 は 機械学習を利用するサービス によって解決され，それは 機械学習アプリケーションを利用するビジネスプロセス によって実現される
12. 機械学習アプリケーションを利用するビジネスプロセス は 業務課題を解決するビジネスプロセス の一部である
13. 機械学習アプリケーションを利用するビジネスプロセス を 事業部門のビジネス実施者 が担う
14. 機械学習アプリケーションを利用するビジネスプロセス では 機械学習アプリケーションのサービス が利用される

という特徴が得られる．1〜14 の記述をもとに，機械学習システムの開発プロジェクトの構成要素とそれらの間の関係を ArchiMate で表し，図 2.4 で示した機械学習システムのモデルと合わせることで，機械学習システムについてのビジネス IT アライメントモデルが図 2.18 のように表される．

このモデルでは，機械学習を適用するビジネスと開発するシステムの関係が表現されている．よって，開発する機械学習システムについて，例えば経営者視点で，その意義や期待される効果などを説明することが可能となる．

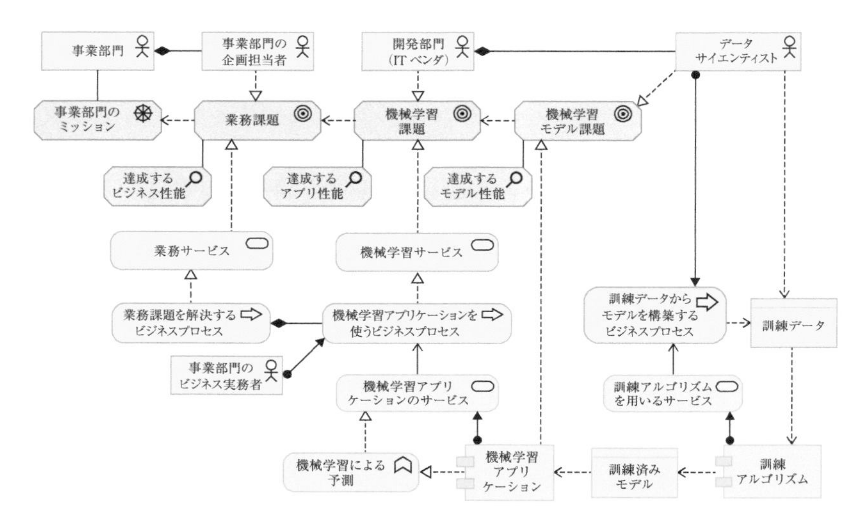

図 2.18　機械学習システムのビジネス IT アライメントモデル

一方，図 2.18 のモデルは，機械学習システムの構成要素と対象ビジネスの構成要素との関係を示した汎用なモデルである．そのため，プロジェクトを計画する際には，対象とする業務を分析し，開発する機械学習システムについて図 2.18 を具体化したモデルの作成が必要となる．また，その際，プロジェクトに応じてビジネス性能・アプリ性能・モデル性能を定義する必要もある．開発部門が，データサイエンティストが測定するモデル性能をもとにしたアプリ性能を，対象業務に合わせ事業部門の企画担当者と設計する．その際，アプリ性能は，その値からコストや売上といったビジネス性能を算出できることが重要となる．対象プロジェクトに応じた機械学習システムのビジネス IT アライメントモデルの作成と実践例については，次節で述べる．

2.5.2　プロジェクト計画時における機械学習システムのビジネス IT アライメントモデルの作成と実践例

本節では，機械学習システムのビジネス IT アライメントをプロジェクトに合わせて具体化する手法について示す．手法は以下の 3 段階に分かれる．

- サービスに関する要求分析

- 実現するサービスの構成要素分析
- アプリケーション設計および機械学習モデルの設計における要求分析

各段階における分析手順について，実践例を通して説明する．実践例として，2.2 節で紹介した，銀行の海外送金業務における仕向先判定支援システムの開発プロジェクトを対象とする．

銀行では，個人や法人から依頼を受け海外への送金を行っている．これは外為事務事業部で海外送金業務として実施されている．外為事務事業部はさまざまな事務サービスを行っているが，事務部門であるため，コスト削減が業務課題としてある．そして，コスト削減の要因として，海外送金事務 1 件にかかるコストが高い（作業時間が長い）ことが示されている．この現状をもとにサービスの要求分析を行う．

サービスに関する要求分析では，ステークホルダ，問題状況（対象），原因，あるべき進歩（ゴール），解決策の視点で対象業務を分析する．外為事務事業部の事務サービスの現状をこれらの視点で整理すると，**表 2.5** に示す課題分析表が得られる．表中の斜線は分析が不要であることを示す．この分析結果から，事務コストを削減するための新しい海外送金事務プロセスを検討する必要があることがわかる．

表 2.5 外為事務事業部の事務サービスの要求分析結果（課題分析表）

項目	ビジネスレベル	サービス設計レベル
ステークホルダ	外為事務事業部	外為事務事業部の企画担当者
問題状況	海外送金業務	
原因分析		送金業務1件あたりの平均作業時間
あるべき進歩		事務コストの削減
実現手順		新海外送金サービス
実現手段		新海外送金事務プロセス

次に，実現するサービスとその構成要素の分析を行う．銀行における海外送金業務では，顧客が指定する送金先に直接送金することは少なく，最終的な送金先に応じた仕向先に，銀行はいったん送金する．これは

(1) 顧客からの依頼書をもとに仕向先判定担当者が仕向先を判定する
(2) 検証者が判定結果を確認する
(3) 仕向先情報を送金システムに入力する

という一連のタスクからなる．この中で事務コスト削減の解決策として，システム連携により (2) と (3) を連携させることも考えられる．一方，1 件あたりの作業時間を考えると，(1) がその大部分を占める．(1) の仕向先判定作業の入力となる顧客からの送金依頼書には，通貨名と金額とともに，自然文で書かれた送金先が記載されている．仕向先判定担当者は，自然文で書かれた送金先記述から顧客の送金先の金融機関情報（銀行名，銀行コード，国名，都市名などの固有表現）を抽出し，それらの情報を銀行内のビジネスルールに適用し仕向先を決定する．この作業は図 2.19 のように表される．

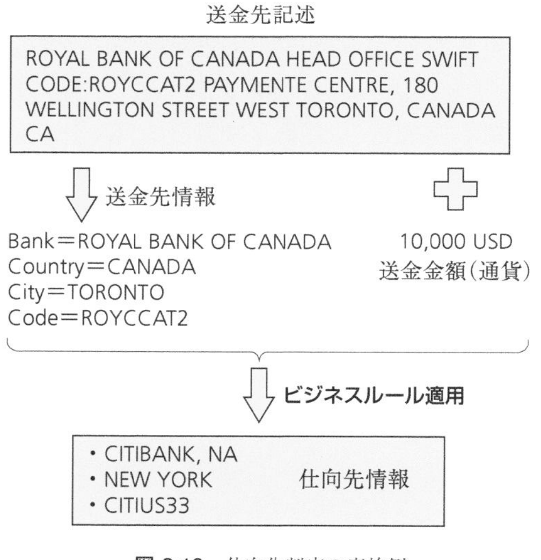

図 2.19　仕向先判定の実施例

この仕向先判定作業において，経験の少ない担当者が行う場合，または，見慣れない銀行名（例えば，BROWN BROTHERS HARRIMAN など）が送金先記述欄に書かれている場合，過去の事例や業務マニュアルなどを参照することになる．したがって，この作業を新しい海外送金サービス（海外送金事務プロセス）で短縮することを考える．

まず，新しい仕向先判定作業プロセスを含んだ海外送金事務プロセスを考える．仕向先判定作業プロセスでは，送金先記述を入力として仕向先を出力として得て，判定作業を短縮することを目指す．そのためには，ビジネスルールに沿って正しい仕向先を自動的に得ることが必要となり，仕向先判定に必要な情報（送金先情報）が正しく得られる割合が十分に高いことが求められる．

次に，仕向先判定作業プロセスを実現する機械学習アプリケーションを用いたサービスを考える．これは，入力となる送金先記述から銀行名・国名などの送金先情報を自動抽出するサービスとなる．このサービスは，機械学習を活用した代表的な自然言語処理技術である固有表現抽出エンジンで実現できる．このとき，送金先情報を固有表現として抽出するためには，送金先情報をアノテーションした過去の送金先記述が訓練データとして必要となる．この機械学習を用いた固有表現抽出法で送金先情報を自動的に抽出できれば，仕向先も自動的に判定できる．ただし，そのためには，送金先情報を得る固有表現抽出の精度および再現率が十分高いことが求められる．

以上のサービスの構成要素を分析する．サービスの構成要素として，ステークホルダ，入力・出力などのサービス情報，主要成功要因などのゴール，評価基準を定義し，サービスの利用・設計の視点（レベル）と機械学習モデルの設計の視点（レベル）でサービスを整理し，サービス構成表を作成する．検討結果をもとにサービス構成表を作成すると，**表 2.6** となる．

実現する機械学習システムについて，表 2.6 のサービス構成表から解決すべき課題（原因分析），目指すゴール（あるべき進歩），解決策（実現手順・手段）を抽出することで，アプリケーション設計と機械学習モデルの設計の要求分析を行うことができる．こうして得られた要求分析の結果は**表 2.7** のように示される．

表 2.6 と表 2.7 の各セルの内容が図 2.18 のビジネス IT アライメントモデルの各要素に対応する．したがって，上記で示した要求分析およびサービスの構成要素の分析結果を用いて，開発する機械学習システムに応じたビジネス IT アライメントモデルを作成できる．海外送金業務における仕向先判定を支援する機械学習システムについてのビジネス IT アライメントモデルは，**図 2.20** で表される．

表 2.6 実現するサービスの構成要素分析の結果（サービス構成表）

項目	サービス利用レベル	サービス設計レベル	機械学習モデルの設計レベル
ステークホルダ	外為事務事業部門の企画担当者	開発部門	データサイエンティスト
サービス	海外送金サービス（海外送金事務プロセス）	仕向先判定サービス（仕向先）判定作業プロセス	仕向先情報抽出サービス（固有表現抽出モデル）
サービス情報		入力：送金先記述 出力：仕向先	固有表現抽出のための訓練データ（過去の送金先記述をもとに作成）
KSF	事務コストの削減	正しい仕向先が自動的に得られ判定作業が短縮	仕向先の自動判定
評価基準	1件あたりの平均作業時間	仕向先決定に必要な情報が正しく得られる割合	仕向先判定に必要な固有表現の抽出に関する精度・再現率

表 2.7 アプリケーション設計および機械学習モデルの設計における要求分析の結果（課題分析表の拡張（太字部分））

項目	ビジネスレベル	サービス設計レベル	アプリケーション設計レベル	機械学習モデルの設計レベル
ステークホルダ	外為事務事業部門	外為事務事業部門の企画担当者	**開発部門**	**データサイエンティスト**
問題状況	海外送金業務			
原因分析		送金業務1件あたりの平均作業時間	**サービス利用時の判定正解率**	**仕向先判定に必要な固有表現抽出の精度・再現率**
あるべき進歩		事務コストの削減	**仕向先判定作業の短縮**	**仕向先の自動判定**
実現手順		新海外送金サービス	**仕向先判定サービス**	**仕向先情報抽出サービス**
実現手段		新海外送金事務プロセス	**仕向先判定作業プロセス**	**固有表現抽出，固有表現抽出モデル**

本節では，機械学習システムのビジネス IT アライメントモデルを作成する業務分析について述べた．一方，機械学習の活用を組織で構想する際に，必要となるシステムの構成要素をキャンバス形式で整理するツールとして機械学習プロジェクトキャンバス*7 がある．このキャンバスは機械学習の活用を開発者と利用者が一緒に検討する議論の場などで利用されている．前節お

*7 株式会社三菱ケミカルホールディングス．機械学習プロジェクトキャンバス，https://www.mitsubishichem-hd.co.jp/news_release/pdf/190718.pdf

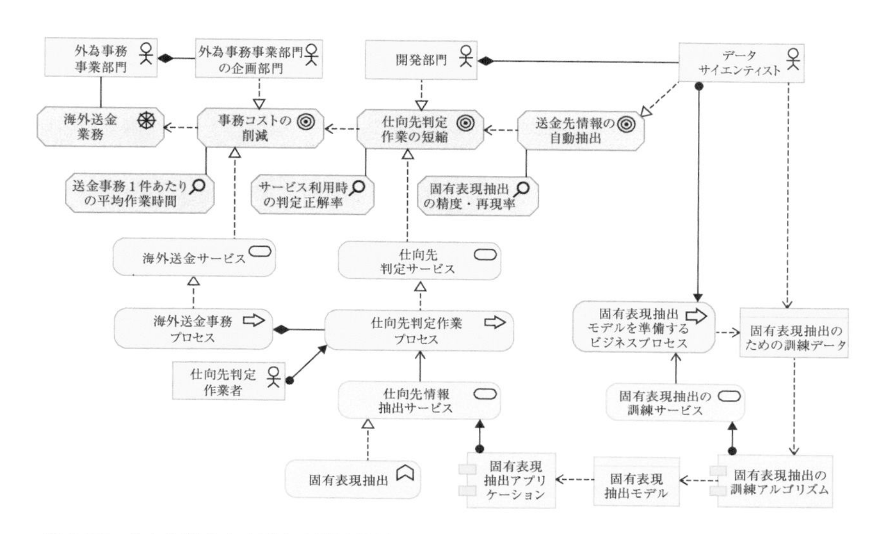

図 2.20 仕向先判定を支援する機械学習システムについてのビジネス IT アライメントモデル

よび本節で述べた機械学習システムのビジネス IT アライメントモデルの構成要素と機械学習プロジェクトキャンバスの要素には共通部分が多くあることが示されている [8]．よって，キャンバスを見ながら機械学習の活用を議論し，その要素を埋めることでビジネス IT アライメントモデルを作成することも可能である．

2.5.3 機械学習プロジェクトにおけるビジネス IT アライメントモデルの利用

前節まで述べた機械学習システムについてのビジネス IT アライメントモデルは，機械学習を活用するプロジェクトの企画段階で作成することが有効である．例えば，海外送金業務の仕向先判定支援の機械学習システムの開発プロジェクトでは，ビジネス IT アライメントの作成により，プロジェクトの関連者が以下のようにそれぞれの視点で機械学習システムや自身の作業目的を理解できることがわかった．

- 事業部門
  - ・経営者：送金事務にかかるコストの一部を機械学習システムが削減する
  - ・企画担当者：機械学習システムを利用することで仕向先判定作業の時間

を短縮する

- 開発部門
  - ・プロジェクトマネージャ（PM）：機械学習システムの担当者が望む結果を出し，システムの利用頻度が増加することを目指す
  - ・データサイエンティスト：機械学習システムが担当者の満足いく結果を出せるように，機械学習モデルを調整する

さらに，事業部門の企画担当者，PM，データサイエンティストがゴールを達成するうえで，それぞれの視点で機械学習の適用評価をする必要性を理解し，以下のように評価性能を定義し，プロジェクト期間中に評価として用いた．

- 事業部門の経営者と企画担当者との間
  - ・ビジネス性能として送金作業1件あたりの平均時間を用いて，コスト削減の効果を議論
  - ・ビジネス性能はアプリ性能（利用時の仕向先判定の正解率）から企画担当者が計算
- 事業部門の企画担当者と開発部門との間
  - ・アプリ性能で機械学習システムの性能が向上しているかどうかを議論
  - ・アプリ性能が向上するように，データサイエンティストはモデル性能（固有表現抽出の精度・再現率）を見ながら機械学習モデルを調整する

プロジェクト開始前に，ビジネスITアライメントモデルを作成することはプロジェクトのリスク管理に大きく貢献する．2.4節で述べた機械学習プロジェクトの典型的な課題である，

- 課題設定が間違っている
- 間違った問題を解くために機械学習を使っている
- 適切な評価方法を使っていない

は，モデルを通して関係者がそれぞれの視点でゴールやその評価指標について理解することで解決できる可能性が高くなる．また，モデルの作成で訓練データとして必要となるデータが明示されるため，

- 適切なデータがない
- 十分なデータがない
- データが多すぎる

という課題に当てはまるかどうかをプロジェクト開始前に確認できる．利用するデータを明示できれば，2.4節のプロジェクトの成功要因分析で導き出した，「網羅的なデータが準備できる」「機械処理が容易な形式でデータを準備できる」という導入準備評価で必要となる項目をプロジェクト関係者で議論し確認できる．

一方，機械学習システムのビジネスITアライメントモデルの作成では，各ゴールを評価するための指標の設計が重要となる．特に，アプリ性能は，ビジネス性能に変換できる必要があり，また，システムの利用者に負担をかけることなく取得したデータで計算される必要がある．アプリ性能の設計については，機械学習システムの適用領域ごとにパターン化できる可能性があるが，今後解くべき課題の一つである．

2.6 本章のまとめ

本章では，企業内の業務において機械学習を活用したシステム開発に注目し，特にPoCプロジェクトにおける検証システム開発をビジネスとの整合性という視点で検討した．そして，

- プロジェクト参画者が，それぞれ「何のために」「何を」実施するのか
- プロジェクトの計画段階において，どのような準備が重要となるのか
- プロジェクトで開発するシステムは何を目指すのか

の点について，機械学習に詳しくない非技術者が多い事業部門と開発部門（ITベンダ）との間で共通理解するためのモデルと，プロジェクト管理上での活用方法を示した．ここで示したモデルを参照モデルとして，個々のプロジェクトを計画・実施するにあたり，具体化や拡張することで，機械学習プロジェクトの課題を未然に回避することや，遂行時に発生する課題を解決する糸口が見つけられる．そして，その結果，多くの機械学習システムが本格展開されて実用化されると期待できる．

一方，本章で述べた機械学習プロジェクトのモデル化だけでは，解決が難しい課題もある．その一つとしてまず，プロジェクトの予算，見積もりがある．組織の中でシステム開発を行うには，予算計画が必要となる．しかし機械学習システムの開発では，構築フェーズをイテレーションする際，1 回のイテレーションにおいてどのくらいの予算が必要か，また，イテレーション回数をどのくらい計画するべきかといった見積もりを行うには，プロジェクトデータの蓄積が不足している．これに対しては，従来と違った体制で開発を進める必要もある*8．今後，組織内のさまざまな部門で機械学習の適用が進んだ場合，個々のプロジェクトの推進やリスク管理を開発だけでなく運用を含め組織全体として行うガバナンス体制が必要となると考える．これらは機械学習プロジェクトの視点における機械学習工学の今後の課題である．

*8 2018 年 5 月に行われた機械学習工学研究会キックオフシンポジウムの工藤卓也氏の基調講演では，事業会社と開発ベンダで Joint Venture を作りプロジェクトを進める考え方が事例とともに示されている．

B i b l i o g r a p h y

参考文献

[1] M. Chui, J. Manyka, M. Miremadi, N. Henke, R. Chung, P. Nel and S. Malhotra. Notes from the AI frontier insights from hundreds of use cases. *McKinsey Global Institute*, 2018. `https://www.mckinsey.com/~/media/mckinsey/featured%20insights/artificial%20intelligence/notes%20from%20the%20ai%20frontier%20applications%20and%20value%20of%20deep%20learning/notes-from-the-ai-frontier-insights-from-hundreds-of-use-cases-discussion-paper.ashx`)

[2] 藤堂健世．最先端の AI の利用と応用．人工知能，33(2)，192–196，2018.

[3] The Open Group. *ArchiMate 3.1 – Pocket Guide.* Van Haren Publishing, 2019.

[4] S. Amerchi, A. Begel, C. Bird, R. Deliner, H. Gall, E. Kanar, N. N. B. Nushi, and T. Zimmerman. Software engineering for machine learning: A case study. In *Proceedings of the 41st International Conference on Software Engineering*, 291–300, 2019.

[5] T. Kelly and J. A. McDermid. Safety Case Construction and Reuse Using Patterns. In *Proceedings of the 16th International Conference on Computer Safety*, Reliability and Security, 55–69, 1997.

[6] 竹内広宜，山本修一郎，秋原史記，石井旬，岡原勇郎，星野史晶．金融機関における AI 実践プロジェクトの分析とプロジェクト管理への活用．情報処理学会デジタルプラクティス，10(3)，560–575，2019.

[7] K. Hinkelmann, A. Gerber, D. Karagiannis, B. Thoenssen, A. V. Merwe, and R. Woitsch. A new paradigm for the continuous alignment of business and IT: Combining enterprise architecture modelling and enterprise ontology. *Computers in Industry*, 79, 77–86, 2016.

[8] H. Takeuchi, Y. Ito, R. Nishiyama, and T. Isoyama. Modeling of Machine Learning Projects using ArchiMate. In *Proceedings of the 14th International Conference on Human Centered Intelligent Systems (Springer Smart Innovation, Systems and Technologies vol. 244)*, 222–231, 2021.

Chapter 3

機械学習システムの運用

堀内新吾，土橋昌（株式会社エヌ・ティ・ティ・データ）

機械学習を用いて開発したシステムの運用に関する原則やアプローチについて論じる．特にデータの傾向やモデルの性能の変化に対する監視や，変化への対応に着目する．

3.1 本章について

本章では，機械学習モデルを本番環境に乗せて継続的に運用する際，従来のシステム開発の運用に加えて考慮すべき事柄について述べる．

機械学習モデルは訓練時に示したデータに応じた入出力の処理を獲得する．そのため，運用における推論の際に訓練時とは形式や性質が異なるデータを入力された場合，その入力に対して期待する出力が得られる保証はない [1]．

形式や性質の違いとしては，(1) 入力データが訓練時と異なっている場合だけでなく，(2) 入出力間の関係，つまり同じ入力に対して推論すべき内容が変化している場合，および (3) その両方が考えられる．本章では (1) の場合を**データドリフト**，(2) の場合を**コンセプトドリフト**と呼ぶことにする [2]．いずれの場合でも誤った推論を出力するリスクが高まる点に注意が必要である．

図 3.1 に，データドリフトとそのリスクを具体化するために，表形式のデータに対して機械学習モデルを適用する二つの例を示す．

一つ目は，運用中にデータ形式が変化する例である．融資審査業務を対象

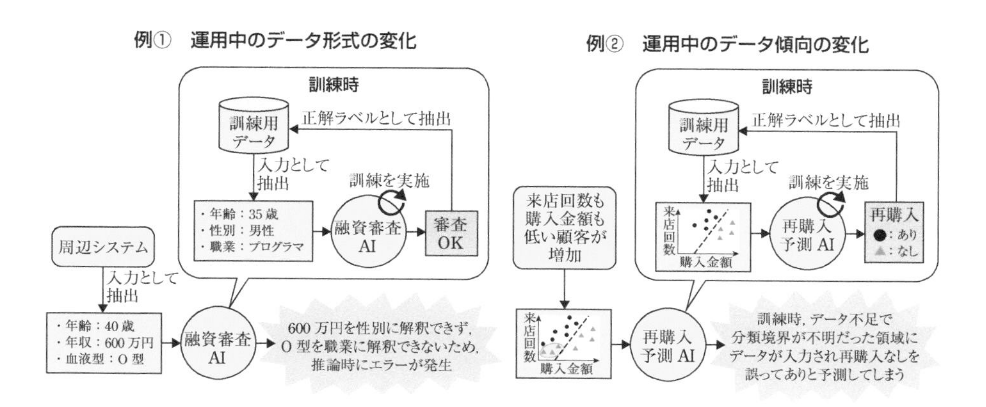

図 3.1 データドリフトの二つの例

に，申込者の年齢，性別，職業からなる表形式のデータから機械学習モデルの訓練を行った．この機械学習モデルをしばらく運用していたが，周辺システム更改の際に取得するデータ項目が増加し，機械学習モデルの呼び出し処理に誤ったデータが混入してしまった．結果として訓練済みモデルに年齢，年収，血液型からなる表形式データが入力されてしまうことになった．この場合，入力として性別を期待した項目に年収が，職業を期待した項目に血液型が入力されることになり，異なるデータにモデルを適用することができず，エラーが発生してしまう（図 3.1 左）．項目に変化がない場合であっても，システム更改の際に取得する数値データの型が整数型から浮動小数点型に変化したり，設定可能なカテゴリに変化があったりすると，同様にエラーが発生したり訓練時よりも低い性能でしか推論を実施できない場合がある．このようなデータの形式変化に関連するデータドリフトを本章では**スキーマの不一致**と呼ぶ*1．

二つ目は，運用の中で入力されるデータの傾向が変化する例である．とある商店において顧客の再購入を予測するために，一度の購入金額と過去の来店回数をもとに機械学習モデルの訓練を行った．その店舗はそれまで卸売り

---

*1 スキーマとは，対象となるデータの関係・構造の定義のこと．表データの場合，各列のデータ型・最大値・最小値などの定義を表す．ここでは表データだけでなく，拡張子や圧縮方式の定義として画像や音声などの非構造データに用途を拡大して記載している．

をメインに行っており，購入金額も来店回数も比較的大きな値を持つ顧客が多かったが，経営方針を変更し一般にも小口の販売を行うようになった．結果として，一度の購入金額が低く，過去の来店回数がほぼない顧客が増加したが，そのような顧客について機械学習モデルは十分な訓練を行っていなかったため，誤った推論を頻発するようになってしまった（図 3.1 右における左下かけ網部分）．このようなデータの傾向変化に関連するデータドリフトを本章では**分布の不一致**と呼ぶことにする．

次に，コンセプトドリフトとそのリスクの例として，入力された単語に対してその意味がポジティブかネガティブかを分類する機械学習モデルについて考える．文中において特定の単語がポジティブ（好意的）な意味で使われているかネガティブな意味で使われているかを分類することは，レビューなどから対象の評判を抽出することに有用である．しかし，その単語が意味するところがポジティブであるかネガティブであるかは，その単語が使用される時代や背景によって大きく変化することがある．機械学習モデルの訓練時にはネガティブな意味で使われていた単語が，次第にポジティブな意味でも使われるようになっていった場合，意味が変わった後のデータで再訓練しないと機械学習モデルはその単語について誤った分類をし続けることになる．

ここまで示してきたとおり，機械学習モデルを含むシステムの場合，機械学習モデルの訓練を行ったタイミングと実際に推論を行う運用のタイミングとで前提となる入出力の関係に変化がある場合，正しい出力を保証するのは困難である．運用の中で入出力の関係が変化すれば処理を見直す必要があるのは従来のシステムでも同様であるが，そもそも入出力の関係が複雑で単純なフローやルールで記述が困難な場合に機械学習を用いるため，関係の変化を発見するのは困難である．

そのため，機械学習システムの運用においては，従来のシステム開発のようなレスポンスや異常処理，インフラ使用量などの監視に加えて，機械学習モデルの性能低下，およびそれにつながる入出力関係の変化がないかを監視し続ける必要がある．

本章では，運用中のシステムにおいて機械学習の性能を維持するために監視すべき項目の検討と，監視によって性能低下もしくはそれにつながる入出力関係の変化を検知した場合の対処法の検討を目指し，以下の内容について記載する．3.2 節では本章で前提とする機械学習を含むシステム構成の例を示す．3.3 節では機械学習を含むサービスから取得可能な情報を整理する．3.4 節では取得した情報をもとに性能低下につながる入出力関係の変化を検知する方法の例について述べる．3.5 節では変化を検知した場合の対処法について検討する．最後に，3.6 節で機械学習を含むサービスの監視に関連する事例を紹介し，実用における課題意識を示す．

3.2 本章で前提とする機械学習を含むサービス

3.2.1 機械学習を含むシステム構成の例

図 3.2 に機械学習を応用したシステム構成の例を示す．ここでは過去データをもとに整備された機械学習用データが訓練に利用可能なデータであり，外部システムから入力されたストリームデータを運用における推論時のデータとする．また，運用で収集したデータは順次訓練用に転用できるように外部システムから過去データに追加されるような構成とした．図の右半分では機械学習システムを構成する環境として，性能改善などの試行錯誤を目的とした実験環境と機械学習を含むサービス提供のための本番環境の二つを示している．

実験環境は主にデータサイエンティストが必要に応じて利用する環境で，

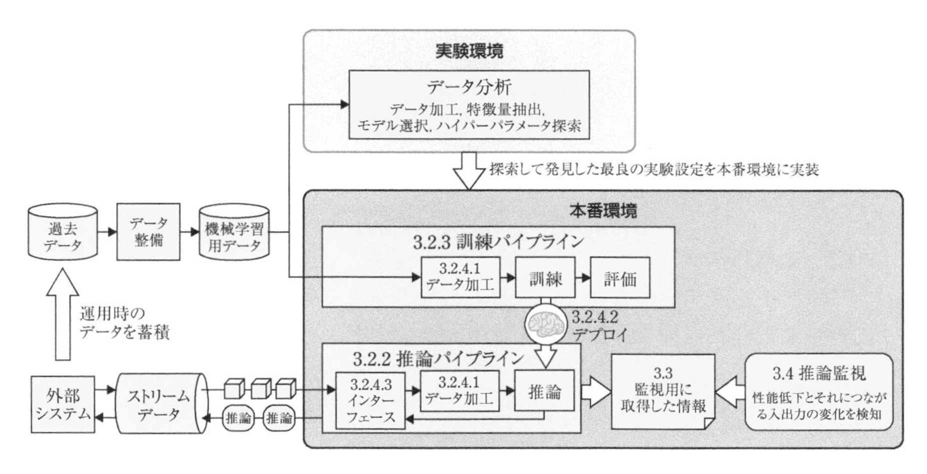

図 3.2 機械学習を応用したシステム構成の例

目的達成のために必要なデータ加工処理や特徴量抽出を行い，適切なアルゴリズムとそのハイパーパラメータを探索するために利用する．

本番環境は，サービス提供のために継続的に稼働する環境で，実験環境で得られたハイパーパラメータを含む実験設定の組み合わせをもとに最終的な機械学習モデルの訓練を行う処理群と訓練の結果得られた訓練済みモデルをデプロイし，外部からの入力に対して推論を出力するための処理群が含まれる．

本章では機械学習モデルの訓練のための処理群を**訓練パイプライン**と呼び，推論のための処理群を**推論パイプライン**と呼ぶことにする．また，本番環境には推論パイプラインが正常に稼働していることを確認するための推論監視機能が存在し，機械学習モデルの性能低下やそれにつながる入出力関係の変化を検知した場合，機械学習モデルの性能を改善するための対処を実行する．

3.2.2　推論パイプライン

図 3.2 のシステム構成のうち，機械学習モデルをサービスとして提供するために最低限必要なのは，推論パイプラインである．推論パイプラインは周辺システムからパイプラインの処理群を呼び出すためのインターフェースと，入力されたデータを機械学習モデルが受け取れる形態にするための加工処理，そして機械学習モデルによる推論処理からなる．ここではインターフェースは単に入出力をやりとりするだけでなく，簡単な入力に対する前処理と出力に対する後処理も実行できるものとする．

推論パイプラインの処理は推論処理にどのような機械学習モデルが実装されていても動作するが，高い性能で正しく推論を行うためには状況に合わせて訓練を行った機械学習モデルが実装されている必要がある．状況に合った機械学習モデルを準備するためには，訓練パイプラインが必要になる．

3.2.3　訓練パイプライン

訓練パイプラインは，入力データに対する加工処理と機械学習モデルの訓練・評価処理からなる．推論パイプラインとは異なり，外部システムから入力されたデータではなく，これまで蓄積してきた過去データを対象に加工処理を行い，それをもとに機械学習モデルの訓練と評価を実施する．

3.2.4 パイプラインの各処理の実装

図3.2に示したように，推論パイプラインと訓練パイプラインは同様のデータ加工処理を持ち，訓練パイプラインで訓練した機械学習モデルを推論パイプラインにデプロイする必要がある．推論および訓練パイプラインの実装に際しては，必ずしもこれらの処理を束ねて実際にパイプライン化する必要はないが，機械学習フレームワークが提供する機能を用いることで，機械学習モデルの前処理としてデータ加工処理を組み込むことができる[3,4]．この機能を利用することで，推論パイプラインの各処理を改めて実装したり，各処理を組み合わせて全体として推論結果を返すためのグルーコード*2を書いたりする必要がなくなるため，実装時のバグ混入リスクを下げることができる．ただし，プロジェクトの事情で，上記機能が利用できない場合，必要な処理群とグルーコードを実装することになるため，推論パイプラインの入出力を訓練パイプラインと比較するなどして試験を実施する．

以下に，推論および訓練パイプラインに必要な要素の実装方法および注意点について個別に述べる．

3.2.4.1 データ加工処理

訓練パイプラインと推論パイプラインにおけるデータ加工処理は実験環境で探索した処理の組み合わせとハイパーパラメータを本番環境に実装する．データ加工処理として異なる処理を実装してしまうと機械学習モデルに想定したデータを入力することができなくなるため，訓練パイプラインと推論パイプラインとで同じ機能が求められる．しかし，取り扱うデータの規模と応答時間などの非機能要求が異なることから，双方で異なる実装方式がとられる場合がある．例えば，大規模な表形式のデータを対象にした機械学習システムを構築する場合，数テラバイトにも及ぶ過去データを一晩などのごく限られた時間で処理するために訓練パイプラインではETLツールやApache Sparkなどの並列分散型バッチ処理の仕組みを採用する一方で，個別の入力に対して高速に対応するために推論パイプラインではリアルタイム処理の仕組みを採用したり，処理順序を変えたりして実装する場合がある．訓練パイプラインと推論パイプラインで異なるデータ加工の実装方式，実行順序で処

*2 主要な機能には寄与しないが，個別の機能を持った既存のプログラムを結合するために追記したコードのこと．「グルー」は，にかわなどの接着剤のこと．

理を実装する場合，データ加工処理によって得られる加工済みデータが双方で一致するかどうかを十分に確認する必要がある．

3.2.4.2　機械学習モデルの訓練・評価・推論

推論パイプラインにおける機械学習モデルの推論処理は訓練パイプラインで得られた訓練済みモデルを実装する．機械学習モデルは処理そのものの実装と訓練で得られた内部状態で構成されており，訓練済みモデルを推論パイプラインに実装するためには，この内部状態を保存する必要がある．訓練パイプラインの実装において，scikit-learn や TensorFlow などの機械学習フレームワークを利用している場合，内部状態保存用の関数を呼び出すことで，pickle ファイルなどの形態でモデルの内部状態を保存できる．保存した内部状態は同じ機械学習フレームワークを用いて推論パイプラインの機械学習モデルを実装することで，容易に読み込むことができる．しかし，訓練パイプラインと推論パイプラインで同じ機械学習フレームワークを利用できない場合には，訓練済みモデルを推論パイプラインで利用可能なフォーマットに変換する必要がある．機械学習フレームワークにかかわらず，利用可能なフォーマットの中で本章執筆時点において著名なフォーマットとしては，深層学習を除く機械学習一般向けの **PMML (Predictive Model Markup Language)**[5] と深層学習向けの **ONNX (Open Neural Network Exchange)**[6] が存在する．

3.2.4.3　インターフェースの実装

推論パイプラインを呼び出すためのインターフェースの実現方式として，バッチ処理をとる場合とリアルタイム処理をとる場合について例示する．

バッチ処理の場合，一定期間のデータをデータベースやファイルとして蓄積しておき，タイマーや処理フロー管理ツールなどによって起動した推論パイプラインがそれらを読み込むことで推論を定期的に実施する．

リアルタイム処理の場合，逐次生じるリクエストに対し，即座に推論結果を返却する．なお，逐次処理する方式は要件に応じて同期的もしくは非同期的な方式を選択する．同期的な仕組みとしては Web サービスとの連携を考慮して軽量な REST API サーバなどを利用する方式，非同期的な仕組みとしては大量のリクエストを高いスループットで処理するためにストリーム処理技術を利用する方式が挙げられる．

3.3 機械学習を含むサービスから取得可能な情報

本節では，機械学習モデルの性能低下，および性能低下につながる入出力の変化を監視するために取得可能な情報について紹介する．現在の運用における入出力の状態を把握するために推論パイプラインから情報を取得するだけでなく，その比較対象として訓練パイプラインからも情報を取得する．双方から取得した情報を比較することで，現在の状態が訓練時から変化しているか否かを確認できる．

3.3.1 訓練パイプラインから取得できる情報

先述のとおり，訓練パイプラインからは訓練時に参照した過去データにおいてどのような傾向が見られたかを取得できる．図 3.3 に訓練パイプラインにおけるデータ処理フローを示す．入力されたデータはデータ加工処理にて機械学習モデルに入力可能な特徴量と正解ラベルに加工される．これらは機械学習モデルに入力され，推論結果が出力される．機械学習モデルは出力した推論結果と正解ラベルの差ができるだけ小さくなるように内部状態を更新し，入力された訓練データにおける入出力関係を模倣できるようになる．訓練が完了したら同様に評価用データを入力し，推論結果と正解ラベルを比較

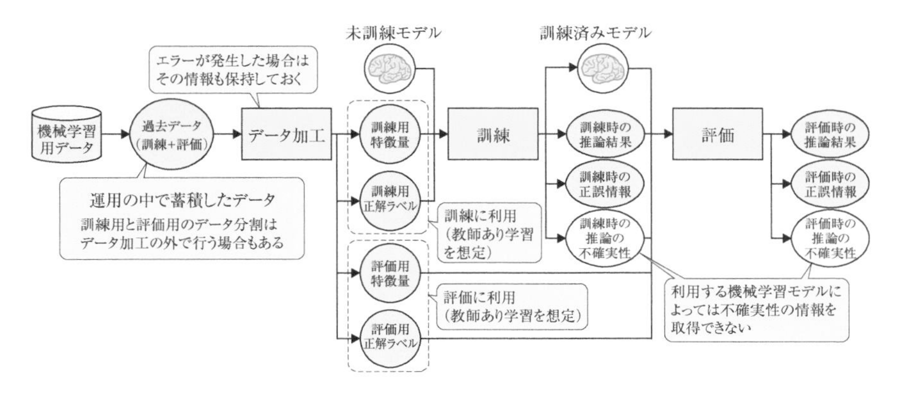

図 3.3 訓練パイプラインにおけるデータ処理フロー

することで機械学習モデルの性能を評価する．一般に，機械学習モデルは訓練データに対してそれ以外のデータよりも高い性能を示すため，訓練データとは異なるデータで評価を行う．

このとき，訓練データと評価用データを監視用の情報として取得するのはもちろん，データ加工によって得られた双方の特徴量，およびそれに対応する正解ラベルと推論結果についても取得・蓄積しておく．また，推論結果と正解ラベルを比較し，正誤情報を取得する．

これらに加えて，機械学習を適用したい業務が入力を分類するようなものである場合，推論結果としての分類先だけでなく推論の**不確実性**（**uncertainty**）を取得できる．推論の不確実性とは，入力されたデータに対する推論結果の候補が多い場合は高く，候補が少ない場合は低くなり，推論結果が正しくないかもしれない程度を定量化することを目指す指標である [7]．例えば，画像分類のタスクにおいて，分類先クラスの中に視覚情報上似たクラスが存在し，入力画像がそのどちらに該当するか人間にも判断が難しいような場合，推論の不確実性は高くなる．また，訓練時に入力されたデータに画像特徴上近い入力データに対する不確実性は低く，訓練時に類似のデータが存在しない入力データに対する不確実性は高くなる．訓練時の不確実性を表す指標としてはクラス分類問題における予測確率のほか，複数のモデルに同じデータを入力して違う推論結果が出力されるかを確認する方法 [8] などがある．適用業務が入力をスコア化するような回帰問題の場合についても，推論の不確実性を算出する技術がいくつか提案されている [9]．

さらに，評価時のデータ加工処理が想定していなかった値が入力された場合，データ加工処理におけるエラーとして情報を保持する．入力データが表形式かつカテゴリカルデータの場合，想定したカテゴリに該当しない値を入力された場合はエラーになる．入力されたデータが数値データの場合はエラーが発生しにくいが，訓練データにおける最大値などを閾値にしてそれよりも大きなデータが入力されたらエラー扱いにすることもある．

運用における推論監視を実現するために訓練パイプラインから取得可能な情報を表 3.1 に示す．併せて，従来のシステム開発同様に CPU やメモリ，GPU の使用率を記録しておくことで，システムとしての処理性能を監視することに利用できる．

表 3.1 訓練パイプラインにおいて取得可能な情報

観点	記録項目
データ	訓練データ
	訓練時の特徴量
	訓練時の正解ラベル
	評価用データ
	評価時の特徴量
	評価時の正解ラベル
	評価時のデータ加工処理でのエラー情報
推論結果	訓練時の推論結果
	訓練時の推論の不確実性(取得可能な場合)
	訓練時の正誤情報
	評価時の推論結果
	評価時の推論の不確実性(取得可能な場合)
	評価時の正誤情報

3.3.2 推論パイプラインから取得できる情報

推論パイプラインからは運用における現在のデータにおいてどのような傾向が見られるかを取得できる．図 3.4 に推論パイプラインにおけるデータ処理フローを示す．データはインターフェースを経由して入力され，データ加

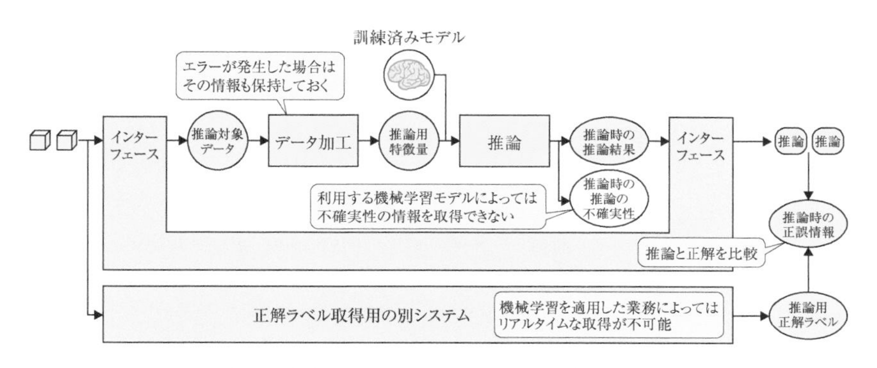

図 3.4 推論パイプラインにおけるデータ処理フロー

工処理にて機械学習モデルに入力可能な特徴量に加工される．特徴量は訓練済みモデルに入力され，推論結果が出力される．推論時には正解ラベルを必ずしも取得可能ではないため，外部システムから推論結果が正しかったかをフィードバックしてもらうことで正解ラベルを取得したり，その分野のノウハウを持った人がデータを確認して正解ラベルを付与するアノテーションという作業を実施したりする．正解ラベルが取得できる場合は，推論結果と比較して推論の正誤情報を付与する．ただし，機械学習を適用する業務によってはどうしてもある程度の期間を待たないと正解ラベルを取得できない場合がある．例えば，融資審査に機械学習を適用する場合，融資対象者に返済能力があったか否かという正解情報は，実際に返済が完了するか滞るまで取得できない．正解ラベルが取得できない場合は正誤情報も取得できない．

可能であれば，訓練パイプラインと同様に推論パイプラインの推論結果についても推論の不確実性を取得する．また，データ加工処理におけるエラー情報についても同様に保存する．推論パイプラインから取得可能な情報を表3.2に示す．

表3.2　推論パイプラインにおいて取得可能な情報

観点	記録項目
データ	インターフェースへの入力データ
	推論時の特徴量
	正解ラベル（取得可能な場合）
	データ加工処理でのエラー情報
推論結果	推論結果
	推論の不確実性（取得可能な場合）
	正誤情報（取得可能な場合）

3.4　性能低下につながる入出力の変化を検知する方法

本節では，前節で整理した取得可能な情報をもとに，運用中における性能低下，および性能低下につながる入出力の変化を検知する方法について述べる．

目的はデプロイされた機械学習モデルの推論性能を監視することであるた

め，運用中に入力されたデータに対する正解ラベルを即時あるいはその日のうちに取得できるような場合には，推論における正誤情報から必要な精度を算出し，訓練時の性能を踏まえて設定した下限を下回ったかどうかを確認することで性能低下を検知できる．機械学習モデルは入力に明確なエラーがない場合，想定外の入力に対しても推論を出力することが可能であるため，その推論が正しい推論根拠に基づいて正解したのかたまたま正解したのかを判断することは難しい．しかし，コンテンツの推薦のような誤判定にともなうペナルティが人命や健康，経営に影響を及ぼすほどのクリティカルさではない業務においては，内部処理はともかく入出力関係が正しく保たれていればよいという場合がある．そのような場合には単純に正誤情報だけを監視すればよい．

一方で，正解ラベルの取得が困難な場合，あるいはなんらかの審査業務などが対象で，精度が正しいだけではなくその根拠も合わせて提示したいというようなユースケースにおいては，推論結果の正しさだけでなく入力されたデータが訓練時に想定したものと十分類似していることを確認する必要がある．このような場合，監視すべきは機械学習モデルの入力データと出力である推論結果である．以下に，それらを活用した性能監視の考え方を示す．

3.4.1 入力データにおける変化検知の考え方

入力データとして監視する情報は訓練パイプラインおよび推論パイプラインから収集した入力データそのものとデータ加工によって得られた特徴量である．図 3.5 に，推論パイプラインにデータが入力されるまでの流れと入力データにおける変化検知のポイントを示す．ここでは 3.1 節に示したデータのスキーマの不一致と分布の不一致について以下で紹介する．

3.4.1.1 入力データのスキーマの確認

入力データは本章で運用の対象としている機械学習モデルを含むシステムの外部で成形される可能性がある．そのため，どのような型，値の範囲が定義されているかを機械学習モデルを含むシステム側からは制御できない場合がある．このような場合にはまず入力されたデータの形式などが訓練時に想定したものであるかを確認する．

具体的には，まず各データの項目名と型が訓練時と一致していることを確

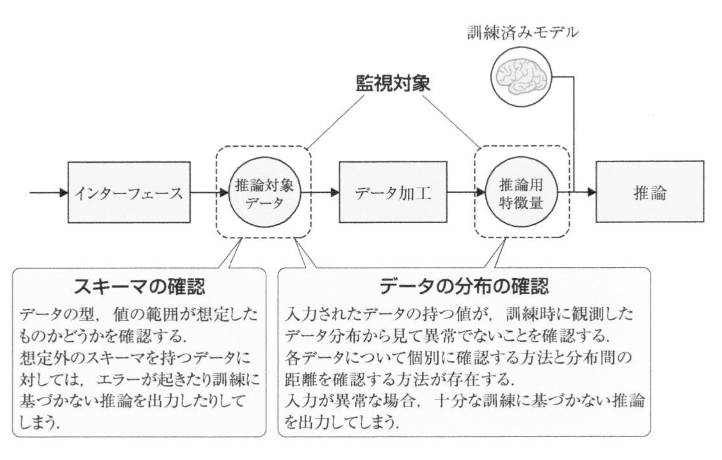

図 3.5　推論パイプラインに入力されるデータの監視

認する．画像や音声などの非構造化データが入力である場合，入力のファイル形式やフォーマットが訓練時に想定したものであることを確認する．次に，入力された値が訓練時に観測した値の範囲に収まっていることを確認する．入力がカテゴリカルデータの場合は未知のカテゴリでないことを確認し，数値データの場合は訓練時の最大値より大きな値や最小値より小さな値でないことを確認する．また，特殊な例として訓練時には欠損がなかったデータ項目において欠損が見られた場合やその割合が訓練時より増加している場合も注意が必要である．

数値データの型が整数型から浮動小数点型に変化していたり，欠損値が多少増加している程度であれば機械学習モデルの性能に大きく影響しない場合が多いが，機械学習モデルによっては入力データの軽微な変化によって大きく性能が変わる場合 [10] があるので，可能であれば影響が十分に軽微なことを確認するのが望ましい．

3.4.1.2　入力データの分布の確認

スキーマの確認が完了したら，次はデータの分布を確認する．分布を確認する目的は推論時に入力されたデータが訓練時に観測したデータと比較して一般的かそうでないかを判断することである．入力データが一般的でない場合，そのデータに対する推論結果が正しい内部処理に基づいて出力されたものでない可能性が高くなる．ここでは入力された各データを個別に訓練時入力データの分布と比較する場合と一定期間に入力された推論時入力データの集合と訓練時入力データの集合を比較する場合について述べる．なお，分布の確認を行う対象として，システムにとっての入力データを用いるか機械学習モデルの入力として特徴量を用いるか，あるいはその双方を対象にするかは用いる機械学習アルゴリズムやサービス全体に求められる品質レベルによって異なる．機械学習の性能という点を考慮すると特徴量の比較を行うのが望ましいが，特徴量のデータ項目数が入力データに比べて複雑すぎたり，そもそも機械学習モデルの中で特徴抽出が行われたりするような場合には入力データの比較を行う．

入力された個別のデータが訓練時に観測したデータ分布に含まれるかという問題は数値データの場合は外れ値検知 [11]，画像データの場合は **OOD(Out Of Distribution)** [12] 検知として知られている．訓練時データから確率分布を推定し，推定した確率分布における入力データの生起確率を求め，それが十分高い場合には分布に含まれるとするというのが基本的な考え方である．確率分布を単純な平均と分散で代替する場合もあれば複雑なモデルを導入する場合もある．

個々のデータではなくサービスの傾向変化を確認する場合は，推論時データ集合を訓練時データの集合と比較する．比較においては，各種特徴量などにおける平均，分散などの代表値を訓練時と推論時で比較するほか，カルバック・ライブラー情報量などの分布間の差異を測る尺度を利用して比較が可能である．

いずれの場合も，乖離に閾値を設けることでドリフトを機械的に検知するだけでなく，定期的に分布情報を可視化し，定性的にも訓練時の分布が維持されていることを確認するのがよい．図 3.6 に分布の可視化の例を示す．ここでは左から順に，数値データの分布をヒストグラムで確認する例と平均値の時間的変化を確認する例とカテゴリカルデータの割合を確認する例を示した．可視化には，ある二つの時点におけるデータ分布の比較と，経時的な変化の確認との大きく二つの観点が存在する．可視化の対象は入力データの各項目，特徴量の各項目，正解ラベルと多岐にわたるため，乖離の大きさなどをもとに特に注意が必要な項目を目立たせるなどの工夫が必要である．

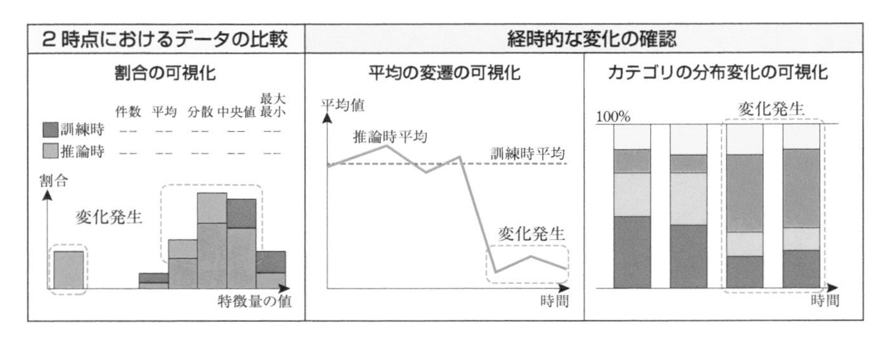

図 3.6 分布の可視化の例

3.4.2 出力データにおける変化検知の考え方

機械学習モデルの出力として確認する情報は訓練パイプラインおよび推論パイプラインから収集した推論結果，加えてもし収集が可能であれば推論の不確実性である．図 3.7 に推論パイプラインから出力された情報と変化検知のポイントを示す．推論結果と推論の不確実性は機械学習モデルの実装に従って，その形式が決定されるため，ここではスキーマの不一致は確認せず，分布の不一致についてのみ確認することとする．

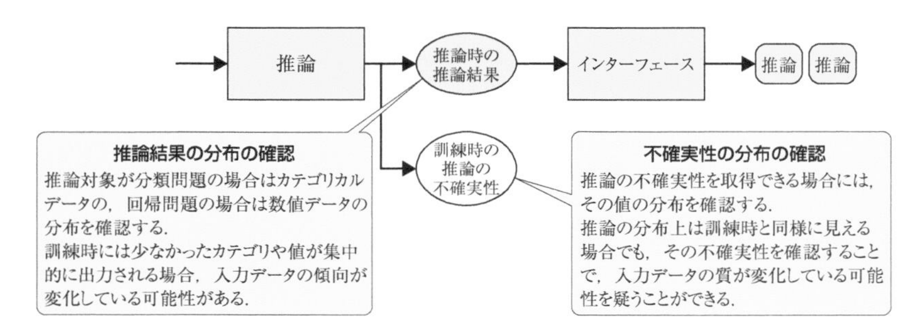

図 3.7 推論パイプラインから出力されるデータの監視

3.4.2.1 推論結果の分布の確認

推論結果の形式は機械学習モデルを適用する業務によって異なるが，ここではカテゴリ値を出力する分類問題と数値を出力する回帰問題を例に分布の確認方法を紹介する．ここで，分類問題とは天気予報における晴れ，雨，曇りのような事前に定義したカテゴリに入力データを振り分ける問題で，回帰問題とは降水量や日照率のような連続した値の中で予測を行う問題である．

分類問題の場合，ある一定期間におけるサービスの傾向変化を確認するために，推論時のデータ集合に対する推論結果の集合と訓練時における推論結果の集合を比較する．先述のとおり，分類問題の出力はカテゴリカルデータであるため，推論時の出力カテゴリの割合が訓練時のものに比べて変化していないことを確認する．例えば訓練時には割合として件数が少なかったようなカテゴリに分類されるデータが推論時に急増しているような場合，訓練時には想定していなかったデータが入力されている可能性に気づくことができる．

回帰問題の場合，入力データの確認と同様に個別の推論結果が訓練時の確率分布に対して外れ値でないことと，推論結果の集合が訓練時の推論結果の集合と大きく乖離していないことを確認する．

3.4.2.2　不確実性の分布の確認

推論の不確実性は基本的に数値データとして取得される．そこで，回帰問題の際の分布の確認と同様に，外れ値検知と分布比較を実施する．このとき，推論時の不確実性の傾向の比較対象としては訓練時だけでなく評価時の不確実性を用いる点に注意が必要である．一般に，訓練時に観測したデータに対する推論の不確実性はそれ以外のデータに対して低く出る傾向が強いため，比較可能な過去データの中でも訓練に利用していない評価用データを対象とするのがよい．さらに，機械学習モデルの適用対象が分類問題の場合，出力結果の各カテゴリについて個別に推論の不確実性を比較することでさらに踏み込んだ分析が可能になる．

ここでは例として，入力画像を自動車，飛行機，犬，猫の4つのカテゴリに分類する場合を考える．自動車，飛行機に比べると犬と猫のカテゴリに属する画像は四肢動物で室内の画像が多いなど，類似した傾向が強い．そのため，訓練時データに対する推論の不確実性をカテゴリ別に見ると，自動車と飛行機が比較的低く，犬と猫が比較的高くなる．ここで，推論時に入力されたデータに対する推論結果が飛行機でその不確実性が著しく高い場合，入力データになんらかの異常があり，その推論が正しくないかもしれないと判断できる．一方，猫については訓練時においても不確実性が高いため，不確実性が著しく低いデータのほうが怪しいと考えることができる．

また，正解ラベルから直接推論結果が取得できない場合でも，訓練時における推論の不確実性と精度の間の相関関係を分析することで，間接的に精度を推定できる可能性がある．

3.4.2.3 評価軸を考慮した分布の比較

ここまで述べてきた出力の確認は基本的に推論時に入力されたデータの特徴を考慮しないものであったが，実際の業務においては重要なデータとそうでないデータが存在する場合がある．例えば融資審査の場合，融資申込金額が少ないデータより多いデータのほうが重要度が高い場合があり，自動運転においても晴天時のデータよりも雨天時や夜間のデータのほうが重要な場合がある．このような場合，入力データの属性などを用いて重要なデータの抽出を行い，個別に傾向変化を確認する．全体としての傾向は変化していない場合であっても個別の属性を持つデータ群においてのみ傾向変化が発生している可能性もあるため，必要に応じて重要なデータかどうかを判別するためのフラグを設定しておくとよい．

3.4.3 検知したデータの活用

一般的に機械学習モデルは，訓練に利用可能なデータが増えれば増えるほど性能が高まるといわれている[13]．PoC 実施時やデプロイモデルの訓練時には入手できなかったデータが運用の中で入手できている可能性もあるため，蓄積したデータを機械学習モデルの再訓練に利用することで，性能向上が期待できる．特に，入出力の確認において訓練データに類似のデータがないと判断されたデータを用いることで，機械学習モデルがまだ獲得できていない関係を訓練できる可能性がある．

一方，変化を検知したデータは機械学習モデルの性能をより広いシーンにおいて評価するためのデータとしても利用可能である．性能が求められるシチュエーションは機械学習を適用する業務によって異なるが，業務要件によってはどのような条件においても出力に一定の品質が求められる場合がある．例えば，医療診断に機械学習を適用する場合は性別，年齢，人種を問わず一定の精度で病気を推論できる性能が求められ，自動運転に画像認識技術を適用する場合は天候，時間帯にかかわらず，歩行者や障害物を検出できる必要がある．訓練済みモデルがそれらの条件を考慮した推論性能を獲得しているかを確かめるためには，条件に合致した評価用データが一定量必要になる．一方で，特定の傷病のデータや雪，霧などの悪天候におけるデータが機械学習モデル訓練時に存在する保証はなく，物理的にデータの取得が困難な場合もある．そこで，そういったレアケースをいったん品質保証の対象外と明記したうえで機械学習システムを含むサービスを運用開始し，運用の中で該当するデータが得られたら優先的に評価用データとして訓練パイプライン側に取り込む．こうすることで特定条件における性能評価が可能になり，試行錯誤の結果十分な性能が得られれば，該当するレアケースについても品質保証の対象とすることができる．

3.5 推論性能の低下およびその予兆に対する対処

本節では，これまで述べてきた運用における推論パイプラインの監視において，性能低下，および性能低下につながるデータの変化を検知した際の対処法について整理する．

どのような対処法を実行できるかは正解ラベルの取得可否，手動での正解ラベル付与にかかるコスト，機械学習モデルの再訓練にかかるコストなどの機械学習を適用したい業務固有の特性によって大きく変わるため，ここでは画像を入力に持つ分類問題のための機械学習モデルで，必要に応じてコストをかければ運用時の入力データに対する正解ラベルを取得できるような例を述べる（図 3.8）．

この例では，はじめに，公開中の画像分類サービスの推論パイプラインに対して，外部ユーザから画像データが入力される．次に，推論パイプラインは入力された画像データを分類し，分類結果に基づいてユーザに情報提供を行う．最後に，ユーザは提供された情報が正しかったかどうかをフィードバックし，画像分類サービスのデータベースにその情報を格納する．

サービス開始直後は訓練時に想定していた分布に近い画像が入力されていたが，運用の中でユーザの傾向が変わり，分類精度が低いカテゴリの画像が入力されることが増加した．この例では分類結果の誤りが即座にユーザからフィードバックされるため，性能低下を契機として状況に気づけたものとする．

図 3.9 に，性能低下時の対処法を示す．ここでは，対処にかかるコストが

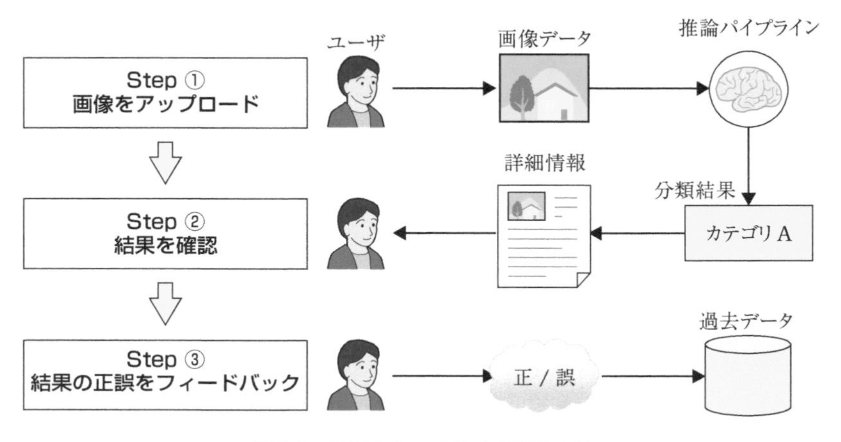

図 3.8　性能低下への対処を検討する例

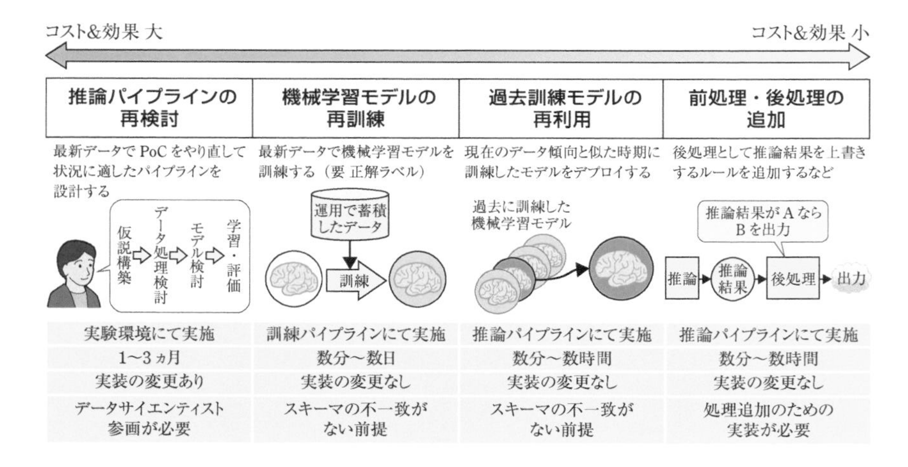

図 3.9　性能低下への対処法の例

大きいものから順に，推論パイプラインの再検討と機械学習モデルの再訓練，過去訓練モデルの再利用，前処理・後処理の追加の 4 つの対処法を紹介する．特に，今回の例のような機械学習モデルとして深層学習を利用する画像分類の場合，機械学習モデルの再訓練に長い時間がかかることが多いため，機械学習モデルの再訓練にかかるコストは高い．ここで，対処にかかるコストとは主に時間のことを指すが，関連して発生する損害や人的コストを含めて検討するのがよい．例えば，対処を待つ間推論パイプラインを停止し，サービス継続のために人が処理を代替する場合，かかる時間に加えて人のコストを考慮する必要がある．

以下に，図 3.9 で紹介した 4 つの対処法の特徴と概要を示す．

3.5.1 推論パイプラインの再検討

性能が低下した推論パイプラインを根本的に見直し，データ加工の方法や機械学習モデルとして利用するアルゴリズムを現在のデータの入出力に合わせて再検討する対処法を，ここでは推論パイプラインの再検討と呼ぶ．入力データのデータ構造が変化するスキーマの不一致や，性能低下が著しい場合，また，出力すべき値の定義が変化するコンセプトドリフトが発生している場合には，推論パイプライン設計時には想定できていなかった変化が発生している可能性があるため，最新のデータを用いて推論パイプラインの再検討を実施するのがよい．この対処法は，データを分析し，アルゴリズムの選定を行う必要があるため，データサイエンティスト主導で実施することが多い．

実施内容は PoC と同様であり，変化検出前後のデータを確認し，変化後のデータに対応した機械学習モデルを構築し，それを訓練パイプラインにデプロイしたうえで訓練を行って推論パイプライン上でサービングする．この際，訓練後の評価用データとして変化後のデータを設定し，期待する変化への対応が正しく行われていることを確認する．PoC と同様の取り組みを実施するため，環境としては試行錯誤が可能な実験環境を利用し，数ヵ月単位のスケジュールで検討することが多い．

本番環境から実験環境へのデータの移行やデータサイエンティストの参画，長い実行期間などコストが高い一方で，環境変化に対する根本的な対処が可能なことから効果は高い．近年では，入力データに適した機械学習モデルの探索やハイパーパラメータのチューニングを自動化するツールなども登場しているため，そういった技術を活用することでコストを削減できる可能性がある．また，入力データの傾向は変わらず，スキーマだけが変化している場合，機械学習モデルの実装には手を入れず，データ加工処理のみを見直すことでコストを削減する場合もある．

3.5.2　機械学習モデルの再訓練

推論パイプラインの各処理の実装には手を入れず，最新のデータを用いて再訓練を行うことで性能低下を解決する対処法を，ここでは機械学習モデルの再訓練と呼ぶ．推論パイプラインの入出力における分布の変化や一般的な性能低下に対しては，再訓練によって最新データの傾向を機械学習モデルに取り込むのがよい．

このとき，再訓練は訓練パイプライン上で行い，性能低下発生後のデータを用いて評価することで，性能低下に対処できたか否かを確認したうえで，推論パイプラインにデプロイできる．しかし，再訓練および評価のためには正解ラベルが必要であるため，ラベル付与にかかるコストも考慮する必要がある．

ラベル付与の作業をユーザからのフィードバックなどの形で運用に組み込める場合，推論パイプラインのデプロイ後に入力されたデータを適宜再訓練用とその評価用に割り当てることで，再訓練処理を自動化できる．この場合は性能低下を待たず，継続的に再訓練し続けることで推論パイプラインを最新に保つことができる．

モデルの再訓練にかかる時間は訓練に用いるデータの量と訓練環境の性能によるが，訓練は推論に比べて計算コストが高くなることが多い．再訓練にかかる時間をあらかじめ見積もるために，事前に処理時間を測定しておくとよい．今回のような画像分類を目的とした深層学習モデルで，数千万枚の画像で訓練するような場合，数日～数週間単位の時間がかかる可能性があるため，それを見込んだスケジュールを検討する．

3.5.3　過去訓練モデルの再利用

過去にデプロイした訓練済みモデルのハイパーパラメータを保存しておき，現状のデータに最も適したものに切り替える対処法を，ここでは過去訓練モデルの再利用と呼ぶ．今回の例では，過去に同様の状況になった経験がないため，この対処法はとれないが，入力データに季節性がある場合や新規にデプロイした機械学習モデルに不具合が発生した場合には，この対処法を行うことで即座に性能を復旧できることがある．この対処法は推論パイプラインにおける機械学習モデルのハイパーパラメータを切り替えるだけなので，処理としては比較的早く実行できる．

実行にあたって，再利用するモデルを決定する必要があるが，最新のデータにおいて，現行の機械学習モデルよりも性能が高いことが必要である．今回の例のように最新のデータに対しても正解ラベルが得られる場合には，直接最新のデータに対する精度を確認することで，再利用するか否か，そして，再利用するモデルを決定する．正解ラベルが得られない場合には，過去データにおけるデータ分布の傾向と精度の関係を見ながら，最新のデータの傾向に近い時期のデータで訓練を行ったモデルを候補とし，出力の不確実性が十分低いことなどを確認する．なお，推論パイプラインの利用傾向に季節性などの傾向変化が見込まれる場合には，季節性に基づいて再利用するモデルを選択するのもよい．

応用として，推論パイプラインの中に複数の訓練済みモデルをデプロイし，入力データの特性に応じて推論結果を使い分けたり，重みづけして推論結果を組み合わせたりする方法がある．入力に対して動的に推論結果を対応させることができるため，運用における性能を維持できる．

デプロイした機械学習モデルの保持期間については，ここで紹介したモデルの再利用だけでなく，問題発覚時の原因分析も考慮に入れて設計する必要がある．

3.5.4　前処理・後処理の追加

推論パイプラインの前後にルールに基づく処理を追加することで，応急処置的に性能低下に対応する方法を，ここでは前処理・後処理の追加と呼ぶ．コストのかかる推論パイプラインの再検討や機械学習モデルの再訓練を待っている間，または現在の訓練データで学習しただけではどうしても対処できない場合に，ルールに基づいて処理を記述することで対処する．また，サービスの出力に差別的な情報が意図せず含まれてしまう場合や，業務都合で表示すべき情報に変更があった場合にも，前処理・後処理を追加することで対処可能なことがある．

今回の場合，特定のカテゴリを出力している際に誤分類が増加しているため，特定のカテゴリに分類されたら「判別不能」として出力したり，「この情報は不確かな可能性があります」などの注釈を合わせて表示したりする処理を追加する対処が考えられる．

後処理が必要になるケースを事前に見積もることは難しいが，機械学習固有の特性として未知の入力に対する出力を完全に制御できないことを考慮し，このような前処理・後処理を任意のタイミングで追加できるような仕組みを用意しておくことが望ましい．

処理対象は推論結果に限らず，入力や特徴量，推論の不確実性を使うこともできる．例えば，閾値以下の値をデータとして持つ場合や推論の不確実性が著しく高い場合には通常の分類ラベルを出力する代わりに「不明」と出力することができる．閾値の設定には業務知識が必要になるため，検討方法や承認プロセスなどを事前に整理できるとよい．

3.5.5　対処にあたって検討が必要なその他の事項

ここまで，画像の入力を前提にした訓練に時間がかかる場合を例に対処法を整理してきた．入力データが表形式で，訓練にそこまで時間がかからない場合は，必要に応じて訓練データを最新のものに差し替えて再訓練を実施することで効率的かつ効果的に性能を維持できる可能性がある．再訓練に際して，利用可能なデータから訓練データと評価用データを選定する基準をどう定めるかについては業務の観点も含めながら検討する必要がある．

また，業務によっては，機械学習モデルの推論に基づく審査の結果が正しかったかどうかなど，人手でデータを確認しても正解ラベルを付与することが難しい場合がある．そのような状況で，性能低下につながるデータの傾向変化を検知しても，十分な再訓練用のデータを準備できず，再訓練しても必要な性能改善を達成できない場合がある．そのような場合には，機械学習モデルの出力が十分な根拠に基づくものではないことを利用者に通知したり，一時的に推論パイプラインの利用を停止して人が直接判断するフローに切り替えたりするなどの対処が必要になる．

機械学習を含むシステムにおいて，性能低下に対する対処法を検討している間，もしくは対処が完了するのを待っている間，システム内の推論パイプラインを停止するかどうかの判断を求められる．性能低下の影響の大きさや対象業務の重要度に応じて，どのような場合には推論パイプラインを停止するかのガイドラインを整備するとともに，停止時に推論パイプラインによる処理から人が判断する運用に切り替える手段の準備をしておくとよい．

3.6 実際の事例

本節では，日本ソフトウェア科学会機械学習工学研究会のワーキンググループ「本番適用のためのインフラと運用 WG」で取り上げられた運用事例や実システムにおける実際的な工夫を紹介する．機械学習システムの運用の中でもデータドリフト，コンセプトドリフトを踏まえた監視の話題を中心に取り上げ，実システムにおける課題意識を示す．

3.6.1 国内における公開事例

2020 年に開催された機械学習工学に関するカンファレンス 機械学習基盤 本番適用と運用の事例・知見共有会 [14] から，本章の内容に関連する事例を紹介する．なお，引用する情報については 2020 年当時のアーキテクチャや仕組みであることに注意されたい．

Repro, Inc. の杉山らはパブリッククラウド上に機械学習システムを構築した [15]．専門家がいなくてもできる限り運用できるようにするため，機械学習システムの監視の仕組みも作りこまれている．限られた人数で運用するため「顕在化していない問題は対処しない」という方針で設計されており，監視項目を洗い出すために開発前に Jupyter Notebook（以降，Notebook）を利用して監視対象項目を分析した．その後，Notebook で可視化した項目と同じ内容をパブリッククラウドで提供されている標準的なダッシュボード上に表示するようにしている．図 3.10 に杉山らの発表にて紹介された一例を引用する *3．この図のとおり，機械学習関連の監視項目は事前に Notebook 上で検討した各パイプラインと対応するようになっており，直観的に理解しやすいように工夫されている．加えて，テストの際も Notebook 内の項目との比較も行われる．また監視にて発見された異常を分析するため，機械学習システムにデプロイされたアプリケーションのログを収集しており，発見された異常情報がアラートとしてチャットサービスに通知されるようになっている．

---

*3 Repro. Inc. 杉山による講演「ゼロから始める Kubeflow での機械学習パイプライン構築」（MLSE 機械学習基盤 本番適用と運用の事例・知見共有 2020）の講演動画より引用．

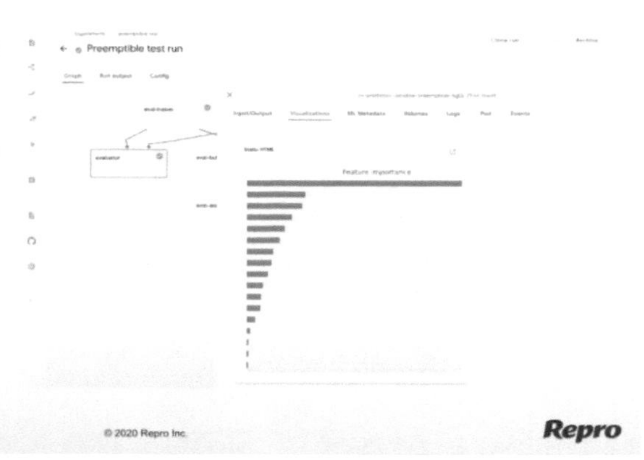

図 3.10 Repro, Inc. における機械学習関連の指標確認の例

3.1 節で述べたとおり，運用中に生じる課題としてデータドリフトが挙げられるが，歴史の長いサービスに使われる機械学習システムではデータを理解すること自体が難しくなり，非効率な面が目につくようになる．講演中では以下のような具体的な課題が挙げられていた．

- 前処理における課題
  - ・Jupyter Notebook 上にデータ取得のための似たようなコードを何度も書いている．
  - ・各種ライブラリ（metaflow など）を検証したものの，業務要件の整理が必要という結論になった．

- データの取得における課題
  - ・集計処理の対象になるデータの理解が困難．
  - ・サービス開発を行っているエンジニアに支援を要請して取り組み中．

そこで杉山らはサービス開発エンジニアを巻き込んで機械学習システムの開発チームと一緒に携わるようにしてもらうなどの工夫により改善を目指した．また合わせて経営陣に対しては「ヒューマンインザループ」つまり各パイプラインの一部に人が介在することの重要性を理解してもらうよう説得した．組織内共通理解を成熟させるに際しては，特に実験デザインを重視しており，その考え方が杉山らによって公開されている [16]．

LegalForce の岩本らは法律サービスの利便性を向上させるための技術，つまりリーガルテックに機械学習を応用した [17]．岩本らは用途に合わせていくつかのツールを組み合わせ，機械学習基盤を構成している．公開された講演内ではツールの使い分けについて考察が述べられているが，図 3.11 に講演にて紹介された使い分けのまとめを引用する *4．

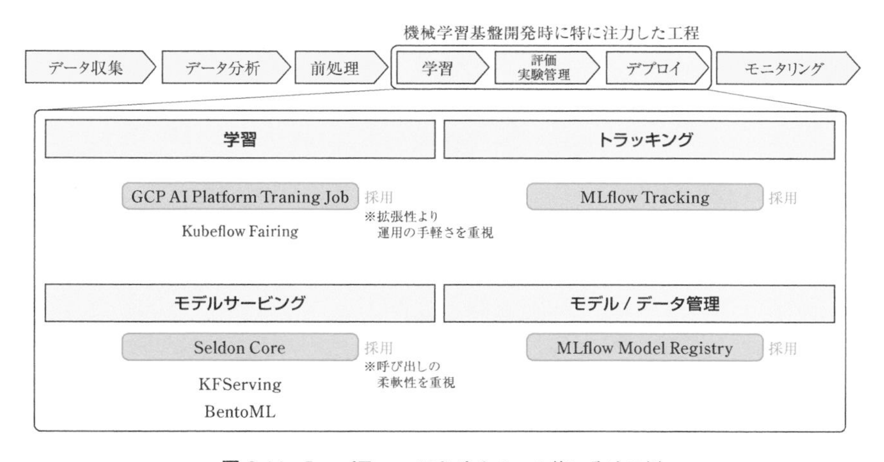

図 3.11 LegalForce におけるツール使い分けの例

特に運用監視においては実験管理に注力しており，図 3.11 のとおり MLflow を利用して管理している．モデルや監視メトリクスの管理に加え，出力結果や中間データを紐づけて実験管理することで，何か異常が生じた際に追跡調査・確認できるよう工夫を行った．

またサービスの性質上，機密情報を取り扱うことから厳格なデータ管理をするよう非常に留意しており，特に訓練データに機密情報が混ざりこまないようにすることが重要であるとされる．図 3.12 に講演にて例示された文書例を引用する *5 が，このような正しくマスキングされた文書を生成し用いる

*4 LegalForce 岩本による講演「リーガルテックにおける MLOps 構築事例の紹介」（MLSE 機械学習基盤 本番適用と運用の事例・知見共有 2020）の講演動画で公開された図を参考に作成．

*5 LegalForce 岩本による講演「リーガルテックにおける MLOps 構築事例の紹介」（MLSE 機械学習基盤 本番適用と運用の事例・知見共有 2020）の講演動画より引用．

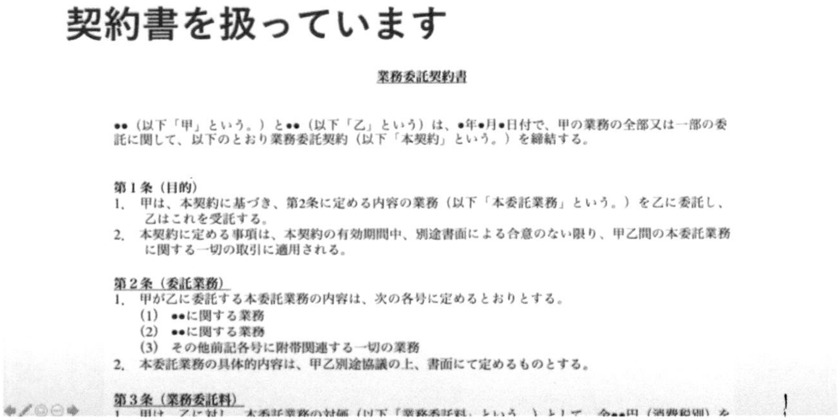

図 3.12　LegalForce で取り扱っている情報のイメージ

ため，自社でアノテーションの仕組みを作りこんでいる．その際には，機密情報の秘匿化に問題ないかどうかを何重にもチェックしたうえで，初めてアノテーション済みのデータとして利用するようにしている．

Mercari の大嶋らは，自社サービスで提供しているデバイスのカメラを利用するアプリケーションにおいて，ユーザから見て「なめらかな動作」を実現するため，またカメラに予期せぬ画像が映り込んだ場合でも問題ないようにするため，機械学習モデルを変換しデバイス側に配布して使用するようなパイプラインを構成している．各パイプラインのうち，デバイス側に配布する機械学習モデルをベンチマークするためのプラットフォームを図 3.13 に示す[*6]．

モデル変換には TensorFlow Lite が利用されているが，その際対象となるベンチマークは図 3.13 中の「Real Devices」に挙げられるデバイス数や各種パラメータの組み合わせとなるため，膨大な量を確認しないとならない．そのため各パイプラインに紐づけてベンチマーク結果を参照できるようにしている．図 3.14 に講演中に例示されたベンチマーク結果を確認するビューア

*6　Mercari 大嶋による講演「モバイル向け機械学習モデル管理基盤」（MLSE 機械学習基盤 本番適用と運用の事例・知見共有 2020）の講演動画で公開された図を参考に作成．

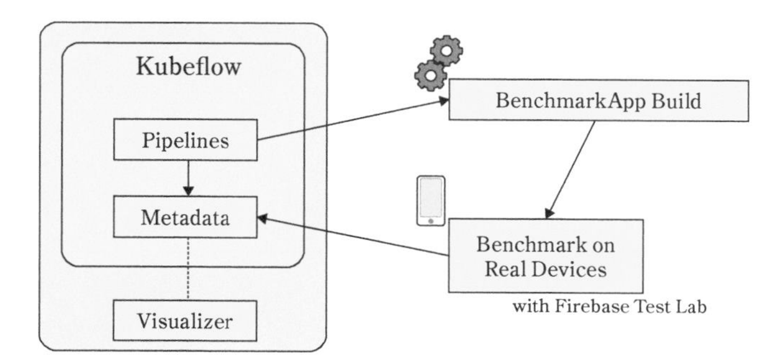

図 3.13 Mercari におけるエッジ用モデルのベンチマークプラットフォーム

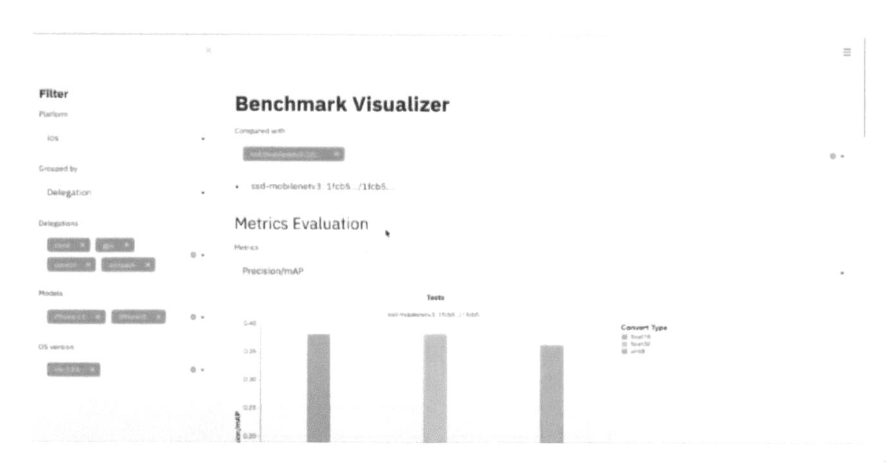

図 3.14 Mercari におけるベンチマーク結果の確認用ビューア

の例を引用する*7.

図 3.14 中では棒グラフが表示されているが，このように異なるデータ型，演算機器，デバイス種類の組み合わせを選択しながら，実行時の性能指標を比較しながら確認できるようになっている．こういうビューアを活用することで，運用上問題ないアプリケーションのレスポンスを守りつつ，必要なモ

*7 Mercari 大嶋による講演「モバイル向け機械学習モデル管理基盤」（MLSE 機械学習基盤 本番適用と運用の事例・知見共有 2020）の講演動画より引用．

デル精度を達成できるように日々実験管理・チューニングを行っている[18].

3.6.2 応用先や形態に応じた監視設計や「異常」の定義

本節では監視について実際の公開事例を取り上げたが，いまや機械学習は多様な用途で用いられており，そもそも用途ごとに監視対象となるメトリクスや「異常」の定義が異なる点が課題として挙げられる．そこで公開事例をもとに実際にどのような対応がなされているかを紹介する．

最初の例として気象を取り扱うケースを取り上げる[19]．気象を取り扱うケースでは，流体力学など既存の気象モデルがあることから，それらと組み合わせて機械学習が用いられる．そのため，監視に用いられるメトリクスには，既存手法で用いられてきたものに対して機械学習システムのメトリクスを加えたものが用いられる．監視上の異常かどうかの判断にも既存の知見を活かせる．例として仮に「大雪」という予測が機械学習システムによって求められたとしても，最終的な予測には人間の専門的知見が加えられる．

気象の取り扱いに類似した例としては，「化学工場」に機械学習を応用したケースが挙げられる[20]．この事例においても，監視における「異常」を定義する際には専門家から見たときにブラックボックスになりすぎないよう対応されている．一方で固有の課題として，予防保全のようなケースでは予測に基づいて介入が生じるため，介入がなかった場合との比較が難しく監視設計が難しいという課題が挙げられた．その場合，システムを一定期間運用したうえで当初のインシデント数予測と予防保全の結果のインシデント数を比較するなどの工夫が考えられる．

データドリフトを監視し対応する際にも，「どの程度のドリフトまでを許容できるかどうか」は個々のサービスごとに異なる．例えば製造業では短期的なドリフトと長期的なドリフトがある可能性がある．機器の調子が悪いケースなど短期的なドリフトが生じる一方で，長期的に部品が劣化していくケースが挙げられる．長期間の場合は数十年単位となる可能性もあり，導入数年では問題にならず今後課題になるとも考えられている[21].

3.6.3 監視で異常を発見した際の対応

機械学習システムの監視項目がデータの監視，モデルの監視など多岐にわたることは，3.4 節にて述べた．加えて，監視中に異常を発見した際にとられる対応も機械学習システムを利用しているサービスや取り組みの性質に依存しておりさまざまである．

自動運転のような人命がかかわるケースでは，アラートが生じた際にはルールベースに切り替えるか，人間による操作に切り替える手段がとられる [19]．加えて，二重三重で安全を確保する仕組みが必要であると議論されている [20]．その一方，レコメンドシステムのように直接的に人命にかかわらないケースでは，何も推論結果を出力しないよりは何かしら出力したほうがよいケースもある．こういうシステムでは，何段階かのフォールバック策を挙げて，いくつかシステムに組み込んでおく例がある．フォールバックが進むにつれて結果の質は悪くなり，最悪のケースではランキング順を返したり，ランダム値を返したりすることになるが何も返さないよりよいとされることもある．

上記の事例以外にも，金融システムに機械学習を応用しているケースのように，人命には直接的にかかわらないが億単位の機会損失になりえるため，機械学習システム全体の中でも監視と異常時対応の仕組み自体が重要な領域がある．広告のリアルタイム入札システムの事例では，その性質上サービスを止められないということから，広告枠への入札額の低迷のような業務上の指標を利用してさまざまな観点から異常を見つけられるよう工夫されている [19]．また広告枠を確保するシステムでは，極端に性能の悪い機械学習モデルが用いられると広告効果が上がらない事態が生じ次の受注を逃す恐れもある．そのため異常があれば「入札しない」という選択をすることもある [20]．

3.7 本章のまとめ

本章では，はじめに機械学習を応用したシステムの運用の課題となるデータドリフトとコンセプトドリフトの考え方について示し，機械学習を応用したシステムの運用に必要なシステム構成および推論パイプラインの構成要素を紹介した．そのうえで，運用中の推論パイプラインの性能低下，およびそれにつながるデータの変化を検知するために確認すべき情報と確認方法について整理し，性能低下を検知した際の対処法について整理した．最後に，事例として日本ソフトウェア科学会機械学習工学研究会で取り上げられた内容を紹介した．

機械学習システムの運用は従来システムの運用に加えて，未知の入力に対する性能保証が難しい機械学習モデルの状態を監視する必要があるため，確認すべき事項が複雑かつ多岐にわたるが，それらをシステムに落とし込み，適切に監視し，事前に対処法を用意しておくことで，安全に運用し続けることが期待できる．

一方，本章の中で言及できていない内容としていくつかの課題が存在する．一つは運用にかかるコストである．運用における機械学習モデルの推論性能を監視する場合でも運用で蓄積したデータを訓練に利用する場合でも，推論パイプラインに入力されたデータに対する正解ラベルがあることが望ましい．一方で，自動的に正解ラベルを入手できない業務も存在し，その場合には人手でのアノテーションを実施する必要がある．アノテーションは比較的単純な作業ながら自動化が難しく，業務のノウハウを必要とする場合が多いため，継続的な実施に足る体制を用意する必要がある．また，データおよびモデルの監視で触れたとおり，監視すべき項目は多岐にわたり，自動的な判断が難しいことも多い．運用担当者がデータおよびモデルの状態を各種指標やレポートから読み取らなければならない場合がある．そのため，運用担当者にもある程度のデータ分析および機械学習のスキルが求められる．コスト以外の課題としては外部からの入力を十分に制限できないことである．機械学習は従来システムに比べて柔軟な入力を受けつけて推論結果を返すが，それゆえにどのような入力がなされるかを事前に見積もることが難しく，ときに思ってもみないような処理につながる場合がある．加えて，入力に悪意あるノイズを加えることで推論性能を低下させ，開発者の意図しない出力を誘導するような攻撃が登場している点にも注意が必要である．これらの課題については将来にわたって機械学習システムの運用事例を集めながら継続的に検討が必要な内容である．

B i b l i o g r a p h y

参考文献

[1] J. Gama, et al.. A survey on concept drift adaptation. *ACM Computing Surveys* (CSUR), 46(4), 1–37, 2014.

[2] Google Cloud. TensorFlow Data Validation によるトレーニング/サービング スキューの分析 `https://cloud.google.com/architecture/ml-modeling-monitoring-analyzing-training-server-skew-in-ai-platform-prediction-with-tfdv?hl=ja`

[3] AWS Amazon SageMaker. 推論パイプラインと Scikit-learn を使用して予測を行う前に入力データを前処理する `https://aws.amazon.com/jp/blogs/news/preprocess-input-data-before-making-predictions-using-amazon-sagemaker-inference-pipelines-and-scikit-learn/`

[4] Google Cloud. 予測のためのモデルのエクスポート `https://cloud.google.com/ai-platform/prediction/docs/exporting-for-prediction?hl=ja`

[5] A. Guazzelli, W.-C. Lin, T. Jena, J. Taylar. *PMML in Action: Unleashing the Power of Open Standards for Data Mining and Predictive Analytics 2nd edition*. CreateSpace, Paramount, CA, 2012.

[6] ONNX Group. ONNX. `https://onnx.ai`

[7] J. Gawlikowski, CR. Tassi, M. Ali, J. Lee, M. Humt, J. Feng, A. Kruspe, R. Triebel, P. Jung, R. Roscher, M. Shahzad, et al.. A survey of uncertainty in deep neural networks. *arXiv:2107.03342*, 2021.

[8] B. Lakshminarayanan, A. Pritzel, C. Blundell. Simple and scalable predictive uncertainty estimation using deep ensembles. *arXiv:1612.01474*, 2016.

[9] G. Yarin, and Z. Ghahramani. Dropout as a Bayesian approximation: Representing model uncertainty in deep learning. In *Proceedings of International Conference on Machine Learning*, 2016.

[10] C. Szegedy, et al.. Intriguing properties of neural networks. *arXiv:1312.6199*, 2013.

[11] V. Hodge, J. Austin. A survey of outlier detection methodologies. *Artificial Intelligence Review*, 22, 85–126, 2004.

[12] J. Ren, et al.. Likelihood ratios for out-of-distribution detection. *arXiv:1906.02845*, 2019.

[13] C. Sun, et al.. Revisiting unreasonable effectiveness of data in deep learning era. In *Proceedings of the IEEE International Conference on Computer Vision*, 843–852, 2017.

[14] MLSE 本番適用のためのインフラと運用 WG. 機械学習基盤 本番適用と運用の事例・知見共有会. （オンライン） 2020 年 11 月 6 日. https://mlxse.connpass.com/event/187583/

[15] Asei Sugiyama (Repro, Inc.). ゼロから始める Kubeflow での機械学習パイプライン構築. （オンライン） 2020 年 11 月 6 日. https://mlxse.connpass.com/event/187583/

[16] Asei Sugiyama (Repro, Inc.). 実験デザイン入門. （オンライン） 2020 年 6 月 10 日. https://speakerdeck.com/asei/shi-yan-dezainru-men

[17] Keita Iwamoto (LegalForce). リーガルテックにおける MLOps 構築事例の紹介. （オンライン） 2020 年 11 月 6 日. https://mlxse.connpass.com/event/187583/

[18] 大嶋悠司 (Mercari). モバイル向け機械学習モデル管理基盤. （オンライン） 2020 年 11 月 6 日. https://mlxse.connpass.com/event/187583/

[19] MLSE. ML モデル開発・運用ワークフロー検討会. （オンライン） 2020 年 2 月 10 日. https://github.com/mlse-jssst/InfraOpWGProceedings/blob/master/20200210_DiscussionWorkflow/ProceedingOfDiscussionAboutWorkflow.md

[20] MLSE 夏合宿 2020 企画セッション. （オンライン） 2020 年 7 月 4 日. https://github.com/mlse-jssst/InfraOpWGProceedings/blob/master/20200704_SummerCampDiscussion/20200704_MLSE_InfraOpsWG.md

[21] MLSE 夏合宿 2021 運用とインフラ WG 討論・相談会. （オンライン） 2021 年 7 月 3 日. https://github.com/mlse-jssst/InfraOpWGProceedings/blob/master/20210703_SummerCamp/MLSE_SummerCamp_memo.md

第 III 部

機械学習システムの開発技術と倫理

Machine Learning Professional Series

Chapter 4

機械学習デザインパターン

鷲崎弘宜（早稲田大学）

機械学習を用いてシステムを開発していくためのパターン，すなわち頻出する問題とその解決アプローチを解説する．特にモデルやシステムの設計に関するデザインパターンを扱う．

4.1 本章について

機械学習を組み入れた**機械学習システム (Machine Learning System,** 以降 **MLS)** の開発におけるデザインパターンを中心としたパターンを解説する．ここでの**パターン (pattern)** とは，問題と解決策をまとめたものを指し，画像などのデータ中で規則性を特定するパターン認識を指していないことに留意されたい（1.4.3 節）．

機械学習（特に深層学習）の社会応用が急速に進展することにともない，実務家や研究者における MLS の効率的かつ効果的な設計と運用に向けて，よい設計の指針の整理と共有が求められている．指針の整理と共有に有用な形として**ソフトウェアパターン**がある．ソフトウェアパターンとは，ソフトウェアの開発運用において特定の文脈上で繰り返される問題に対する解決策を，一定の抽象度でまとめた手本や定石である．

MLS についても設計を中心にさまざまなパターンがまとめられつつあり，それらを参照することで，MLS における頻出の問題とその解決策および背景にある MLS の特性を把握できる．さらに，問題および解決策を再利用して MLS の設計を中心に効率的かつ効果的に開発ならびに運用を進められる．

本章では最初に，パターンの考え方およびその MLS における必要性を説明する．続いて，MLS の開発と運用におけるデータや機械学習モデル，ソフトウェアシステムの設計上の問題と解決を一定の抽象度でまとめた**機械学習デザインパターン**のカタログとして，Lakshmanan らの **Machine Learning Design Patterns (MLDP)**[1]，および筆者らが整理した **Software Engineering Patterns for ML Applications (SEP4MLA)**[2,3,4] をそれぞれ解説する．そして，それらの機械学習デザインパターンの実務家における認知や活用状況を解説する．最後に，本章の内容をまとめるとともに MLS におけるデザインパターンを中心としたパターンの整理と発展の展望を解説する．

4.2 ソフトウェアパターンとパターンランゲージ

ソフトウェアパターンとは，ソフトウェアの開発や保守，運用そのほかにまつわる種々の活動において，繰り返される問題解決のノウハウや，新たなビジョンをまとめた一定の抽象度における記述である [5,6]．抽象化と詳細化を繰り返すソフトウェアの開発においてパターンは，ソフトウェアについて考え，語り，進化させる基本的な枠組みとなる．

ソフトウェアパターンの考え方はもともと，建築家 Christopher Alexander の建築における**パターンランゲージ (pattern language)**[7] に端を発する．筆者がいくらか構造化して記述したパターンの例を**図 4.1** に示す．図 4.1 では，にぎやかな都会においてコーヒーを飲みながら落ち着ける場所の提供が問題として掲げられ，その解決策として，歩行路に向けて開放された形で路上にカフェを設置することが推奨されている．この問題と解決策は，東京やパリといった実際のさまざまな都市に共通して見てとれるものであり，図 4.1 はそれらに共通する特徴を抽象化して言語化し，そのまとまりに「路上カフェ (street cafe)」という名をつけて再利用しやすくしている．ただし個々の都市において，文化的な背景や環境はそれぞれ異なる．そこでパターンの解決策

名前: 路上カフェ

問題: 忙しい都会において、衆目の中で合法的に腰を下ろし、移りゆく世界をノンビリと眺められる場所がほしい。・・・

解決: 各近隣にカフェが開かれるよう促すこと。カフェにはいくつかの部屋を設け、にぎやかな歩行路に向けて開放し、座ってコーヒーなどの飲み物を取りながら、移りゆく世界を眺められるような親しみのある場所に仕立てること。カフェの前面は、室内からテーブル・セットが街路にそのまま張り出すような作りとすること。・・・

図 4.1 建築におけるパターンの例（文献 [7] より）

は通常，主要な性質を損なわないままに状況に応じて具体化されて適用される．例えば，店舗スペースと隣接しない路上において，行政から黙認される場合は，しばしば簡易な椅子とテーブルのみが路上におかれて臨時のカフェが開設される．この実装は，路上カフェのパターンにおける「室内からテーブル・セットが街路にそのまま張り出す」という点から逸脱しているが，忙しい都会において落ち着ける場所を提供するという点では主要な性質を保っている．

パターンランゲージとは，こうした各パターンを語彙としたときに言語を構成し，一貫した全体を形成することを意味している．例えば，都市の設計を計画するにあたり，建築家や施工業者，市民，行政などのステークホルダ間で次のような会話を実施できる．

「街の中心部には **活動の拠点** として **小さな広場** を設けよう．その広場には，訪問者や近隣の人々が気軽に集い落ち着けるように，いくつかの **路上カフェ** が集まって開かれるように奨励しよう．それぞれのカフェは，オープンエアで楽しめるように **街路への開口** を持たせられるとよい．」

ここで，強調表示した箇所はすべて，建築のパターンランゲージに収録されたパターンを指しており，パターン間の関係性を通して，個々のパターンが扱うよりも大きな設計を創造的にもたらしていることがわかる．

4.3 機械学習応用におけるパターンの必要性と役割

MLSの開発と運用にはソフトウェアエンジニアや機械学習エンジニア，データサイエンティスト，事業企画担当者などのさまざまなステークホルダがかかわるため，共通の語彙としてのパターンが意思疎通に果たす役割は大きいと期待できる．建築におけるパターン群がそうであるように，MLSのための各パターン間の関係性を用いることができれば，パターンランゲージという共通の言語を得ることも期待できる．

MLSにおいては，具体的な機械学習フレームワークをはじめとするプラットフォームの情報やコード例ならびに事例は世にあふれており，一方で，**隠れた技術的負債 (hidden technical debts)***1 [8] に代表されるように抽象的な考え方や原則もまた共有されつつある．これらの具象と抽象の間の隔たりは大きく，間を埋める道具としてもパターンが果たす役割は大きい．パターンにより，各プラットフォームやコード例の背景にある考え方を的確にとらえて再利用を促進し，また逆に，原則に基づいて適当な環境や事例を的確にとらえて選択を促進する．

加えてMLSのデザインパターンの利用により，特定の設計に至る理由 (Why)，そこでの設計上の問題 (What) および設計による解決 (How) を把握し再利用できる．プロジェクトや組織で共通に用いることにより，機能・非機能要求を一貫した形で満足し，複雑化および大規模化の一途をたどるMLSの設計において一貫したアーキテクチャを得ることが期待できる．

例として，MLS全体における典型的なアーキテクチャとして，機械学習モデルとビジネスロジックの分離を扱うパターン**機械学習モデルからのビジネスロジックの分離 (Distinguish Business Logic from ML Model)** [3,9] を取り上げる．同パターンが扱う問題と解決策および基本的な構成を図4.2に示す．同パターンに基づいてアーキテクチャを設計することで，ユーザインターフェース，ロジック，データの3層構造を持つ中でビジネスロジックに依存する箇所と機械学習モデルに依存する箇所を分離し，変更容易性や拡

*1 時間の都合などによりその場しのぎの限定的な解決策をとり，そのために後でコストをかける必要が生じたり問題が発生したりする可能性がある状況を指す．

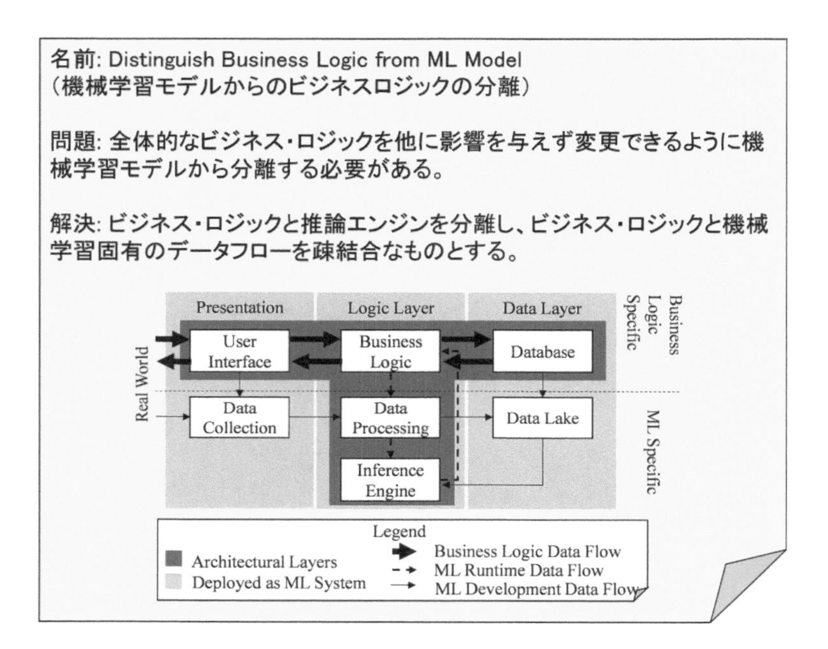

図 4.2 Distinguish Business Logic from ML Model パターンの記述例 [3, 9]

張性を高められる．また同パターンは解決策の中で，データの格納にあたり**データレイク (data lake)** の利用を推奨している．データレイクは構造化データと非構造化データのいずれにも対応して多様なデータを扱う基盤の形であり，機械学習応用の文脈でよく用いられるため，Data Lake for ML パターン [3] として整理されている．ここで，Distinguish Business Logic from ML Model パターンがその解決策において内部的に Data Lake for ML パターンを参照しているというパターン間の関係を見てとれる．

機械学習デザインパターンの適用例として，機械学習を応用したチャットボットシステムの Distinguish Business Logic from ML Model パターンに基づいたアーキテクチャ設計を**図 4.3** に示す．図 4.3 において，3 層構造によるチャットボットシステムのユーザインターフェースやロジックの個別的な変更や拡張に加えて，それぞれの層の中で機械学習モデルに依存する箇所と独立した箇所を明確に分離していることで，チャットサービスを維持した

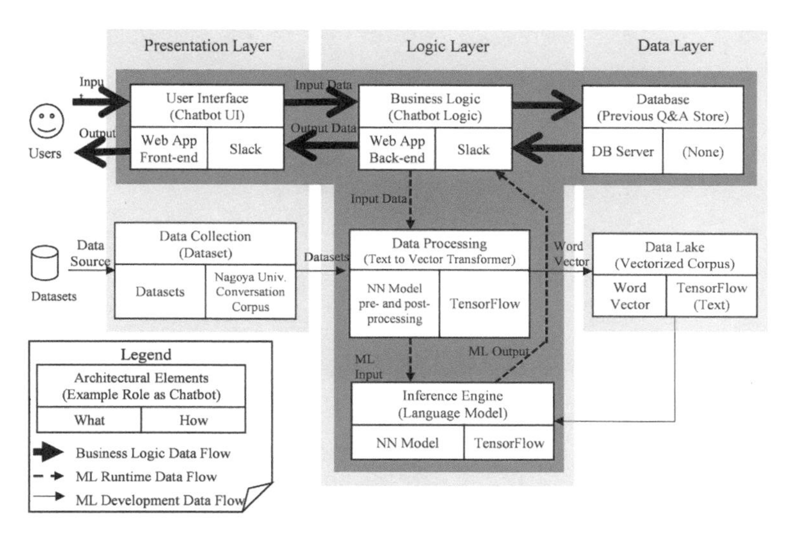

図 4.3 Distinguish Business Logic from ML Model パターンの適用例 [10]

ままでの精度向上を目的とした機械学習モデルの変更や，逆に機械学習モデルを維持したままでのチャットサービスの変更や拡充などを可能としている．

こうした機械学習デザインパターンのさまざまなまとまりがカタログとして得られつつある．そのいくつかを以下に示す．

- **Machine Learning Design Patterns (MLDP)** [1]：データ表現から運用，さらには説明性まで MLS のライフサイクルに沿って，実務家において押さえるべき 30 のデザインパターンをまとめている．Google Cloud のデータ分析 AI 部門トップやエンジニアがまとめたものであり，各パターンの説明にあたりトレードオフや代替の考慮に加えて，Google プラットフォーム上での使いこなしやコード例を盛り込んでいる．
- **Software Engineering Patterns for ML Applications (SEP4MLA)** [2, 3, 4]：筆者らが論文や技術文書に対する系統的文献レビューにより 15 のデザインパターンをまとめたものである．アーキテクチャ設計や運用まわりが中心となっている．
- **機械学習システムデザインパターン** [11]：機械学習モデルやワークフロー

を本番システムで稼働させるうえでの運用ノウハウを中心にまとめられている.

4.4 機械学習デザインパターン(MLDP)

次の6つの分類に沿って実務家において押さえるべき30の機械学習デザインパターンが，Googleプラットフォーム上での使いこなしやコード例，トレードオフさらには代替案の考慮を含めてまとめられている.

- **データ表現パターン (data representation)**：実世界のさまざまなデータから機械学習モデルが扱いやすい特徴量への変換と表現に関するパターン群.
- **問題表現パターン (problem representation)**：特定の問題の扱いや高性能化に関するパターン群.
- **モデル訓練パターン (model training)**：訓練の繰り返し（ループ）の仕方に関するパターン群.
- **対応性のある運用パターン (resilient serving)**：モデルをデプロイして人の関与なく頑健に予測稼働させ運用し続けるためのパターン群.
- **再現性パターン (reproducibility)**：決定的な出力を得やすく，訓練・開発効率を上げるためのパターン群.
- **責任あるAIパターン (responsible AI)**：さまざまなステークホルダへのモデルの影響の説明に関するパターン群.

MLSの基本的な構成において各分類が主に関係する箇所を図4.4に示す.データ表現パターンや問題表現パターンは主に，訓練データ・特徴量の設計およびそれに基づく機械学習モデルの設計に関係する.モデル訓練パターンは，機械学習モデルの訓練のあり方の設計に関係する.対応性のある運用パターンは，本番環境における訓練済みモデルのデプロイと推論・予測稼働のあり方の設計に関係する.再現性パターンは訓練パイプライン全体の設計に関係し，責任あるAIパターンは推論・運用に基づく意思決定に関係する.

MLSの開発・運用プロセス上の段階[12]に沿って，主として用いられる機械学習パターンの分類を図4.5に示す.PoCの段階では，データ表現パター

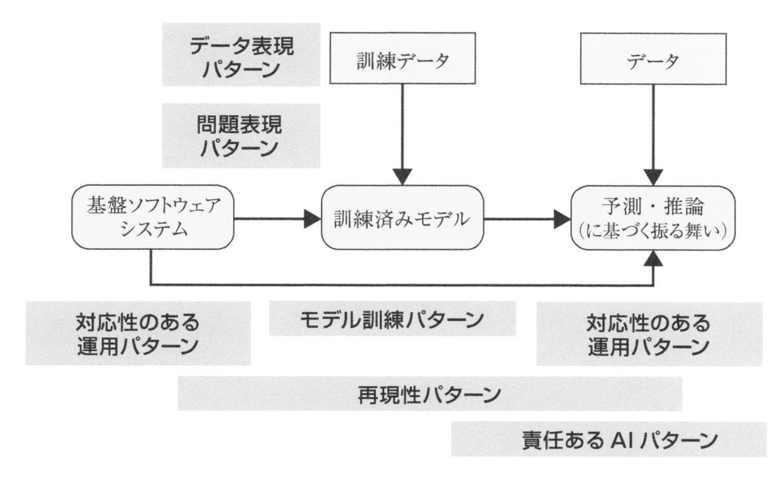

図 4.4　MLDP の各分類が主に関係する箇所

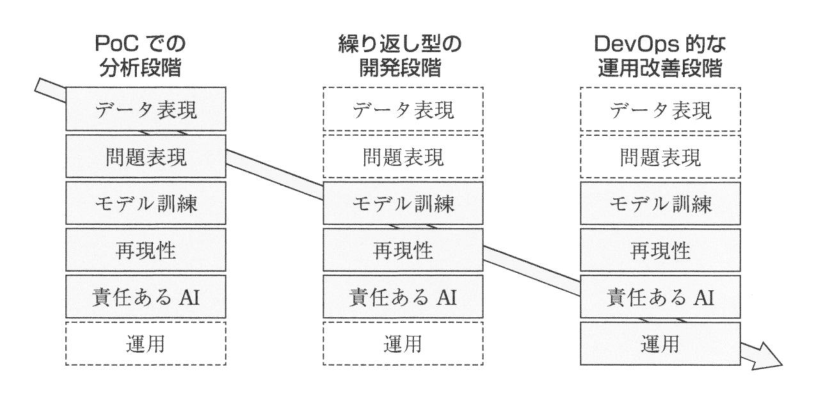

図 4.5　プロセス段階ごとの主要なパターン分類

ン，問題表現パターンおよびモデル訓練パターンを用いて問題設定から特徴量の抽出，モデル訓練までの一通りの流れを効果的に，それも再現性パターンを参照して，効果よく検証しやすい形で進めることが可能となる．さらに責任ある AI パターンを参照して，PoC の主目的である有効性の確認と説明を進められる．PoC によるコンセプトの検証を終えて以降は，モデルの訓練が重要であるためモデル訓練パターンや再現性パターン，責任あるAIパターンの参照が主となる．ただし同段階においても必要に応じてデータ表現パターンや問題表現パターンを参照し，モデルの再設計や改訂を進める．さらにはDevOps・MLOps的な運用改善段階では，デプロイしたうえでの本番環境における運用が重要となるため，対応性のある運用パターンの参照が重要となる．

以降において，各分類における機械学習デザインパターンの概要を説明する．なお各パターン名の和訳は筆者らによるものである．

4.4.1 データ表現パターン

実世界のさまざまなデータから機械学習モデルが扱いやすい特徴量へと設計・変換することに関するHashed Feature, Embeddings, Feature Cross, Multimodal Inputの4つのパターンがある．各パターンの概要を表4.1に示す．

表4.1 データ表現パターンの概要 (MLDP)

パターン	問題	解決
Hashed Feature(特徴量ハッシュ)	カテゴリ変数についてとりうる種類を特定することは困難であり，One-hot encordingではCold-Start問題を生じる	ユニークな文字列としたうえでハッシュ値に変換し，扱いたい種類数の剰余で種類分け
Embeddings(埋め込み)	One-hot encordingではデータの近さを扱えない	意味的な近さを表すように特徴の埋め込み
Feature Cross(特徴量クロス)	もともとの変数群そのままでは関係に基づく分類や予測が困難である	複数カテゴリ変数の組み合わせで関係を容易に学習
Multimodal Input(マルチモーダル入力)	異なる種別の入力を扱いにくい	異なる種別の入力の分散表現の結合

4.4.2 問題表現パターン

特定の問題の扱いや高性能化に関するReframing, Multilabel, Ensembles, Cascade, Neutral Class, Rebalancingの6つのパターンがある．各パターンの概要を表4.2に示す．

表 4.2　問題表現パターンの概要 (MLDP)

パターン	問題	解決
Reframing (問題再設定)	当初の目的変数や出力で限界がある	回帰から分類へ変更（逆も）
Multilabel (マルチラベル)	出力層の活性化関数が softmax ではマルチラベルの扱い困難である	出力層の活性化関数に sigmoid を用いる
Ensembles (アンサンブル学習)	バイアス（偏り）とバリアンス（分散）のトレードオフの考慮が必要である	アンサンブル学習：学習不足時はブースティング，過学習時はバギングほか
Cascade (カスケード)	通常の場合と特殊な場合を同一モデルでは扱い困難である	通常と特殊に分類のうえそれぞれに訓練・予測し集約
Neutral Class (中立クラス)	データに主観評価を含むなどにより任意・ランダム性がある	Yes，No に Maybe を加えた分類とする
Rebalancing (リバランシング)	データセットが不均衡である	正解率以外も評価，ダウンサンプリング，アップサンプリング，Reframing

4.4.3　モデル訓練パターン

訓練の繰り返し（ループ）の仕方に関する Useful Overfitting, Checkpoints, Transfer Learning, Distribution Strategy, Hyperparameter Tuning の 5 つのパターンがある．各パターンの概要を表 4.3 に示す．

4.4.4　対応性のある運用パターン

モデルをデプロイして人の関与なく頑健に予測稼働させ運用し続けることに関する Stateless Serving Function, Batch Serving, Continued Model Evaluation, Two-Phase Predictions, Keyed Predictions の 5 つのパターンがある．各パターンの概要を表 4.4 に示す．

4.4.5　再現性パターン

再現性を上げられるように決定的な出力を得やすい形とすることで訓練・開発効率を向上させることに関する Transform, Repeatable Splitting, Bridged Schema, Windowed Inference, Workflow Pipeline, Feature Store, Model Versioning の 7 つのパターンがある．各パターンの概要を表 4.5 に示す．

表 4.3 モデル訓練パターンの概要 (MLDP)

パターン	問題	解決
Useful Overfitting（価値ある過学習）	物理シミュレーションのように全入力を扱えるため，いたずらに過学習を防ぐべきではない	過学習を推奨するが，実際にはモンテカルロ法でサンプリングなどの工夫
Checkpoints（チェックポイント）	複雑なモデルは訓練に時間を要する	訓練モデル外の情報も含めてすべての状態をエポック単位で保存・再開
Transfer Learning（転移学習）	非構造データ訓練に巨大データが必要である	転移学習，ファインチューニング
Distribution Strategy（分散戦略）	深層学習モデルの訓練に長時間を要する	データ並列化，モデル並列化による分散学習
Hyperparameter Tuning（ハイパーパラメータ・チューニング）	ハイパーパラメータの人手によるチューニングは長時間・不正確．グリッドサーチでは非効率である	外側の最適化ループとしてのハイパーパラメータチューニング．ベイズ最適化による効率的探索

表 4.4 対応性のある運用パターンの概要 (MLDP)

パターン	問題	解決
Stateless Serving Function（ステートレスサービング関数）	モデルの巨大化．訓練時と稼働時の環境相違がある	モデルの中核のみエキスポート，ステートレス REST API としてデプロイ
Batch Serving（バッチサービング）	非同期の予測を数多く実施困難である	分散処理環境下で大量データによる非同期予測
Continued Model Evaluation（継続的モデル評価）	コンセプトドリフト，データドリフトに対応する必要がある	継続的なモデル評価・モニタリングと再訓練
Two-Phase Predictions（2 段階予測）	エッジデバイス上の縮退された訓練モデルの性能低下がみられる	単純なタスク用のモデルをエッジ上で稼働，複雑なものをクラウド上で稼働
Keyed Predictions（キーつき予測）	多数の入力データをスケーラブルに扱えない	入力へキー付加，キーつきで出力することで分散環境下で容易な扱い

表 4.5 再現性パターンの概要 (MLDP)

パターン	問題	解決
Transform（変換）	入力と特徴量の異なりを扱う必要がある	変換・前処理の仕方を保存および再利用することで訓練時と予測時で一貫させる
Repeatable Splitting（繰り返し可能な分割）	ランダムな訓練，検証，テスト用分割では再現困難かつ関係なし	関係を用いたい変数をハッシュ化し剰余によりデータ分割
Bridged Schema（スキーマブリッジ）	入力データのスキーマが訓練後にいくらか変更されている	古いデータを確率的な方法で新データスキーマへ変換
Windowed Inference（ウィンドウ推論）	継続的なデータ系列や一定の時間枠ごとの特徴量集約の必要性がある	外部においたモデル状態からストリーム分析パイプラインを通じて動的かつ時間に依存した方法で訓練および運用時に動的かつ時間に依存した方法での計算の正しい繰り返し
Workflow Pipeline（ワークフローパイプライン）	単一ファイルではスケールせず	各ステップを分けてサービス化
Feature Store（特徴量ストア）	アドホックな特徴量エンジニアリングとなってしまっている	プロジェクトやチームを超えた特徴量共有
Model Versioning（モデルバージョニング）	モデル更新時の後方互換性困難である	異なるモデルバージョン群を異なるエンドポイントにより提供，比較

4.4.6 責任ある AI パターン

さまざまなステークホルダへのモデルの影響の説明に関する Heuristic Benchmark, Explainable Predictions, Fairness Lens の 3 つのパターンがある．各パターンの概要を表 4.6 に示す．

4.5 機械学習のためのソフトウェアエンジニアリングパターン (SEP4MLA)

機械学習デザインパターン (MLDP) とは別に，筆者らはソフトウェア工学の観点に基づいて機械学習デザインパターンに言及した文献調査を実施し [2]，その結果に基づいて MLDP を補完する形で，頻出および有用性が高いと考えられるパターンの文書化と整理を進めている [3,4]．

表 4.6　責任ある AI パターンの概要 (MLDP)

パターン	問題	解決
Heuristic Benchmark（経験的ベンチマーク）	結果の良し悪しの程度を意思決定者へ説明困難	シンプルでわかりやすい過去の結果や経験則に照らした結果の理解と判断
Explainable Predictions（説明可能な予測）	予測の説明困難	シンプルなモデル採用，予測結果における説明など
Fairness Lens（公平性レンズ）	不均衡データに基づく異なる人々のグループに対する問題のあるバイアス	What-If tool や Fairness Indicators といったツールを通じた訓練前後のデータセットの分析，結果比較，均衡化など

具体的には，2019 年 8 月に Engineering Village および Google を用いて学術論文と灰色文献（gray literature，論文以外のホワイトペーパなど）を対象とした系統的文献レビュー (systematic literature review, SLR) を実施し，合計 38 編の文献において機械学習システムのデザインパターンの定義や利用言及があることを明らかとした．筆者らは，それらの言及において最終的に 15 のパターンを特定し，機械学習のためのソフトウェアエンジニアリングパターン (**Software Engineering Patterns for ML Applications, SEP4MLA**) と名づけて整理公開している．

SEP4MLA のパターン群の概要を，MLDP と同じ分類に基づいて説明する．SEP4MLA は，結果として MLDP に対して主に対応性のある運用パターンを中心に補完する形となり，データ表現パターンや問題表現パターンは含まれない．

4.5.1　モデル訓練パターン

訓練の繰り返し（ループ）の仕方に関する Parameter-Server-Abstraction, Federated Learning (Data flows up, Model flows down), Secure Aggregation の 3 つのパターンがある．各パターンの概要を表 4.7 に示す．

Parameter-Server-Abstraction は，MLDP における Distribution Strategy のデータ並列化による分散学習の方法を具体化したパターンの一種と見なせる．

表 4.7　モデル訓練パターンの概要 (SEP4MLA)

パターン	問題	解決
Parameter-Server Abstraction（パラメータ・サーバ抽象化）	深層学習モデルの訓練に長時間を要するが，分散学習における広く受け入れられている抽象化の仕方が定まっていない	データとワークロードの両方をワーカノードに分散し，サーバノードはグローバルにパラメータを保持
Federated Learning (Data flows up, Model flows down)（連合学習）	標準的な機械学習アプローチでは，訓練データを1台のマシンまたはデータセンタに集中管理する必要がある	訓練データをモバイル・エッジデバイスに保持したまま，各デバイスがモデルを共同訓練
Secure Aggregation（セキュア集約）	モデル更新を安全，効率的，スケーラブルな方法で通信し，集約する必要がある	Federated Learning で各モバイルデバイスのデータを暗号化し，個別の精査なしに集計・平均値を算出

4.5.2　対応性のある運用パターン

モデルをデプロイして人の関与なく変化や予期せぬ事態などに対してしなやかに対応し稼働させ運用し続けることに関する Different Workloads in Different Computing Environments, Data Lake for ML, Distinguish Business Logic from ML Model, Microservice Architecture for ML, ML Gateway Routing Architecture, Lambda Architecture for ML, Kappa Architecture for ML の 7 つのパターンがある．各パターンの概要を表 4.8 に示す．

MLDP における Stateless Serving Function および Batch Serving は，Lambda Architecture for ML のスピードレイヤおよびサービングレイヤをそれぞれ実現するうえでの基礎を提供するととらえられる．また Microservice Architecture for ML は，Lambda Architecture for ML や Kappa Architecture for ML ほかの各種デザインパターンにより実現するサービスをマイクロ・Web サービスとして提供するうえでの基礎を与える．

4.5.3　再現性パターン

訓練時の再現性や複雑さの低減を通じた開発効率の向上に関する Separation of Concerns and Modularization of ML Components, Discard PoC Code, ML Versioning の 3 つのパターンがある．各パターンの概要を表 4.9 に示す．

ML Versioning は，MLDP における Model Versioning についてバージョ

表 4.8 対応性のある運用パターンの概要 (SEP4MLA)

パターン	問題	解決
Different Workloads in Different Computing Environments（異なる作業の異なる環境への配置）	データのワークロードを分離してすばやく変更し，訓練ワークロードを安定化させる必要がある	異なるワークロードを異なるマシンに物理的に分離，マシン構成とネットワーク使用量を最適化
Data Lake for ML（機械学習のためのデータレイク）	データに対する分析方法や利用フレームワークを予想困難である	構造化・非構造化データのいずれも可能な限り生データの形でストレージ保存
Distinguish Business Logic from ML Model（機械学習モデルからのビジネスロジック分離）	全体的なビジネス・ロジックはほかに影響を与えず変更できるよう機械学習モデルから分離の必要がある	ビジネス・ロジックと推論エンジンを分離し，ビジネス・ロジックと機械学習固有のデータフローを疎結合
Microservice Architecture for ML（機械学習のためのマイクロサービスアーキテクチャ）	既知の機械学習フレームワークに限定され，より適切なフレームワークの機会を逃してしまう可能性がある	一貫性のある入力・出力データ定義，機械学習フレームワークで使用するための明確に定義されたサービス提供
ML Gateway Routing Architecture（機械学習サービスのゲートウェイルーティングアーキテクチャ）	クライアントが複数の機械学習サービスを利用する場合，サービスごとに個別のエンドポイント設定管理困難である	ゲートウェイをインストールし，適切なインスタンスへのアプリケーション層のルーティング要求を活用
Lambda Architecture for ML（機械学習のためのラムダアーキテクチャ）	機械学習のためのリアルタイムデータ処理におけるスケーラビリティ，耐障害性，予測可能性と拡張性の困難さがある	バッチレイヤはバッチ単位でビューを生成し続け，スピードレイヤはリアルタイム / スピードビューを生成，サービングレイヤは両方に問い合わせ
Kappa Architecture for ML（機械学習のためのカッパアーキテクチャ）	機械学習のために少ないコードリソースで膨大なデータを扱う必要がある	単一のストリーム処理エンジンでリアルタイムデータ処理と連続的な再処理の両方をサポート

ン管理の対象を機械学習モデルに限らずデータやシステム全体へと広げたパターンと見なせる．

また Separation of Concerns and Modularization of ML Components は機械学習システムの構成上の複雑さを低減させるための根本的なパターンであり，訓練時および運用時の効率や拡張および再現性の実現のための各種デザインパターンの基礎を与える．具体的には，MLDP の Transform および Workflow Pipeline に代表される再現性パターンや，Distinguish Business

表 4.9 再現性パターンの概要 (SEP4MLA)

パターン	問題	解決
Separation of Concerns and Modularization of ML Components (関心事の分離と機械学習コンポーネントのモジュール化)	機械学習コンポーネントの定期的かつ頻繁な変更に対応が必要である	最も単純なものから最も複雑なものまで，複雑さの異なるレベルで分離
Discard PoC Code(PoCコードの破棄)	PoC のために作成したコードでは，試行錯誤を効率的に実施するため保守性が犠牲になる	PoC のために作成したコードを破棄し，PoC で得た知見に基づき保守性の高いコードを再構築
ML Versioning (機械学習バージョニング)	機械学習モデルとその異なるバージョンは，MLS 全体の挙動を変える可能性がある	機械学習モデル構造，データ，システム，解析コードを記録し，再現性のある訓練と推論

Logic from ML Model に代表される各種の対応性のある運用パターンの実現における基礎的な設計指針として不可欠である．

4.5.4 責任ある AI パターン

さまざまなステークホルダへのモデルの影響の説明に関する Encapsulate ML models within Rule-based Safeguards，Deployable Canary Model の二つのパターンがある．各パターンの概要を表 4.10 に示す．

Deployable Canary Model は，MLDP における Explainable Predictions について，運用時の説明性の観点からの監視という形で具体化したパターン

表 4.10 責任ある AI パターンの概要 (SEP4MLA)

パターン	問題	解決
Encapsulate ML Models within Rule-based Safeguards (ルールベースのセーフガードで機械学習モデルのカプセル化)	機械学習モデルは，不安定で敵対的攻撃に弱く，データのノイズやドリフトの影響を受けやすい	機械学習モデルの予測結果に内在する不確実性を，決定論的で検証可能なルールでカプセル化して対処
Deployable Canary Model (デプロイ可能なカナリアモデル)	機械学習モデルの説明性が低いため，振る舞いを近似する代理の機械学習モデルを得たい	説明可能な推論パイプラインを 1 次推論パイプラインと並行して実行し，予測の違いを監視

と見なせる．

4.6 機械学習デザインパターンの認知と活用状況

ここまでにMLDPから30，SEP4MLAから15の合計45の機械学習デザインパターンを解説した．これらに代表される機械学習デザインパターンの実務における活用状況や実務家の認知状況について，実務家への予備的な小規模調査結果はあるが[13]，一定規模かつ包括的な調査には至っていなかった．そこで筆者らはMLDPおよびSEP4MLAを対象に，実務家による活用状況に関する一定規模の調査を，eAIプロジェクト[14]において継続的に進めている．

2021年3月開催の機械学習パターン解説セミナー[15]において，主として実務家の参加者約600名を対象にパターンの認知や活用状況をアンケート調査し，118名から回答を得た[16]．表4.11に，機械学習システムの設計課題に対する取り組み方に応じた回答者別の機械学習デザインパターンの活用状況を示す．独自カスタマイズあるいは活用したことがある場合に，活用実績があると見なした．

表4.11 パターンの活用状況（#MLDP：MLDPの活用パターン数，#SEP4MLA：SEP4MLAの活用パターン数）

設計課題取り組み方針	回答者数	#MLDP	MLDP 活用割合	#SEP4MLA	SEP4MLA 活用割合
チーム・組織内知識化	37	202	18.2%	64	11.5%
外部のパターン参照	31	168	18.1%	50	10.8%
共有や再利用なし	37	152	13.7%	35	6.3%
その他（導入検討ほか）	13	20	5.1%	3	1.5%

表4.11において全体的にSEP4MLAよりもMLDPが多く活用されている．この理由としては，MLDPがデータ表現パターンや問題表現パターンなどの開発初期のパターンを含めることで機械学習システムの開発・運用ライフサイクルの全体をとらえていることや，SEP4MLAよりも高い抽象度によりさまざまな解決につながりうるパターンを多く収録していることが挙げら

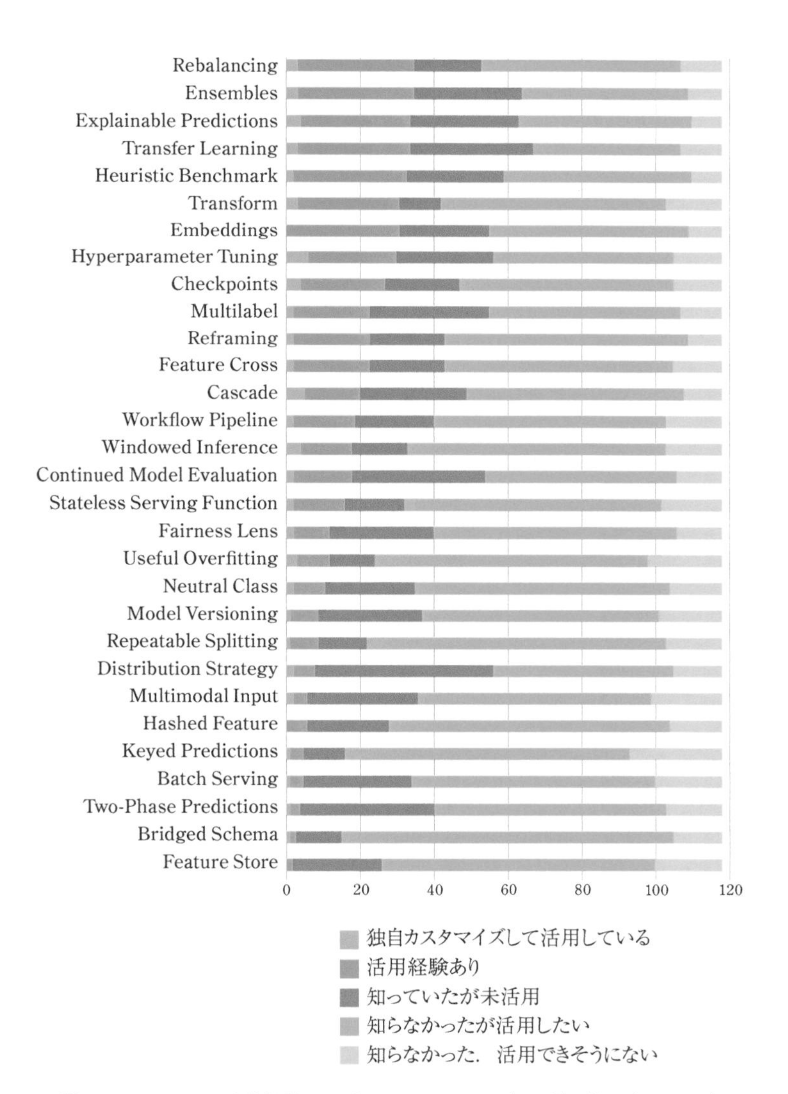

図 4.6 MLDP の各機械学習デザインパターンの認知・活用状況 (N=118)

れる.

また表 4.11 において，MLDP と SEP4MLA のいずれについても，チームや組織としての設計課題への取り組みがより組織化されるにつれて，パターンの活用割合が増えていることがわかる.

また，個々の機械学習デザインパターンの認知と活用状況の回答結果を，MLDP について図 4.6，SEP4MLA について図 4.7 にそれぞれ示す.

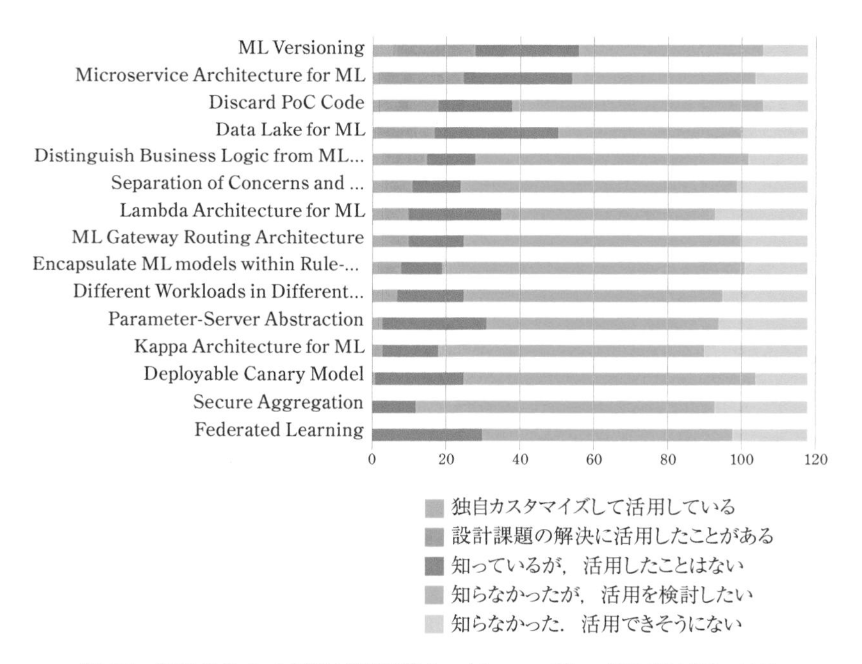

図 4.7 SEP4MLA の各機械学習デザインパターンの認知・活用状況 (N=118)

MLDP において Ensembles や Rebalancing などの問題表現パターンやモデル訓練パターンの活用が進んでいる様子がわかる．一方，Feature Store の利用実績の回答は最も少なく，プロジェクトを超えた特徴量の共有は限定的であることがうかがえる.

SEP4MLA において認知や活用の多いパターンは ML Versioning，Microservice Architecture for ML などであり，従来からのソフトウェアエンジニアリングにおける保守管理の仕組みやアーキテクチャ適用に関するものが多く見られた．一方，Federated Learning や Secure Aggregation などの分散環境下における機械学習特有のアーキテクチャの扱いについては，調査の範囲においては活用実績の回答がなかった．

4.7 本章のまとめ

本章では，特定の文脈において繰り返される問題とその解決策をまとめたパターンの考え方およびその機械学習システムにおける必要性を説明したうえで，機械学習システムの開発と運用におけるデータや機械学習モデル，ソフトウェアシステムの設計上の問題と解決を一定の抽象度でまとめた機械学習デザインパターンを解説した．

特に，Lakshmanan らの Machine Learning Design Patterns (MLDP)[1] および筆者らが整理した Software Engineering Patterns for ML Applications (SEP4MLA)[2,3,4] をそれぞれ解説した．加えて本章では，それらの機械学習デザインパターンの実務家における認知や活用状況に関する一定規模の調査結果を報告した．

今後はそれぞれの機械学習デザインパターンのカタログを超えた分類体系化や，実ソフトウェアシステムにおけるパターン適用結果ならびに品質やプロセスへの影響分析，ならびに，開発・運用プロセスへの組み入れを通じたガイド化に取り組む予定である．

謝辞

本章の一部は，JST 未来社会創造事業 JPMJMI20B8「機械学習を用いたシステムの高品質化・実用化を加速する “Engineerable AI”」の一環として進めている研究成果を反映している．

B i b l i o g r a p h y

参考文献

[1] V. Lakshmanan, S. Robinson, M. Munn（著），鷲崎弘宜，竹内広宜，名取直毅，吉岡信和（訳），機械学習デザインパターン：データ準備，モデル構築，MLOpsの実践上の問題と解決．オライリー・ジャパン，2021．（原題 "Machine Learning Design Patterns: Solutions to Common Challenges in Data Preparation, Model Building, and Mlops"）．

[2] H. Washizaki, F. Khomh, YG. Guéhéneuc, H. Takeuchi, N. Natori, T. Doi, S. Okuda. Software engineering design patterns for machine learning applications. *IEEE Computer*, 55(3), 30–39, 2022.

[3] H. Washizaki, F. Khomh, YG. Guéhéneuc. Software engineering patterns for machine learning applications (SEP4MLA). *9th Asian Conference on Pattern Languages of Programs (AsianPLoP 2020)*, 1–10, 2020.

[4] H. Washizaki, F. Khomh, YG. Guhneuc, H. Takeuchi, S. Okuda, N. Natori, N. Shioura. Software engineering patterns for machine learning applications (SEP4MLA) – Part 2. *27th Conference on Pattern Languages of Programs in 2020 (PLoP'20)*, 1–10, 2020.

[5] 鷲崎弘宜．ソフトウェアパターン ― 時を超えるソフトウェアの道 ―：0. 編集にあたって．情報処理，52(9)，1117–1118，2011．

[6] 鷲崎弘宜．ソフトウェアパターン概観．情報処理，52(9)，1119–1126，2011．

[7] C. Alexander（著），平田翰那（訳），パタン・ランゲージ：環境設計の手引．鹿島出版会，1984．

[8] D. Sculley, G. Holt, D. Golovin, E. Davydov, T. Phillips, D. Ebner, V. Chaudhary, M. Young, JF. Crespo, D. Dennison. Hidden technical debt in machine learning systems. In *Proceedings of the 28th International Conference on Neural Information Processing Systems*, 2, 2503–2511, 2015.

[9] H. Yokoyama. Machine learning system architectural pattern for improving operational stability. *IEEE International Conference on Software Architecture Companion (ICSA-C)*, 267–274, 2019.

[10] H. Washizaki, H. Uchida, et al.. `http://www.washi.cs.waseda.ac.jp/ml-patterns/`

[11] 澁井雄介．AI エンジニアのための機械学習システムデザインパターン．翔泳社，2021.

[12] 産業技術総合研究所サイバーフィジカルセキュリティ研究センター．機械学習品質マネジメントガイドライン．2020. https://www.cpsec.aist.go.jp/achievements/aiqm/

[13] H. Washizaki, H. Takeuchi, F. Khomh, N. Natori, T. Doi, S. Okuda. Practitioners' insights on machine-learning software engineering design patterns: a preliminary study. *36th IEEE International Conference on Software Maintenance and Evolution (ICSME 2020)*, 798-799, 2020.

[14] JST 未来社会創造事業 JPMJMI20B8．機械学習を用いたシステムの高品質化・実用化を加速する "Engineerable AI"．https://www.jst.go.jp/mirai/jp/program/super-smart/JPMJMI20B8.html

[15] スマートエスイー・eAI 共催セミナー．機械学習デザインパターン．2021 年 3 月 30 日．https://smartse.connpass.com/event/207116/

[16] 鷲崎弘宜，竹内広宜，名取直毅．機械学習システムのデザインパターンの利用状況．ポスター．第 4 回機械学習工学研究会（MLSE 夏合宿 2021），2021 年 7 月 2 日．

Chapter 5

品質のとらえ方と管理

石川冬樹（国立情報学研究所）

機械学習モデルや，それを含むシステム全体に対する品質の評価や管理を概観する．特に，ガイドラインなどで示されている評価の観点（品質特性）を中心として，従来のソフトウェアシステムに対する考え方との差異について論じる．

5.1 本章について

機械学習の産業応用が広がっていくにつれ，システムの一部品としての機械学習モデル，あるいはそれを含むシステム全体の品質への要求が高まってきている．さまざまな応用事例における要求を考えると，機械学習技術においてベンチマークの指標として追求されてきた精度などの予測性能値を高めるだけでは必ずしも十分とはいえない．一方，機械学習によって構築した部品やそれを含むシステムは，従来のソフトウェアとは異なる性質を持つため，ソフトウェア工学における品質の概念や技術をそのまま適用できるわけではない．本章では，機械学習システムに対する品質の概念や技術について論じる．

5.1.1 品質特性

「品質 (quality)」という用語は，一般的に「システムやその部品，あるいはその開発活動などの対象がどれだけ『よい』ものであるか」を表すもので，評価，保証，向上といった活動の対象となる．国際標準での定義を見てみると，品質という概念は以下のように定義されている．

用語解説

品質

ISO 9000（品質マネジメントシステムに関する標準）における定義：対象に本来備わっている特性の集まりが，要求事項を満たす程度．
ISO/IEC 25010（ソフトウェア製品の品質要求および評価に関する標準，通称 SQuaRE）における定義：さまざまなステークホルダの明示的または暗黙的なニーズを満たす，すなわち価値を提供する程度．

前者の定義では「**特性 (characteristics)** の集まり」という言い回しが用いられている．品質に関する特性である**品質特性 (quality characteristics)** の例としては，以下のようなものが挙げられる．

- 機能正確性：システムが期待された程度で正しい結果を出力する度合い
- 時間効率性：システムが要求された速度で応答を行う度合い

品質を論じるためには，その観点・側面となる品質特性を包括的に列挙し評価する必要があるということが国際標準では示されている．後者の定義では特性という用語は現れていないが，ここで参照している ISO/IEC 25010（通称 SQuaRE, systems and software quality requirements and evaluation）は，ソフトウェア製品において考えるべき品質特性やそれらの関係を**品質モデル (quality model)** として一通り定義したものである．機能正確性と時間効率性は，SQuaRE において定められた品質特性の例である．

2 つの定義において，品質は要求事項やニーズに対して相対的に定まるものであるとされている．「よさそうなこと」をやたらめったら何でもやればよいわけでもないし，開発者の視点だけで考えるのもよくないということである．SQuaRE のような国際標準では品質特性が列挙されているが，対象システムでどれだけの品質特性を扱い，どの品質特性を重要視するかは，個々のシステムについて定める必要がある．なお，SQuaRE の定義にあるように，ソフトウェアにおいては暗黙的なニーズをどのように引き出してとらえていくかということも重要なポイントとなる．

機械学習による訓練済みモデル，あるいはそれを含むシステム全体（本書における機械学習システム）の品質を考える際にも，「どのような品質特性を対象とすべきか」という品質モデルが一つの大きな問いとなる．まず機械学習では，やはりデータとモデルの評価が主要な焦点となる．また他章で扱っているように，説明可能性・解釈性や公平性といった新たな品質特性が注目されている．加えて，従来のソフトウェアに対する品質特性がそのまま適用可能かというと，評価のあり方など異なるとらえ方が必要になることもある．これらの点については，5.2, 5.3, 5.4 節において論じる．

5.1.2 品質のための技術

従来のソフトウェアに対しては，その品質特性を分析，評価，向上していくためのさまざまな原則や技術がある程度確立されており，今もさらに進化し続けている．中でも特にテスティング技術については，産業界・学術界ともに非常に盛んな研究開発や議論が継続している．テスティングにおいては，さまざまな入力や環境に対して対象（ソフトウェア部品やシステム全体）を動作させることで，期待された出力・振る舞いが得られるか，あるいは望ましくない出力・振る舞いが発生しないかを確認する．これにより，プログラムコードなどにおける欠陥（バグ）を検出するとともに，信頼性の高さについて一定の確信を得る．

例えば実行時間を計測するような性能テストであれば時間効率性が対象となるように，テストはさまざまな品質特性を対象にしうる．その中で従来のソフトウェアに対しては特に，「システムが明示された機能を実行する度合い（信頼性）」に関する原則や技術が主流となってきた．要は，「要求仕様で定義された機能一通りが，期待されたとおりに実現されているか」，逆にいうと「設計やコーディングなどにおける欠陥（バグ）がないか」という観点でのテストである．要求仕様を満たさない出力・振る舞いや，その原因となる人為的ミスなどの影響が製品に残っていると，開発組織に対するトラスト，そして契約や法的責任の観点から大きな問題となるためである．技術としては例えば，少数のテストケースでバグを顕在化させやすくするテスト設計技術として，同値分割や境界値分析などが挙げられる．またテストスイート（テストケースの集まり）の十分性を評価するための技術として，カバレッジ指標やミューテーション分析*1 などがある（1.4.4 節）.

機械学習モデルあるいはそれを含むシステム全体に対しても，従来のソフトウェア同様にテストなどによる検査を行い，信頼性に関し，あるいは人為的ミスの影響がないことに関し，評価や一定の保証を行うことが考えられる．この必要性の高さは応用対象によるが，交通や医療など，高信頼性が求められ認証・認可の仕組みがあるような応用領域への適用では必要不可欠であろう．

しかし，従来のソフトウェアに対するテストの原則や技術がそのまま機械学習モデルやそれを含むシステム全体に適用可能とは限らない．機械学習が適用されるのは，要求仕様を厳格に書き出せない応用対象であるため，要求仕様に率直に基づくテスト設計を得ることはできず，ある入力に対し正解が一意に定まらないこともある．そもそも，機械学習モデル，つまり訓練を通して得た機能の実装は，あらゆる入力に対して必ず正解を導けるわけではないので，「期待と異なる出力が出たらバグがあることを示す」わけではない．このように，正解が一意に定まらない，あるいは正解が常に求まるとは限らないシステムが従来けっしてなかったわけではない．しかし，機械学習システム実用化の潮流にともない，より多くの開発者がそのようなシステムに向き合うようになっている．また，条件分岐に基づくプログラムコードとは異なる，**深層ニューラルネットワーク (Deep Neural Network, DNN)** などの実装形式の特性を考慮することも必要であろう．本章においてはテスティング技術についても，いまだ研究開発段階である部分も含めてその動向を論じる（5.5 節）.

5.1.3 本章の焦点

以上のように本章では，社会や利用者からのニーズを見据えてトップダウンに，俯瞰的に品質モデル（品質特性の体系）について論じるとともに，従来のソフトウェアに対する原則や技術も踏まえて，テストなどの個別技術についても論じる．ともに本章執筆時点（2021 年はじめ）では確立されたとはいいがたいが，従来の原則や技術を踏まえて最新の動向を整理することで，基礎となる原則やアプローチを明確にする．他章で深く踏み込んでいる公平性や説明可能性・解釈性といった品質特性，あるいは機械学習技術とともに確

*1 プログラムが成熟したリリース後などに，典型的な欠陥を埋め込み，その欠陥を検出できるかどうかによりテストを評価・整備する．

立されてきた精度などの予測性能指標については本章では扱わない．

品質モデルやテストといった考え方は，従来のソフトウェアに対し，利用者や社会の要請も受けて，品質保証部門（QA 部門）の「QA エンジニア」や「テスター」といった役割の開発者が取り組んできたものである．一方，機械学習技術の研究開発コミュニティや，データサイエンティストや機械学習エンジニアといった役割の開発者により，予測性能を中心とした評価技術が確立されてきた．機械学習工学においては，それぞれにおける「従来」を活かしつつ，互いの原則や技術を理解し，必要に応じて融合し展開していくことが必要である．

5.2 品質モデル

本節では，品質モデル，すなわち「どのような品質特性を考えるべきであり，それらがどういう関係にあるか」について論じる．本章執筆時点では，機械学習システムに対する標準的な品質モデルは確立されてはいないが，以降で紹介するように参考になるガイドラインや議論が現れている．

5.2.1 従来ソフトウェア製品における品質特性

5.1.1 節において触れたように，従来のソフトウェア製品に対しては，ISO/IEC 250XX シリーズ（通称 SQuaRE シリーズ）において標準的な品質モデルが定義されている．シリーズと呼んでいるのは，異なる対象や抽象度での定義が個別の標準でなされているためである．

SQuaRE における定義の例として，実行性能（システム実行の速さ）を扱う品質特性に関するものを示す．SQuaRE では，「プロダクト品質」に関する一つの品質特性として，性能効率性が「指定条件下のリソース量に相対する性能」と定められている．これらの品質特性をさらに具体的に分類した特性（品質副特性と呼ぶ）として，時間効率性が「機能を実行する際の応答時間，処理時間，スループット率が要求を満たす程度」と定められている．性能効率性のうち時間に関する側面を取り上げた副特性ということであり，ほかにもリソースの使用量や容量限界に関する副特性もある．時間効率性を測るための指標としては，例えば応答時間の平均値がある．このように，一般的な概念を段階的に分類・具体化し，最終的には計測し，十分かどうかを判断するための基準を定めることになる．

品質モデルに加えて実際に重要となるのは，各システムにおいてどれだけの品質を求めるかの意思決定である．例えば，社会インフラとなるようなシステムと，社内でたまに使われるシステムとでは求められる信頼性が異なってくる．こういった品質レベルの判断についても定型化し品質モデルに含める場合がある．品質レベルを含むガイドラインの代表例として，**非機能要求グレード** [1] がある．例えば，「社会的影響が極めて大きい」システムならば，稼働率が「1 年間で数分程度の停止まで許容」という目安が与えられている．ここで具体的な数値まで一般論として定められるかどうかは対象となる品質特性による．例えば同じく「社会的影響が極めて大きい」システムであっても，「応答時間」については求められる（かつ実現できる）具体値を一般的に定めることは難しい．このため「サービスレベルを規定すること」という要件が示されるにとどまっている．

5.2.2 機械学習システムにおける従来の品質特性の扱い

機械学習モデルは，従来のプログラムとは異なる方法で構築されるため，従来の SQuaRE における品質の定義や評価がそのまま適用できない場合がある．「信頼性」などの品質特性の定義は，十分に抽象的で一般的な言葉使いで述べられている．このため，システムの構築方法が機械学習になっても，国際標準における定義の文言を変える必要はない．

しかし実用上は，特定の品質特性について，実際に「満たしたか満たしていないか一意に判別できる」要求仕様を規定したり，メトリクスを定め定量的な評価を行ったりすることが必要である．その場合は抽象的な概念としては同じだとしても，従来のソフトウェアと同じ考え方では実施ができない場合がある．具体的なメトリクスレベルで従来の SQuaRE を機械学習システムに当てはめることを考えてみると，大きく二つの課題が見てとれる [2]．

第一に，機械学習モデル特に DNN に対して，評価および改善の技術が確立していないことがある．例えば SQuaRE では，保守性の品質副特性であるモジュール性を評価するメトリクスとして，結合度*2 やサイクロマティック複雑度*3 が示されている．あるソフトウェア部品において，関連するデー

*2 複数のモジュールが独立せず互いに関連している度合い．

*3 分岐やループ構造によるプログラムの複雑さを測る指標．

タや機能が局所化され，小さな単位に分割されている，ゆえに理解や変更がしやすい度合いを測るということである．一方でDNNのようなモデルに対し，本章執筆時点では，変更影響の局所化しやすさなど変更容易性を明確に計測できる指標が広く合意されているわけではない．

より重要な点として第二に，従来型ソフトウェアでは基本的に，ゴールや要求が項目として場合分け，列挙されている想定があった．有効性や機能完全性，試験性，利用状況網羅性といった品質特性におけるメトリクスにおいては，タスクや機能，利用状況を数え，どれだけ実現されたかやどれだけ試験されたかなどを評価する．従来型ソフトウェアでは，ストーリーなど多様な形式のものを含め，要求仕様として場合分けされた項目が列挙されており，これらのメトリクス測定は自然である．例えば，「タスクや目的に対して網羅的に機能が提供されていること」という機能完全性は，仕様書やそれに基づく契約の遵守という観点で当たり前といえる．

一方，機械学習では，そのような項目列挙というよりも，データセット全体をもってあいまいなゴールが定義される．分類タスクにおいては，分類ラベルによって「歩行者を検出する」「車を検出する」といった程度の場合分けはなされる．しかし実際のニーズを踏まえると，さらに「車道にいる歩行者を特に高精度で検出する」「逆光の強い日差しの中でも歩行者を検出する」といったより細粒度の場合分けも必要であろう．機能完全性などの品質特性については，「さまざまな対象・状況をカバーしているか」という問いを，具体的に表現する必要がある．なお，ここでの表現とは，人間の自然言語とは限らず，データや数式による表現かもしれない．この点に対する比較を図 5.1 に示す．

以上のように，現行のSQuaREは，機械学習システムを想定していない[*4]．品質特性の言い回しは抽象度は高いが，実際の評価のためのメトリクスを考えると今までの基準が当てはめられないことがある．もちろん，SQuaREで定めた品質特性や，その具体的な測定メトリクスは，あくまで参考となるものであり，あらゆるシステムですべてを採用する必要はない．しかし特に場合分けの列挙については，品質を考える根幹となる部分である．仕様を列挙する従来型ソフトウェアと，データセットをもって要求を表し訓練する機械

---

*4 本章執筆時点では，AIシステムを想定した品質モデルがISO/IEC 25059として議論中である．

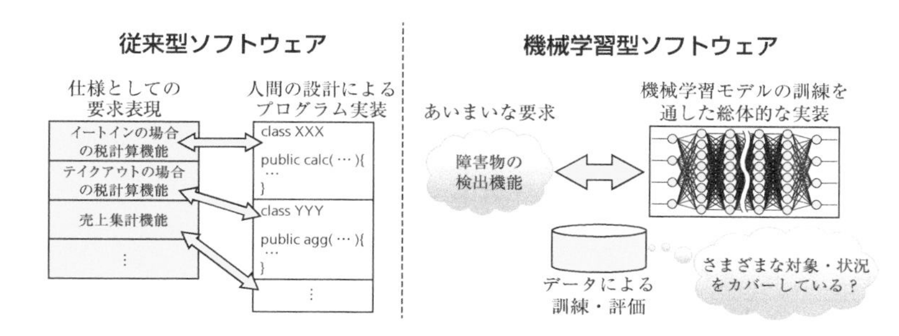

図 5.1 評価対象の列挙に関する違い

学習型ソフトウェアとの大きな差をどう埋めるかという問いである．この点は5.4節にて言及する機械学習品質マネジメントガイドラインにおいても品質に対する考え方の根幹となっている．

5.2.3 機械学習システム固有の品質特性に対する議論

ここまで既存の品質特性について論じたが，機械学習システム，あるいはより広くAIシステムが満たすべき新たな品質特性についても盛んな議論がある．ただし，ソフトウェア工学の言葉である品質特性という用語を用いず，AI倫理やトラストなどのより一般的で広い言葉で論じられていることが多い．特に欧州においては，倫理ガイドライン [3] が早期に提示されるなど，人権や社会への影響を強く意識した議論がなされている．

機械学習においては，訓練データあるいはテストデータの評価，および精度などモデルの性能評価が大きな役割を果たす．これらの点については，5.4節において，既存のガイドラインを俯瞰しながら論じる．

その他の観点から，機械学習システムにおいて重要とされている品質特性として，説明可能性・解釈性，公平性，頑健性，アカウンタビリティが挙げられる．従来システムにおいてもこれらの品質特性が考慮されていたこともあるであろうが，DNNなどの技術的特性や，機械学習が意思決定に携わる場合の重要性から，これらの品質特性が注目されている．以下それぞれの品質特性について論じる．

5.3 機械学習システム・AI システム固有の品質特性

以下では，機械学習システム・AI システム固有，あるいはこれらのシステムの流行を受けて特に重要度が大きく高まったような品質特性について論じる．

5.3.1 説明可能性・解釈性

説明可能性 (explainability) および**解釈性 (interpretability)** は，機械学習モデルあるいはシステム全体に対し，その予測や判断の基準や根拠について説明がなされる度合い，それにより人間が予測や判断の結果に関し解釈ができる度合いを示す．その定義や指標，意義，技術について確立したわけではないものの，注目が高い領域である．

説明可能性の意義および定義が最もわかりやすい事例としては，与信判断や医療診断などにおいて，AI システムからの出力を踏まえて人間が最終判断を下す場合が挙げられる．この際に AI システムが，「ローン貸し出しを行うべきでない」といった結論のみを出力した場合，最終判断を行う人間がその出力をどう受け止めればよいのかが不明確である．このため，「最も重要な点として年収が少ないところに着目して判断した」といった出力に至った理由や原因を表す特徴量を合わせて出力することが考えられる．画像が入力である場合，画像内の注目領域に対する色づけなどで表現することが多い．

上記の例は，特定の入力に対する出力の理由を説明の対象としたものである．説明の対象はこのような局所的な説明に限らず，モデルが訓練により獲得した予測規則全体について大域的な説明を考えることもある．例えば「H1bc 値が 6 以上 7 未満のときは『糖尿病予備軍』と診断することが多い」というように挙動を一般論として説明するということである．局所的であれ大域的であれ，このような説明を生成・提示するための技術を総称して **XAI (eXplainable AI) 技術**と呼ぶ．

ここで，予測モデルの構造が単純な場合を考えてみる．例えば二つの変数 x_1, x_2 から y を予測する際に， $y = 3x_1 - 5x_2 + 10$ という 1 次関数を用いるとする（線形回帰）．この場合，特定の出力に限らず，y を予測する際に x_1

と x_2 がどのように用いられるかは容易に説明できる．例えば x_1 の係数は正なので，x_1 が増えると y も増えるという規則性が把握できる．係数の絶対値から，x_1 の値よりも x_2 の値のほうが y の予測に与える影響が大きいこともわかる．説明可能性が問題となってくるのは，DNN を用いる場合など，モデルの構造が複雑で膨大なパラメータを含み，解釈をすることが困難な場合である．

DNN などの複雑なモデルに対しては，ブラックボックスという言葉がしばしば用いられる．ソースコードが入手できないといった意味でのブラックボックスではないが，複雑すぎて実質中身を何も把握できないのに近いということである．説明可能性に対する議論や XAI 技術は，このブラックボックス性を受けての議論である．従来型ソフトウェアであろうが，機械学習システムであろうが，出力の意図や妥当性を理解することで信頼して活用できるのであり，説明可能性は従来より重要な観点であるともいえる．しかし，特に DNN については，この点が大きな課題となっており，説明可能性や XAI 技術が大きな注目を集めている．

ある種のアプリケーションにおいては，品質特性の一つとして説明可能性が必要であることについては異論がないであろう．一方で，説明があくまで近似である点も踏まえつつ，どのように利用者が活用するのか，あるいは開発者が活用するのかについては，まだ議論が必要な状況である．また「説明を提示する」という機能を含めることはできるものの，説明可能性に対する要件をどう定義し，説明の妥当性などをどのような指標で評価するかは現状明確ではない．

説明可能性・解釈性については，具体的な XAI 技術の議論を通して 6 章において詳述する．

5.3.2 公平性

公平性 (fairness) は，システムの出力や振る舞いが，人種や民族，性別などの特性による差別，偏見，偏愛に相当するような不公平な偏りを示すことがない度合いを表す [4]．公平性については，2019 年 12 月に国内の 3 学会合同での声明が出された*5．2020 年 6 月にはアメリカでの人種に関する社会意

*5 http://ai-elsi.org/archives/898

識の高まりを受け，顔認証における公平性の問題が改めて大きな話題となった．具体的には，訓練データにおいて白人男性のデータが多いことに起因し，人種や性別により認証精度が異なることが問題となった．公平性はあらゆるアプリケーションで現れる品質特性ではないが，関連する場合には社会的影響が大きく注意深い考慮が必要であろう．公平性については，7章においても社会的観点から議論する．

不公平な出力や振る舞いは，機械学習技術の特性上，意識せずにシステムに埋め込まれてしまうことがある点に留意すべきである．単純には，性別差別を含む過去のデータを使ってしまう場合など，訓練データにおいてそもそも不公平な出力や振る舞いが含まれる場合がある．より暗黙的な場合として，正解率などの性能指標を用いた場合，与えられたデータセット全体に対して性能がよいことをもって満足しがちである．しかし，特定の人種に属するデータなど，データセット内に少数しか含まれない特定部分を抜き出すと，それらに対応する入力に対しては非常に性能が悪いことがしばしばある*6．つまり人種などに応じて性能が変わる不公平さが生じていることがある．不公平な判断などを学習させたわけではなくとも，結果として不公平な出力や振る舞いが生じることになる．よって，該当システムにおいて重要となる公平性について定義し，評価を行う必要がある．

公平性の具体的な定義としては，結果の公平性を測る **Demographic Parity**（直訳すると「層の同等性」），手続きの公平性を測る **Equalized Odds**（直訳すると「均一化された勝算」）がよく知られている[5]．

Demographic Parity においては，性別や人種などのセンシティブな属性について，予測ラベルの分布や予測性能指標値が一致していることを目指す．例えば採用判断を行う AI であれば，男性の採用率と女性の採用率の等しさを確認する．採用のように 0 か 1 かを出力する二値分類タスクの場合，センシティブな属性 S の値にかかわらず，分類器 h の入力 X に対する出力の期待値が一定であることを求める制約となる．

$$\forall s \quad E[h(X)|S=s] = E[h(X)] \tag{5.1}$$

---

*6 予測モデルとしてはしばしば，ノイズによるばらつきまでも学習してしまう過学習を避ける，つまり汎化性能を上げるために，少数例外に引きずられるべきではないという仮説が含まれている（帰納バイアス：モデルの仮説によるバイアス）．

Equalized Odds においては，センシティブな属性以外について同様な属性値を持つ二つの入力に対して，同等な予測を行うことを目指す．例えば，ある資格を持っている人たちについて，男性でも女性でも採用率が同じであり，かつ，その資格を持っていない人たちについても同様であることを確認する．採用のように 0 か 1 かを出力する二値分類タスクの場合，分類器 h がある出力 Y に関してセンシティブな属性 S に対して条件付き独立であること，つまり S の値がわかっても Y に関する何の情報も得られないということを求める制約となる．

$$\forall s, y \quad [h(X)|S = s, Y = y] = E[h(X)|Y = y] \tag{5.2}$$

上で挙げた二つの定義は，満たすか満たさないかを判断する制約としての定義である．制約を満たさない程度を表現する式を定めれば，不公平度合いを測る指標を定義することができる．例えば，Demographic Parity の場合であれば，人種により期待値が最大でどれだけ異なるかを差や比として測ればよい（下記は差をとる場合）．

$$(\max_s E[h(X)|S = s]) - (\min_s E[h(X)|S = s])$$

公平性については Fairlearn[*7] などのライブラリが登場しているが，具体的な制約や指標の実装は用いるライブラリや実装に依存する．

表 5.1 に採用判断結果の具体例を挙げる．ある採用不採用の判断において，資格の有無と人種による集計をとったものである．この例の場合の公平性評価は以下のようになる．

Demographic Parity 人種 1 の採用率は 63/110=57%，人種 2 の採用率

表 5.1　公平性評価に関する例

	人種 1			**人種 2**		
	資格あり	資格なし	計	資格あり	資格なし	計
採用	60	3	63	12	15	27
不採用	40	7	47	8	35	43
計	100	10	110	20	50	70

*7　https://fairlearn.org/

は27/70=約38%であるため，Demographic Parityは満たされていない．

Equalized Odds 人種にかかわらず，資格がある場合の採用率は60%，資格がない場合の採用率が30%で等しくなっている．このため，Equalized Oddsは満たされている．

この例のように，Demographic ParityとEqualized Oddsは一般的には両立せずトレードオフの関係にある．この例の場合，人種により資格の取得度合いが大きく異なるというバイアス*8が入っている．このため，Equalized Oddsを重視し，人種にかかわらず資格が重要と考えると，結果には人種による差が出てしまうことになる．一方でDemographic Parityを重視する場合，人種ごとの採用率が同等になることを求める．この場合，結果には人種による差がなくなる一方，資格有無の扱いを人種により変えるという手続きの変化が必要となる．後者は「逆差別」として批判されることもありうる．

上述のように，手続きの公平性と結果の公平性など異なる公平性基準の間にはトレードオフの関係があり，ステークホルダとの議論を通して選択する必要が生じる．加えて予測性能と公平性との間にもトレードオフの関係がある．もともとの訓練データやテストデータにおいて人種による採用率の差異など偏りがある場合，公平性を期するために，データ内の「正解」を一部は無視することを求めるようなことになる．また，例外的な少数データの傾向を重視した結果，大多数の傾向に対する予測性能が下がる可能性もある．Fairlearnなど公平性を扱うようなツールでは，モデルの複数の可能性を検討し，これらのトレードオフの関係を探るような機能が提供されている．

なお，センシティブな属性を予測モデルへの入力として使わなければ，公平性が担保されるという単純な話ではない．例えば，人種に関する情報を直接使わなくとも，居住地域などから間接的に人種に差がある予測がなされることが知られている（アメリカの医療費判断システム[6]）．またDemographic Parityを重視する場合，「男女を明示的に意識し，男女の採用率を揃えるような手続きをとる」として，センシティブな属性を明示的に利用しているともとらえられる．予測モデルの入力として人種は使わなくても，評価としては人種を考慮して評価するべきということである．すると当然ながら，顔画像に対する人種や性別など，センシティブな属性に関するメタデータの付与

*8 何か原因があるかもしれないし，今回のデータセットにおける偶然かもしれない．

やデータの十分性判断も，データ収集の時点から検討することが必要になる．

本章執筆時点では，どのようなときにどのような評価観点を用いるべきかについては，一般的な合意はとれていない．公平性はその定義から社会的・文化的な観点を含んでおり，さまざまなステークホルダ，組織および社会の要請に応じて定まるものである．多様なステークホルダの存在を意識し，個々のシステムにおいて何が該当するのかを注意深く検討する必要がある．

5.3.3 頑健性

頑健性 (robustness)（あるいはロバスト性，ロバストネス）とは，一般にノイズなどの外乱に対してシステムが影響を受けない度合いを指す．機械学習の文脈では，外乱を指す言葉として**摂動 (perturbation)** という言葉を用いることが多く，モデルへの入力に対して何かしらの変化があっても，出力が大きく変化せず安定していることを指す．**安定性 (stability)** と呼ぶ場合もある．

頑健性が大きな課題と考えられたのは，DNN が摂動に大きな影響を受けるという報告による [7]．DNN は非常に複雑な関数を表現しているため，入力が近い値同士であっても，出力が大きく変わることがある．図 5.2 に具体的な画像例を引用している．画像分類の性能が高い DNN モデルに対し，写っている物体が「パンダ」であると正しく識別されていた入力画像（図左）があったとする．このときその入力画像に，人にはわからないほどのノイズ（図中央）を入れた画像（図右）を入力として用いると，出力が「テナガザル」に変わるということが十分ありうる．このような例を**敵対的サンプル (adversarial examples)** と呼ぶ．入力に摂動を加えることで，出力を変化させる攻撃だと考えるときは，**敵対的攻撃 (adversarial attack)** という．

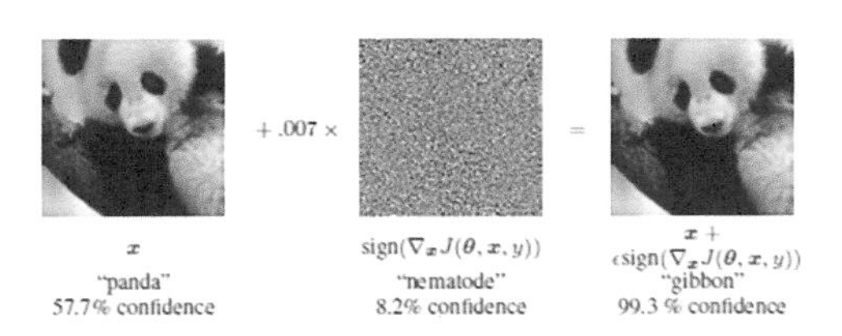

図 5.2 敵対的サンプルの例（Goodfellow らによる文献 [7] Figure 1 を引用）

頑健性は，評価用データセットにおける個々の入力に対して，一定の摂動を加えても出力が大きく変化しない性質として定式化ができる．分類タスクの場合は，出力として選ばれるラベルが，摂動付加の前後で変化しないということを見ればよい．以下の制約は，入力 x に対して大きさが E 以下である摂動 ϵ を加えたとき，分類器 h の出力が元の x に対するものと同じであることを判定する．

$$\forall x, \epsilon \quad h(x+\epsilon) = h(x) \quad \texttt{where} \quad |\epsilon| \leq E \tag{5.3}$$

この定義では事前に決めた摂動の大きさ E に対して頑健であるかどうかを判定しているが，式 (5.3) が成り立ち頑健性がいえるような最大の $E_{\max}$ を求める問題としてとらえてもよい．その場合の $E_{\max}$ を最大安全半径と呼ぶ．式 (5.3) の定義では分類タスクにおいて出力が合致することを確認しているが，回帰タスクの場合，出力の差が一定の閾値以下であることを確認すればよい．

式 (5.3) で，摂動を「足す」という計算や，摂動が「E 以下」という判定の定義は，対象のデータ種別，数学的表現に依存する．例えば画像であれば，画像を表す数値行列の一部をランダムに変えることを $+\epsilon$ と見なし，その変化量 $\leq E$ の判定は，ノルムと呼ばれる行列間の距離で測る．あるいは，微小な回転，拡大縮小，照度の変化，一部分の欠けなどを，より自然に発生しそうな摂動追加 $+\epsilon$ として考えることもある．

摂動を加える操作 $+\epsilon$ についてあまりにも大きな変化としてしまうと，予測結果が変わってしまうことも妥当でありうるし，自然に存在せず運用では現れないような入力になってしまう．このため，ドメイン知識を用いて摂動の上限 E を議論し定めることになる．

5.3.4　アカウンタビリティ

機械学習システム，より広く AI システムについては，**アカウンタビリティ (accountability)** に関する要請が非常に強い．機械学習の性質上 AI システムのあり方や品質について経営責任者や開発者，提供者が利用者など外部のステークホルダに対して説明し，責任を負えるべきということである．顔認証や犯罪予測，医療費やローンに関する意思決定など，個人や社会に大きな影響を与えるシステムが増えていることもあり，倫理や社会の観点から論じられることが多い．アカウンタビリティは品質特性と見なしてもよいが，あらゆる品質特性に関し，その評価や保証のあり方がステークホルダに対して説明され担保されている度合いという，メタな品質特性であるといえる．

トレーサビリティ (traceability)，**透明性 (transparency)** や**再現性 (reproducibility)** も同じように，あらゆる品質特性の評価や説明に関するメタな品質特性としてとらえることができる．

トレーサビリティは，プロダクトやサービスの構築などの過程をたどれる度合いを表す．機械学習システムや AI システムでは，そのような過程をたどれることで，システムが信頼に足るかというトラストに関する判断ができることが主眼におかれている．食品に対するトレーサビリティと同様に消費者・利用者視点での考え方である．一方，従来型ソフトウェアにおいては，例えばどの要求仕様をどの部品が実現しているのかの依存関係をたどれれば，これにより変更時の作業範囲が正しく定まる．このように，開発者による内部の作業を効率化・安定化する特性として考えられてきたことが多かった．

透明性は，システムの設計思想や予想・判断根拠が外部に公開されている度合いを指す．それぞれの品質特性が担保されている理由や程度を外部のステークホルダが判断できるようになっているかどうか，ということである．

再現性は，システムの振る舞いや品質を再現できる度合いを指す．例えば，システムが何か望ましくない振る舞いを示したとして，その振る舞いを再現できる必要がある．機械学習を用いた場合，大量のハイパーパラメータや，ランダム性を持つアルゴリズムを用いるため，それらを意図的に制御し記録するようにしないと，再現性がなくなってしまうという問題が起きがちである．例えば，コマンドライン上でハイパーパラメータを引数として与えた場合に，何もしないとその値が記録されないということがある．

これらアカウンタビリティについては，ステークホルダの要請を踏まえ，品質に関する活動について記録をとることが肝要となる．データの収集からはじまり，訓練パイプラインや推論パイプラインにおいて，継続的な評価やその記録が効率的になされていくような仕組み作りが重要である．

5.4 品質に関するガイドライン

国内では機械学習システムの品質に関するガイドラインが二つ公開されて

いる．一つは QA4AI コンソーシアム*9 による**AI プロダクト品質保証ガイドライン**（以後 QA4AI ガイドライン）[8]，もう一つは産業技術総合研究所が中心となって進めた**機械学習品質マネジメントガイドライン**（以後 AIQM ガイドライン）*10 である [9]．

QA4AI ガイドラインは従来のソフトウェア品質技術者が中心となりまとめたものであり，テスティング技術などの観点から具体的な議論が行われている．AIQM ガイドラインは，新エネルギー・産業技術総合開発機構 (NEDO) の受託事業で取り組まれ，標準仕様のように抽象度が高く規範的な記述になっている．後者のほうが概念としては整理されている一方，前者のほうが具体的な技術や事例についての言及がある．いずれも未確立の分野に挑んだガイドラインであり，半年や 1 年単位で更新され続けている．

5.4.1　QA4AI ガイドライン

QA4AI コンソーシアムは 2019 年 4 月に立ち上がった有志の活動であり，本章執筆時点では企業を中心として 60 を超える団体からの参加がある．従来のソフトウェア品質技術者が多く参加しているため，開発側の視点からテスティング技術などに焦点をおいてガイドラインをまとめている．以下では 2021 年 9 月版の内容を踏まえて紹介する．

QA4AI ガイドライン*11 においてはまず，評価や改善の対象となる品質の軸を 5 つ定め，それぞれについて抽象度が高いチェックリストを提供している．図 5.3 に 5 つの評価軸の関係性を，表 5.2 に各評価における確認項目の例を示す．

品質の軸としては，データ，モデル，システム，プロセス，顧客の期待がある．データ，モデル，およびシステムは開発の成果物である．機械学習においては，訓練やテスティングに用いるデータ，そして構築したモデルが当然品質の軸となる．5.2.2 節でも触れたように，データやモデルを論じる際には明示的な場合分けを検討し，データの十分性や予測性能を評価する必要がある．表 5.2 の例ではほかにも，データの偏りや更新時のモデル評価にも触

*9　http://www.qa4ai.jp/

*10　https://www.cpsec.aist.go.jp/achievements/aiqm/［2022 年 4 月にアクセス］

*11　QA4AI は「AI プロダクト品質保証」(quality assurance for artificial-intelligence-based products and services) を表し，それがコンソーシアムおよびガイドラインの正式名であるが，本書では略称を用いる．

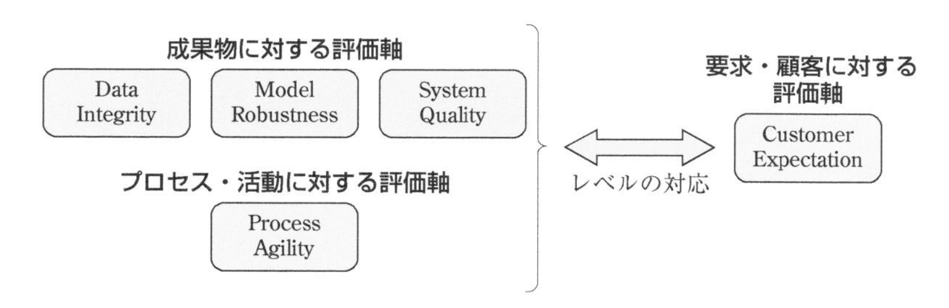

図 5.3 QA4AI ガイドラインにおける品質評価の軸

表 5.2 各軸に対する確認項目の例

Data Integrity	要求および想定する運用環境に対するデータの十分性
	多様なステークホルダや社会に対する潜在的な偏りや汚染の有無
Model Robustness	数学的・意味的・社会的多様性の下での予測性能
	更新時の振る舞いの差分の理解・検証
System Quality	システム全体としての価値の十分性
	AI 部分の失敗によるシステム全体への影響の低減度合い
Process Agility	運用からのフィードバックの取得・分析が行われる度合い
	問題の再現・分析のための状態保存の有無
Customer Expectation	AI の不完全さに起因するリスクを理解・受容している程度
	断言的な説明を求める程度

れている．

利用者が用いるシステムにおいて，モデルは一部品にすぎないこともあるため，モデルを包含するシステム全体も軸の一つとして考えている．モデルの出力をシステム全体が監視したり上書きしたりする，あるいは説明を付与するような場合があり，モデルの品質とシステム全体としての品質とは分けて考える．またシステムについては，広告のクリック率や工場の歩留まりなど，ビジネス上の価値についても評価する必要がある．

以上 3 つが開発者の成果物に関する品質の軸が取り組む対象であるが，QA4AI ガイドラインではさらにプロセスも一つの軸として挙げられている．機械学習システムの開発にはさまざまな不確実性があり，テストや運用を経てわかることや，運用中に変化する点などがあるため，それらに迅速に対応できることに焦点をおいている．

以上 4 つの軸に対してどれだけ高い品質を求めていくかは，顧客の期待に依存する．このため QA4AI ガイドラインでは，最後の軸として顧客の期待についても明示的に評価するように求めている．ここでの顧客の期待とは，直接的には対象のモデルやシステムを発注した顧客の期待であるが，それは利用者の期待や社会の要請を反映したものとしてとらえることになる．表 5.2 の例にあるように，完全さや論理的な断言を求められた場合，機械学習型 AI においては対応が難しいことがあるため，それらの観点を明示的に確認，議論，合意する必要性を示している．

QA4AI ガイドラインには，5.5 節で扱うテスティング技術など，個別の技術カタログなどの情報も含んでいる．また特徴的な内容として，アプリケーションドメインに特化したより具体的なガイドラインを示している．本章執筆時点では，以下の 5 個のドメインについての議論がある．

- 自動運転：さまざまな種類の不確実性を継続的に管理し，リスクを低減するアプローチについての議論．
- 産業用プロセス（プラントでの適用）：ステークホルダ，環境，対応すべき標準や規約の多様性への対応に関する議論．
- 音声インターフェース（スマートスピーカなど）：指示の抽象度などに応じた異なるテスト観点の整理．
- 画像や動画などのコンテンツ生成*12：自然さなどあいまいな要求に対する自動評価の検討．
- OCR（Optical Character Recognition，文字読み取り）：入力画像における記入欄や，ハンコかぶりなどのノイズ要素などの多様性に関する洗い出しの検討．

このように機械学習システム，AI システムといっても多様なドメインがあり，個々のドメインの特徴を踏まえた検討が必要である．またドメインを絞り込むことでより具体的な指針を検討できる．

5.4.2 AIQM ガイドライン

AIQM ガイドライン（正式名称は機械学習品質マネジメントガイドライン）

*12 GAN (generative adversarial networks) をはじめとした生成モデルと呼ばれる技術において分布を学ぶことにより，「自然な新しいコンテンツ」を生成できるようになっている．

は，標準仕様のように抽象度が高く規範的な記述になっている．AIQMガイドラインはまさに5.1.1節で述べた品質特性の考え方に沿っており，以下の内容を定めている．

1. 機械学習技術モデルに関する固有の品質特性
2. 品質特性における外部特性と内部特性の明確化とそれらの関係性の整理
3. 各特性におけるレベルの定義

以降では第2版（2021年7月）の内容に基づきAIQMガイドラインの考え方を示す．AIQMガイドラインにおける構成要素の概観を図5.4に示す．品質特性を，利用者に影響を与える外部品質特性と，開発者が扱う内部品質特性に分けている．

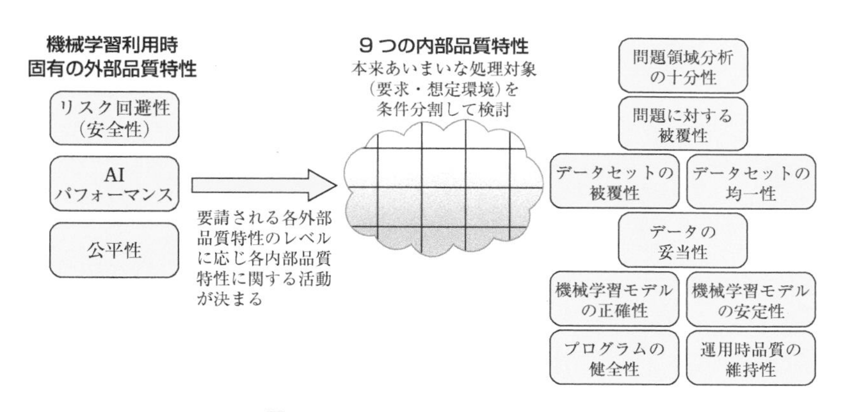

図5.4 AIQMガイドラインの構造

外部品質特性のうち，機械学習固有のものとして，リスク回避性，AIパフォーマンス，公平性の3つを定めている．AIパフォーマンスは精度などの一般的な予測性能評価に該当する．一方で，アプリケーションによっては，特定の誤検出や見落としが重大な危害につながる可能性がある．正解率が95%だとしても，失敗している5%が致命的ということがありうる．この点を扱うのがリスク回避性であり，安全性と呼ぶこともある．公平性はアプリケーションによっては扱わないが，5.3.2節で述べたように重要かつ固有の品質特性であるため取り上げられている．

これらの品質特性を扱うために開発者側では，データやモデルなどの個々の成果物についての内部品質特性を考えていく．AIQM ガイドラインにおける内部品質特性の軸となる考え方は，おおよそ以下のように解釈できる．

機械学習モデルが行う分類や予測の対象を「状況」により「場合分け」することが軸となる．機械学習を用いている対象は，仕様，特にその境界が明確なルールとして書き出せないものである．しかし，品質を定義・評価・改善するためには，言語化，すなわち日本語や数式でとらえることが必要である．例えば，不良品検出であれば，特定の形や大きさの不良品については検出の優先度が高いといったことがあるかもしれない．あるいは，既知のさまざまな形や大きさの不良を一通り検出できるようにしたいかもしれない．すると，「製品の右側に膨らみ，1 cm 以上」といった状況・場合について明示的に意識していく必要がある．別の例として，「冬の夕方における明るさのもとでの製品画像」といった入力の特性も挙げられる．こういった状況を考えることにより，モデルが扱う問題領域を十分に洗い出し明確にする（問題領域分析の十分性）．

この「場合分け」に応じて，データセットの設計に対する議論（問題に対する被覆性），実際に収集したデータセットの評価（データセットの被覆性と均一性）を行うことができる．ここでデータセットの評価にあたっては，「レアケースなども含めてそれぞれの場合に十分なデータがあり，十分な性能が出る」（被覆性）のか，それとも「全体として自然に，運用時に期待される分布をとらえているようにデータがあり，平均性能が高い」（均一性）のかについて，優先度を検討しバランスをとる必要がある．例えば，広告配信や投資判断などでは，レアケースのデータが少なく苦手な状況があっても，大多数の状況で十分な収益が得られていればよいかもしれない．一方で安全性が重要な場合など，レアケースであっても危害が大きくなる状況は，そのレアケースで十分な性能が出る（そのためのデータがある）ことが重要である．

以上のようにして，問題領域からスタートしてデータという媒体を通して品質が議論されていく．データについては，当然ラベリングの正確さなども必要となる（データの妥当性）．

データに関する品質の議論に続く形で，モデルや関連するプログラムの品質へと対象が移っていく．機械学習モデルの予測性能評価については，評価用のデータセットにより直接評価できる性能（機械学習モデルの正確性）だけでなく，摂動への耐性や未知のデータへの挙動などの「機械学習モデルの安定性」にも触れている．未知のデータへの挙動ということまで触れている点は，5.3.3 節で触れた頑健性よりも広い概念を掲げているといえる．安定性については現時点では対応する技術が限られているところではあるものの，リスク回避性を考えると重要な特性であり，将来の技術発展への期待も含めて論じられている．また，ほかにもモデル以外の「プログラムの健全性」と，「運用時品質の維持性」として挙げている．

AIQM ガイドラインではさらに，5.2.1 節で紹介した非機能要求グレードのように，品質レベルも定義している．例えば「機械学習モデルの見落としなどによる事故について，人の監視による回避ができず，発生した場合は軽傷に至る」といったシステムの分類レベルに応じ，3 つの外部品質特性のレベル，それに応じた各内部品質特性において対応すべきレベルについて定められている．

5.4.3 ガイドラインの具体化

ガイドラインを活用する際に最も留意する点は，ガイドラインは一般化された形で，ゆえに抽象的な形での記述を行っているということである．例えば AIQM ガイドラインにおける「状況・場合」というのが，各システムではどういう側面となるのかは，個別の検討が必要となる．

加えて，ガイドラインの内容のうちどこまでを採用するかも，各組織やプロジェクトに依存するであろう．特に機械学習システムの品質については技術がまだ確立されていない一方で，ガイドラインは将来を見据えて規範的に記述されている．このため，ガイドラインのすべてを実施しようとすると，現状の開発現場において行われていることよりずっと高度なことを行うことになり，費用対効果が見合わないことがありうる．

ガイドライン適用にあたっての具体化は，特定のドメイン（業界）や，企業などの組織，あるいはプロジェクト単位において取り組んでいく必要がある．QA4AI ガイドラインは，5 つのドメインについて個別に論じている．また，AIQM ガイドラインを，プラント応用向けに具体化したガイドラインもある [10]．例えば，配管の肉厚予測においては，腐食の種類によって認識対象を明確化するというような具体例が挙げられている．

一方，機械学習の品質に限らず，特定ドメインにおけるガイドラインにおいて，機械学習について言及されている場合もある．例えば，**SaFAD (Safety First for Automated Driving)** は，レベル 3 または 4 の自動運転における安全性論証の考え方をまとめたガイドラインである [11]．レベル 3 または 4 の自動運転とは，一定の条件下では，運転手ではなくシステムが責任を持つような形態を指す．ここでの **V&V (Verification & Validation)** における困難な課題の一つとして，機械学習システムの妥当性確認が挙げられている．SaFAD の付録では，天気や背景などの属性で DNN の仕様範囲を定義することなどを示している．また留意点として，学習が不十分な入力データ領域に対しても高い確信度を出す可能性や，必ずしも意味のある特徴量で識別や予測が行われているとは限らないことなどにも言及がある．

自動運転ではその安全性への要求の高さから，SaFAD に限らず，機械学習によるサブシステムに対する議論が活発に行われている．AIQM ガイドラインで考えたような「状況・場合」が非常に多様であること，カメラからの画像を用いた障害物検出・識別など機械学習を用いた機能が大きなシステムにおける一部品となることが自動運転の特徴である．

同じく自動運転を対象とした標準として，ANSI/UL 4600 がある．正確には，自動運転に限らず自律プロダクトを対象とした標準である．機械学習システムに限らず，システムの品質については，開発者内で共有・議論したり，第三者に説明したりすることが重要である．そのためには，品質を示すというゴールをどう解釈してどう具体化し，サブゴールに分解するとともに，具体的な検証手段あるいは証拠を示すか，という論証モデルが有効である．すなわち，1.4.2 節で示した保証ケースのアプローチである．ANSI/UL 4600 では，機械学習モデル固有の性質を踏まえて，どのように保証ケースの妥当性を担保するかについての要件を示している．

5.5 従来のテスト・検証技術の展開

従来のソフトウェアシステムにおいて，リリース後の不具合発生を可能な限り少なくしていくことは非常に重要な課題である．このため，テストやデバッグのための原則や技術は，産学ともに非常に盛んに追求されてきた．これらの原則や技術は，品質の保証・管理の指針を明確化し，効率・効果・安定性を高めるものであるため，機械学習モデル，特に DNN に対して適用しようという試みが盛んに行われている [12,13].

ここで機械学習を用いたシステムと従来のソフトウェアシステムに対するテスティングの考え方の違いを3点挙げる.

第一に，従来のソフトウェアプログラムにおいては，出力が正しい値でなければ，通常何かしらの不具合の存在を意味し，実装の修正が必要となる．一方で，機械学習システムにおいては，正解率は100%にはなりえず，実装がもし適切であったとしても出力は正しい値とならないことがある．ゆえに性能指標を評価する一方で，実装ミスなど開発者の瑕疵(かし)といえる問題があってもその影響が強く表れない場合があり，気づかない可能性もある.

第二に，機械学習システムを適用する問題においては，出力の期待値（正解値）を定めることが困難あるいは不可能であることが多い．教師あり学習の一部については，人間であればある入力に対する出力の期待値を明確に定めることができるかもしれない．しかしその場合も，ラベルづけはコストを要する作業であり，多数のテスト入力に対して期待値を用意することは困難である．給与の予測などにおいては，過去のデータにおいて正解例が一つ存在するが，未知のデータに対しては人間も明確に期待値を定められない．本書では扱っていないが，教師なし学習による知識抽出や推薦などでは，そもそも人間が知りたい情報をデータから得るため，これもあらかじめ期待値を用意できない．ソフトウェア工学分野においては，こういった状況は「テスト不可能 (untestable) プログラム」や「オラクル問題」と呼ばれている．テストオラクルあるいは単に**オラクル (oracle)** とは，「神託」のような意味を持つ単語であるが，テストの成否を判断する根拠となるものを指す用語である.

コラム バグの定義

機械学習システムと従来の典型的なソフトウェアシステムとの違いとして，「バグ」の定義が不明確になりがちといわれる．前提となる用語として，Error，Fault，Failure という3つの用語がある.

Error：出力などの観測値と期待値が異なる事象
Fault：プログラムやデータにおける誤りや，機械部品の誤動作や故障など，機能が遂行できなくなる要因
Failure：要求を満たさない事象

「プログラム内において本来 >= を使うべきところが > になっている」というのは Fault で，その結果「250 円と表示されるべきところ 200 円と表示される」のは Error である．これが要求違反であれば，Failure が発生したといえる．「バグ」や「欠陥」という用語を合わせて定義することもあるが，これらの語は日常用語でもあり，要因である Fault を指していることも，結果である Failure を指していることもある．

機械学習システムでは，性能限界のため Error が一定の度合いで生じる．このため Failure か否かの判断は，1 回の Error 発生でなく，複数回の実行に対する予測性能のメトリクスにより判断される．しかし高い予測性能の実現は難しく，また厳密な閾値も決めがたいため，「正解率 92%では不適切」と一概に断言しかねることが多い．このように，受容可否判断という観点から「バグの定義が不明確である」といえる．

さらに，Error の発生要因が性能限界である可能性があるため，Failure が発生しても，開発者の成果物内に Fault があるとは限らない．逆に，コードやハイパーパラメータが当初の設計書と異なる場合，これは Fault と見なせうるが，それでも要求を充足したり，むしろ予測性能が高くなったりすることもありうる．このように，成果物の正しさの判断という観点でも「バグの定義が不明確である」といえる．

結局，要求充足を議論・確認する（Failure の可能性を探る），成果物の妥当性を議論・確認する（Fault の可能性を探る）ということを区別しつつ，双方の活動を連動させながら探っていくことになるのであろう．

第三に，従来のソフトウェアシステムでは，関数・メソッドやクラス・モジュールといった小さな単位でテストをして，それらの単位での動作を確認してからより大きな単位でのテストを行う（単体テストと統合テスト）．いきなり複数要素を含む大きな単位でテストをしてしまうと，不具合があった場合の原因追及が困難であるためである．このように，複雑さの分解，特に原因追及をいかに容易にするかを重視している．一方で，機械学習モデルは，さまざまな状況下のさまざまな対象を扱う一つの大きな部品である．例えば，一つのモデルは，歩行者，車，信号など多数の物体を，都市部，山間部など多様な状況下で検知する部品となる．基本的には，部分に分け，正しさを確認しながら少しずつ対象範囲を広げるようなテスティングにより，複雑さの低減や問題の切り分けをすることができない．

以降では，ソフトウェアシステムに対するテスティング技術を機械学習モデルや機械学習システムに展開する試みについて紹介する．いずれも本章執筆時点では確立した技術ではないが，考え方はぜひ把握していただきたい．

5.5.1 頑健性に関する検査

5.3.3 節で述べた頑健性については，テスティング技術により評価および敵対的サンプルの検出が広く行われている．単純には，手元にある入力データのそれぞれに対して，一定の摂動を加えて出力の変化がないか，あるいは変化が大きすぎないかを調べればよい．さらに，どの入力データを用い，どのような摂動を加えるかについては，出力の変化が起きやすい，例えば損失が大きくなるように勾配をとるなどして，ランダムではなく誘導をかけていってもよい．そのような手法の一つとして **Fast Gradient Sign Method (FGSM)**[7] があり，PyTorch などの代表的なフレームワークでも実装が提供されている．

図 5.5 に，一つの数字の認識において汚れや回転などの摂動を人工的な変換操作として加え，結果が変わらないことを確認する例を示す．摂動についてあまりにも大きな変化としてしまうと，当然予測結果は変わってしまうし，自然に存在せず運用では現れないような入力になってしまうことがある点に注意する．ドメイン知識も踏まえ，運用で現れうる自然な摂動について議論する必要がある．運用を継続しながらのデータ分析により把握する必要もある．

頑健性を満たさないような入力画像，つまり元の画像に摂動を加えたものが検出された場合，それを訓練に用いることで頑健性を高めることが期待できる．検査に限らず訓練まで行うアプローチを**敵対的訓練 (adversarial training)**

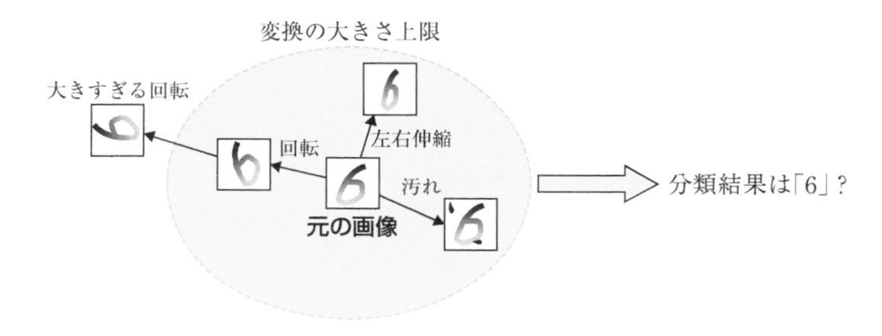

図 5.5 摂動付加による頑健性テスティング

と呼ぶ.

5.5.2 形式検証

従来のソフトウェアに対する**形式検証 (formal verification)** と呼ばれるアプローチでは，数理論理学を活用して強力な検査がなされてきた．例えば，ある論理式を真とするような変数値の組が存在するかどうかを高速に判定するようなソルバ*13 を用い，検査対象のプログラムを論理式に変換することで網羅的な検査を行う．もしも論理式を満たさない可能性がある場合には，その具体例（反例）をソルバが生成できるため，検査結果は基本的には「網羅検査して問題なかった」あるいは「問題があるのは具体的にはこの一例」のいずれかとなる（実行時間やメモリが不足するケースもある）.

同様のアプローチを機械学習モデルに対して適用することも検討されている．対象がランダムフォレストなど決定木に基づくモデルである場合，結局はプログラムのように条件分岐の組み合わせで表現できるため，ソルバによる網羅的な検査が可能である [14]．ここでの検査対象は，入出力に関する仕様，例えば $x_1 > 10 \Rightarrow y = 0$ のように，「特定の条件下では必ず決まった分類がなされる」といった性質がある．また，ある一つの入力に対して，一定範囲の摂動を加えても結果が変わらないという頑健性に対し，「その範囲の摂動ならどんな摂動でも問題ない」ことを確認する網羅的な検査が可能である.

DNN に対しても同様な網羅的な検査を実現しようとする取り組みがなされている [15, 16]．DNN の内部構造のうち活性化関数が，一般のソルバが想定しているような演算から外れる部分となるので，その部分を扱うように拡張することになる．ただし，形式検証にはスケーラビリティの懸念がある．特に DNN を対象とする場合，近似により誤検出の可能性が出てきたり，あまりにも大きなネットワークでは検証時間やメモリが不足して完了しなかったりすることがある.

5.5.3 DNN に対するテスト評価指標

従来プログラムに対しては，テストの適切さを測る指標として**カバレッジ**の概念が広く用いられている．実施したテストスイート（テストケースの集ま

*13 論理式を扱う SAT ソルバ（SAT は satisfiability の意）や，論理式内の実数や文字列などさまざまな種別の条件式を扱う SMT ソルバ（SMT は satisfiability modulo thoery の意）がある.

り）により，プログラム内の構成要素がどれだけ実行されたかを計測することで，そのテストスイートの適切さ，特に多様性や十分性を計測する．最も普及しているカバレッジ指標は，プログラム内の各文をどれだけ実行したか（ステートメントカバレッジ）や，条件分岐の可能性をどれだけ実行したか（ブランチカバレッジ）である．信頼性が最重要となる航空業界などでは，条件分岐の判断に含まれる個々の論理式の真・偽それぞれが判断に影響するすべての場合まで考える（MC/DC*14）．

このようにテストスイートの適切さを評価する指標があれば，テストスイートの評価や改善を明確に行うことができる．ポイントとしては，これらの指標は対象プログラムの内部構造に依存した評価となっていることである（**ホワイトボックステスティング**）．要求の観点ではなく，「実装されているもの」を踏まえてテストの多様性や十分性を測るということである．またカバレッジを高めるようなテストスイートを作成する自動テスト生成技術もさまざまなアプローチが確立しており，制約ソルバとランダム実行などを組み合わせるConcolic Testingや，メタヒューリスティクスによる最適化を用いるSearch-based Testingがある．

DNNに対しても同様にテストの適切さを測る指標が提案されている．テストスイート（機械学習用語ではテストデータセット）を実行した際に，DNNの「多様な」内部挙動が引き起こされたかを測ることとなる．この考え方は，DeepXploreというツールにおいて**ニューロンカバレッジ**として2018年に初めて導入された[17]．ニューロンカバレッジでは，テストスイートの実行により1回でも発火した（出力が閾値を超えた）ニューロンの割合を測る．図5.6に考え方を示す．

当初のニューロンカバレッジの定義は単純であり，発火の有無しか見ておらず，複数ニューロン間の関係性もとらえられていない．その後，出力値の大小をより詳細に評価したり，レイヤ単位での発火パターンをとらえたりするカバレッジ指標も提案されている[18]．こういった指標は，確かにデータの多様性の増加と連動していることが示されている．

---

*14 MC/DCは，modified condition decision coverageの意である．例えばif A and Bという条件分岐があったとき，A, Bがそれぞれtrueになる場合，falseになる場合をテストしたい．このときに(A, B)=(false, false)としてしまうと，Aの評価の時点で分岐が定まりBの情報は用いられない．MC/DCにおいては，このような状況は「Bがfalseの場合をテストした」とは見なさない．

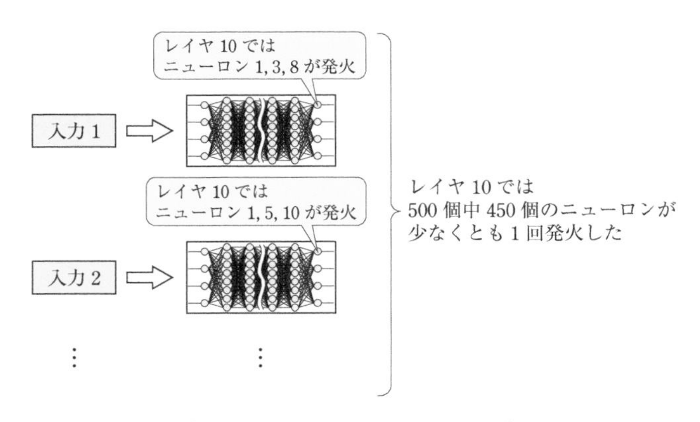

図5.6 ニューロンカバレッジの概念

一方で，人が意図をもって分岐条件などを設計した従来プログラムと比べて，DNNの内部構造は冗長性（必要以上のサイズ）があり，各ニューロンの役割も不明確である．このため，運用時の自然な入力に対して必ずしもすべてのニューロンの挙動が起こされるわけではなく，それらをすべて検査すべきということでもない．より多様な挙動を引き起こすことはできるが，従来のプログラムのようにテストの十分性を測るために用いるものではないであろう．またDNNに対する各種カバレッジ指標の意義や有効性についてはまだ調査段階であり，入力生成手法やモデルへの依存性などの疑問が呈されていることには留意されたい [19].

カバレッジの考え方は,「テストの適切さ」を測る一つの観点である．別の観点として，DNNの挙動（ニューロンの発火パターン）の観点から，テストデータが訓練データとどれだけ異なるかを測定するような試みもある [20].単にデータ間の距離を見るのではなく，テスト対象のDNNの挙動の差を見ることで,「モデルから見たデータの違い」をとらえている．

カバレッジ指標など「テストの適切さ」を測る指標は，そのような指標の値を高くするようにテスト入力を自動生成する技術とともに提案されていることが多い．多くの場合は画像を扱っており，5.5.1節で述べたように，既存の入力画像に対して摂動追加を行うことで新たな入力画像を多数生成できる．そのときに，入力画像の集合が高いカバレッジ値を持つとともに,「望ましくない出力」が起きるように入力画像の集合を作ることもできる．ここでの「望ましくない出力」とは，例えば元の画像に対する出力に対して摂動により大きく出力が変わる，つまり頑健でないようなケースが考えられる．DeepXploreでは**N-version プログラミング**というアプローチに従い，同じタスクを扱うほかのモデルと出力が異なるケースに着目する．このように，カバレッジと，出力の「望ましくない度合い」との双方を最大化することで，多様なテストにより多様な問題を検出できる．このような技術は学術研究において多数の取り組みがあり，興味がある方は2020年前後のサーベイ論文[12,13]や最新の論文を参照していただきたい．

5.5.4 メタモルフィックテスティング

5.5節のはじめに述べたように，機械学習モデルのテストを考える際，各入力に対する正解を定めるのが困難あるいは不可能である．このオラクル問題は，学習アルゴリズムの実装など訓練パイプラインのテストを考える場合にも現れる．訓練データやハイパーパラメータを入力として，モデルを出力とする訓練パイプラインを品質評価の対象とする場合である．このときに，ある入力から訓練を通して得られるべきモデルの期待値（正解）は定まらない．

このようなオラクル問題は，数値計算やシミュレーション，画像処理などにおいて以前から存在している．オラクルがない場合，疑似オラクルという形で「出力の正解」というわけではないが，比較や評価に利用できるものを考えることになる．例えば上述のN-version プログラミングは，同じ機能に対して複数の実装を用意し，テスト対象とそれらの実装との出力を比較する．

メタモルフィックテスティングは，オラクル問題に対して追求されてきたもう一つのアプローチである[21]．図5.7にメタモルフィックテスティング

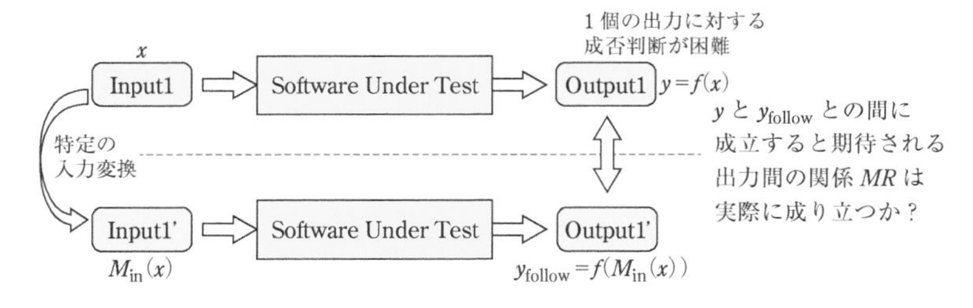

図5.7 メタモルフィックテスティング

の概念を示す．通常のテストでは，ある入力 x に対して，出力の期待値 y_{exp} を定める．この期待値と，実際に x を入力としてテスト対象を実行した結果 $y = f(x)$ とを比較するようなアサーションをもってテスト成否を判断する．しかしここでの問題は，y_{exp} の定義が困難あるいは不可能であるということである．このときに，「入力をこう変えると出力はこう変わるはず」という関係を持ち出して，その関係によってテスト成否を判断するのがメタモルフィックテスティングである．すなわち，「入力 x に特定の変化を与えて $M_{\mathrm{in}}(x)$ としたとき，x を入力としたときの出力 y と $M_{\mathrm{in}}(x)$ を入力としたときの出力 y_{follow} との間に特定の関係 MR が成り立つはずだ」といえるような変換 M_{in} を定める．

$$y = f(x) \wedge y_{\mathrm{follow}} = f(M_{\mathrm{in}}(x)) \Rightarrow (y, y_{\mathrm{follow}}) \in MR \tag{5.4}$$

簡単な例として，f として sin 関数を考えてみる．このとき成り立つメタモルフィック関係の例を二つ示す．

$$y = \sin(x) \wedge y_{\mathrm{follow}} = \sin(-x) \Rightarrow y = -y_{\mathrm{follow}} \tag{5.5}$$

$$y = \sin(x) \wedge y_{\mathrm{follow}} = \sin(\pi - x) \Rightarrow y = y_{\mathrm{follow}} \tag{5.6}$$

もしも，ある x について sin 関数を計算して得られた結果値 y について，それが正解かどうかは検査できないとする[*15]．しかしその場合でも，その x に (-1) をかけて sin 関数を計算したならば，y に (-1) をかけた結果と合致するはずであり，その検査はテストとして実行できる．あるいは，$\pi - x$ に対して sin 関数を計算するとその結果は y に合致するはずである．このようにメタモルフィックテスティングは，一つのテストケース（成否判断はできなくてもよい）から，新たなテストケースを生成する技術であり，そのように生成されたテストは**フォローアップテストケース**と呼ぶ．今回の sin 関数であれば，テスト対象の数学的な性質からフォローアップテストケースを定めており，フォローアップテストケースの実行結果が失敗となれば，何かの誤りがあることが示唆される．ここでの誤りは，実装ミスなどの欠陥のこともあれば，対象に対する誤解ということもある．

機械学習モデルに対してメタモルフィックテスティングを考える場合，最

---

*15 これは「もしも」である．現在は sin 関数を計算するライブラリ，あるいは近似関数の定義は多数得られるため，実際はそれらを使った結果と比較すればよい．

もわかりやすいのは，「入力に小さな摂動を加えても，出力はほとんど変化しない」というものである．例えば画像分類において，「入力となる画像に対して，傾きやノイズなどを加えても，出力のラベルが変化しない（あるいはラベルを選ぶのに用いられる確率値の変化が一定値以下である）」という関係が考えられる．これは，メタモルフィックテスティングでもあり，5.5.1 節で述べた頑健性テスティングであるともいえる．

なお，メタモルフィックテスティングの考え方では，元の入力画像に正解が与えられていなくてもかまわない．ラベルづけのコストはとれないが，入力はたくさん集められるような場合でも大量にテストが実行できるということである．ここで，「元の入力に対して出力は不正解だったが，摂動追加により出力が正解に変わる」という可能性もありうる．評価実験では，ほとんどの場合，正解が不正解に変わる不適切な変化を検出できることが報告されている [22]．

上記の例では，オラクル問題への対処というよりも，頑健性テスティングという側面が強かった．一方で，オラクル問題に対処し，実装ミスなどに気づくきっかけを設けるためにメタモルフィックテスティングを用いた取り組みもある．この場合，対象は機械学習モデルだけでなく，訓練パイプラインなどであってもかまわない．例えば，入力となるデータセットに，転置や RGB チャネルの入れ替えを行ってから訓練と評価を実施し分類結果を得ると，元のデータセットを用いた訓練と評価で得た分類結果と合致することを確認する．これは，訓練パイプラインにおける実装ミスを検出するためのメタモルフィックテスティング事例である [23]．

5.5.5　デバッグ支援への展望

従来型ソフトウェアに対しては，テストだけでなくデバッグ，すなわち，不具合の原因を探り修正するための技術も盛んに研究されてきた．テスト結果を分析することにより，**不具合箇所を推定する技術 (fault localization)** や，与えられたテストスイートをパスするようなプログラム修正を探索する**自動修正技術 (automated program repair)** については，現場に広く普及しているとまではいかないが，一定の成果が出ている *16．

*16　例えば Facebook のモバイルアプリ開発では，プログラム自動修正のためのツール SapFix が導入されているといわれている．

機械学習モデル，特にDNNが性能要求を満たさない場合の修正は非常に困難である．データを収集・追加しての再訓練には大きなコストがかかる．また訓練により意図通りの変更を行うことが難しい．AIQMガイドラインに示されているように，特定の状況における性能を向上することが求められるとしても，その状況の訓練データを増やせば性能が容易に上がるわけでもなく，また他の状況での性能が悪化する可能性もある．

DNNあるいは機械学習モデル全般についても，望ましくない振る舞いの原因を把握し，その原因に応じた修正を行うような技術が必要であろう．本章執筆時点においても，DNNにおける各ニューロンの役割を推定することで，DNNを単純に再訓練するのではなく，重みを調整すべきニューロンや調整内容を決めるような手法の研究も行われている[24,25]．

5.6　本章のまとめ

ここまでさまざまな機械学習システムの品質に関するガイドラインや技術について論じてきた．それぞれの原則・技術は「こうしなさい」ということを明確に述べているが，本来あいまいで不確かなシステムをなんとか疑似的・近似的にでも明確に言語化して評価する取り組みであるともいえる．機械学習システムの品質において，最も留意すべき点はそのあいまいさ・不確実性である．以下では二つの観点から不確実性への対処について述べる．

第一に，機械学習システムの品質に関する不確実性として，開発過程そして運用中において，達成・維持できる品質の見通しが難しい．このため，多くの試行錯誤が発生するとともに，フィードバックを受けての事後対応も多くなる．すると本章で述べたような評価について，効率的に反復できるようにシステム化や体制整備を行うことが重要となる．品質を論じる観点としては，システムにおいて重要な品質特性をステークホルダと明確化するとともに，自動化されたテストや仮説検定といった実装手段まで落とし込むことが最も重要であるといえる．

第二に，高い不確実性，そして機械学習の不完全性（正解率100%はありえないこと）は，ステークホルダにおける不安感につながりやすい．これについても，機械学習技術の本質的な限界を理解してもらい，リスクが存在するうえで効果が十分に得られることを確認するほかない．この際にもやはり，システムにおいて重要な品質特性を議論し明確化することが必要である．もちろん「重要な品質」をすべて実現できるとは限らないため，効果と実現可能性の「落とし所」を反復的に追求していく．

以上のように，品質管理においては，「仮説としての要求をその時点の知見から最大限明確にし，その重要性や実現可能性を検証して仮説の見直しをしていく」ことが最も本質的な原則である．これは機械学習システムに限らず，あらゆる活動において当然必要なことではあるが，機械学習システムの産業展開においては特に意識が必要なこととして突きつけられている．

B i b l i o g r a p h y

参考文献

[1] 情報処理推進機構．非機能要求グレード 2018. https://www.ipa.go.jp/sec/softwareengineering/std/ent03-b.html

[2] H. Kuwajima and F. Ishikawa. Adapting SQuaRE for quality assessment of artificial intelligence systems. *The 30th International Symposium on Software Reliability Engineering (ISSRE 2019 Industry Tack)*, 13–18, 2019.

[3] High-Level Expert Group on AI. European Commission, Ethics guidelines for trustworthy AI. 2019. https://digital-strategy.ec.europa.eu/en/library/ethics-guidelines-trustworthy-ai

[4] N. Mehrabi, F. Morstatter, N. Saxena, K. Lerman, A. Galstyan. A survey on bias and fairness in machine learning. *ACM Computing Surveys*, 54(6), 1–35, 2022.

[5] A. Agarwal, A. Beygelzimer, M. Dudik, J. Langford, H. Wallach. A reductions approach to fair classification. *The 35th International Conference on Machine Learning Conference (ICML 2018)*, 2018.

[6] Z. Obermeyer, B. Powers, C. Vogeli, S. Mullainathan. Dissecting racial bias in an algorithm used to manage the health of populations. *Science*, 366(6464), 447–453, 2019.

[7] I. Goodfellow J. Shlens, C. Szegedy. Explaining and harnessing adversarial examples, *International Conference on Learning Representations (ICLR 2015)*, 2015.

[8] AI プロダクト品質保証コンソーシアム．AI プロダクト品質保証ガイドライン 2021.09 版．http://www.qa4ai.jp/

[9] 産業技術総合研究所サイバーフィジカルセキュリティ研究センター．機械学習品質マネジメントガイドライン 第 2 版．https://www.cpsec.aist.go.jp/achievements/aiqm/

[10] 石油コンビナート等災害防止 3 省連絡会議．プラント保安分野 AI 信頼性評価ガイドライン．https://www.meti.go.jp/press/2020/11/20201117001/20201117001.html

[11] Safety First for Automated Driving. `https://www.daimler.com/innovation/case/autonomous/safety-first-for-automated-driving-2.html`

[12] J. M. Zhang, M. Harman, L. Ma, Y. Liu. Machine learning testing: Survey, landscapes and horizons. *IEEE Transactions on Software Engineering*, 2020.

[13] V. Riccio, G. Jahangirova, A. Stocco, N. Humbatova, M. Weiss, P. Tonella. Testing machine learning based systems: A systematic mapping. *Empirical Software Engineering*, 25, 5193–5254, 2020.

[14] J. Törnblom and S. Nadjm-Tehrani. Formal verification of random forests in safety-critical applications. *Formal Techniques for Safety-Critical Systems (FTSCS 2018)*, 55–71, 2018.

[15] G. Katz, C. Barrett, D. Dill, K. Julian, M. Kochenderfer. Reluplex: An Efficient SMT solver for verifying deep neural networks. *International Conference on Computer Aided Verification (CAV 2017)*, 97–117, 2017.

[16] G. Singh, T. Gehr, M. Mirman, M. Püschel, M. Vechev. Fast and effective robustness certification. In *Advances in Neural Information Processing Systems 31 (NeurIPS 2018)*, 2018.

[17] K. Pei, Y. Cao, J. Yang, S. Jana. DeepXplore: Automated whitebox testing of deep learning systems. *The 26th Symposium on Operating Systems Principles (SOSP 2017)*, 1–18, 2017.

[18] L. Ma, F. Juefei-Xu, F. Zhang, J. Sun, M. Xue, B. Li, C. Chen, T. Su, L. Li, Y. Liu, J. Zhao, Y. Wang. DeepGauge: Multi-granularity testing criteria for deep learning systems. *The 33rd ACM/IEEE International Conference on Automated Software Engineering (ASE 2018)*, 120–131, 2018.

[19] F. Harel-Canada, L. Wang, M. A. Gulzar, Q. Gu, M. Kim. Is neuron coverage a meaningful measure for testing deep neural networks?. *The 28th ACM Joint Meeting on European Software Engineering Conference and Symposium on the Foundations of Software Engineering (ESEC/FSE 2020)*, 851–862, 2020.

[20] J. Kim, R. Feldt, S. Yoo. Guiding deep learning system testing using surprise adequacy. *The 41st International Conference on Software Engineering (ICSE 2019)*, 1039–1049, 2019.

[21] S. Segura, G. Fraser, A. B. Sanchez, A. Ruiz-Cortés. A survey on metamorphic testing. *IEEE Transactions on Software Engineering*, 42(9), 805–824, 2016.

[22] Y. Tian, K. Pei, S. Jana, B. Ray. DeepTest: Automated testing of deep-neural-

network-driven autonomous cars. *The 40th International Conference on Software Engineering (ICSE 2018)*, 303–314, 2018.

[23] A. Dwarakanath, M. Ahuja, S. Sikand, R. M. Rao, R. P. Jagadeesh Chandra Bose, N. Dubash, and S. Podder. Identifying implementation bugs in machine learning based image classifiers using metamorphic testing. *The 27th ACM SIGSOFT International Symposium on Software Testing and Analysis (ISSTA 2018)*, 118–128, 2018.

[24] H. Zhang and W. K. Chan. Apricot: A weight-adaptation approach to fixing deep learning models. *The 34th IEEE/ACM International Conference on Automated Software Engineering (ASE 2019)*, 376–387, 2019.

[25] M. Duran, XY. Zhang, P. Arcaini, F. Ishikawa. What to blame?: On the granularity of fault localization for deep neural networks. *The 32nd International Symposium on Software Reliability Engineering (ISSRE 2021 Practical Experience Reports)*, 264–275, 2021.

Chapter 6

機械学習モデルの説明法

原　聡（大阪大学）

機械学習モデルに対して，その出力の説明根拠や理由を「説明する」技術について論じる．異なる技術アプローチの仕組みと特性を理解することを重視する．

6.1　本章について

データから予測精度の高いモデルを学習する機械学習技術は年々着実に進歩を続け，古典的な線形モデルや決定木から，サポートベクトルマシン，ランダムフォレスト，そして深層学習モデルへと発展を遂げてきた．しかし，この発展の過程において機械学習モデル内部で行われる計算は複雑になり，高い精度で予測ができるものの，その予測の判断根拠を人間が理解することが困難になってきた．本章では，このような複雑なモデルの判断根拠を人間が理解できる形で「説明する」技術について紹介する．これらの技術はXAI (eXplainable AI) 技術という呼び名でも広く知られている．

6.1.1　モデルのブラックボックス性と説明

深層学習モデルをはじめ「機械学習モデルはブラックボックスである」といわれることが多い．ここでは，機械学習モデルにおける「ブラックボックス」とは具体的にどのような状況を指すのかについて述べる．

機械学習モデルの「ブラックボックス」は従来の意味での「ブラックボックス」とは厳密には異なることに注意が必要である．『三省堂 大辞林 第三版』によれば，「ブラックボックス」とは「使い方だけわかっていて，動作原理のわからない装置」を指す．これに対し，機械学習モデルは計算機上で実装されるプログラムであるため，その内部の計算の仕組み・手順はプログラムとして記述され，また実行時の内部の各計算結果にもアクセス可能である．そのため，けっして人間にとって「動作原理のわからない装置」ではない．機械学習モデルにおける「ブラックボックス」とは，多くの場合において (1) 学習されたモデルの持つ膨大なパラメータの具体的な値の意味が人間には理解できないこと，そして (2) これら膨大なパラメータから導き出される予測の判断根拠を人間が直感的または論理的に理解できないこと，の 2 点（またはそのどちらか）を指す．つまり，機械学習モデルに対して「その計算の意味や妥当性を人間が理解できない」ことを指して「ブラックボックス」といわれている．

機械学習における「説明」の目的はモデルのブラックボックス性を解消すること，すなわち「その計算の意味や妥当性を人間が理解できるようにすること」である．通常の機械学習モデルでは，与えられた入力に対してモデルが計算した予測値が返ってくる．これに対し「モデルを説明する」とは，予測値のほかに「予測の判断根拠となる補助情報」をユーザにフィードバックすることに相当する．ここで注意すべきことは，どのような補助情報をフィードバックするとよいか，という点に任意性があることである．そのため「モデルの説明法」はフィードバックしたい補助情報の種類だけ存在する．どのような情報をフィードバックすべきかについては，「フィードバックする相手が誰か（経営層，エンジニア，エンドユーザなど）」や「扱っているデータや問題が何か」に応じて変わってくる [1,2]．そのため，「モデルの説明法」は「誰に対して何をフィードバックしたいか」を適切に検討したうえで使い分ける必要がある．説明法はユーザがほしい情報を何でも教えてくれる万能の技術ではない．説明法は目的に応じたさまざまな手法群からなるいわばツールボックスであり，ツールボックスをいかに使いこなすかはユーザ次第である．

6.1.2 説明が必要な場合・不要な場合

どのような場合に機械学習モデルの判断根拠を人間に理解できるようにす

る必要があるだろうか．注意すべきことは「モデルがブラックボックスのままでも問題がない状況」が少なからず存在することである．このような場合にまで説明を求める必要はない．そのため，どのような場合に説明が必要で，どのような場合に不要かをきちんと見極める必要がある．以下では，いくつかの代表的なケースを紹介する．

説明が必要な場合

人間の意思決定の補助に機械学習モデルを使う場合に，「モデルの予測の判断根拠となる補助情報」を説明として求められることが多い[3,4]．例えば医療従事者が「患者の病名」や「患者の今後の容体変化」を予測する機械学習モデルを使う場合を考える．この場合，医療従事者は患者に適切な処置を施すために病名や重症度を適切に見極める必要がある．しかし，機械学習モデルの予測は完璧ではなく一定の割合で誤りも含まれる*1．そのため，医療従事者は機械学習モデルの予測を安易に信用して採用することはできない．このような場合には，機械学習モデルの予測が信頼に足るものか否かを医療従事者が判断できるようにするため，「モデルの予測の判断根拠となる補助情報」が説明として求められる．上記の例のほかにも，司法や金融，教育など我々の人生にかかわる意思決定の補助に機械学習モデルを使う場合には特に説明が要求される傾向がある．

説明が不要な場合

モデルが誤判断をしても問題ない／損失が小さい場合には，説明が不要な場合が多い．例えば，スマートフォンなどのカメラにおける顔認識モデルでは，顔の認識漏れがあってもユーザがカメラの設定を調整したり，または事後的に登録し直したりするなどしてモデルの誤認識を補正できる．このような場合，ユーザエクスペリエンスに影響するのはモデルの認識精度の高さであり，誤認識の理由をユーザに説明することではない．

当然ながら説明以外のより直接的な対処方法がある場合にも，説明は不要である．例えば，モデルが性別や人種などのユーザ属性に基づく差別的な判断をしているかどうかを調べる場合を考える．この場合，説明を通じてモデ

*1 今後，より予測精度の高い機械学習モデルが登場することで，プロの医療従事者よりも高い精度でこれらの見極めが可能になると期待されている．すでにいくつかの研究ではプロの医療従事者よりも機械学習モデルのほうが高い精度でこれらの見極めができる可能性が報告されている．しかし，現時点ではこれらの研究評価の適切さに疑問を呈する声も少なくない．

ルの判断根拠が性別や人種と紐づいているかを調べる方法が考えられる．しかし，モデルの差別度合い（または公平性）にはいくつか代表的な統計的な指標[5]があり，これらをデータから直接計算することでモデルの判断と性別や人種などの属性が関係あるかどうかを調べることができる．このように目的に対して直接的な指標が計算できる場合，必ずしも説明を通じてモデルの判断根拠を調べる必要はない．

上記の例のほかにも説明の導入が高コストな場合にも，説明は不要ないし導入には慎重になるべきである．「モデルの説明」は計算機上でモデルやデータを使った計算によって実現される．そのため，「説明プログラムの実装」や「説明プログラムを実行する計算機」などが必要になる．これらはエンジニアの作業コスト（説明プログラムの作成やデバッグ）や追加の計算機の調達など，さまざまなコストとなる．導入コストが恩恵に見合うものかを適切に試算したうえで導入に踏み切る必要がある．当然ながら，導入コストのほうが高い場合には説明を導入する旨みはない．また，本章の最後で触れるが，説明自体が完全に信頼できるわけではなく，ときに「誤説明」に遭遇する可能性も捨てきれない．このような「誤説明」のリスクも勘案して導入を検討する必要がある．

本章では，まず基本的な説明法として 6.2, 6.3 節で「可視化による説明」および「可読なモデルによる説明」を紹介する．続いて，発展的な説明法として「大域的な説明」（6.4, 6.5 節）および「局所的な説明」（6.6, 6.7, 6.8 節）を紹介する．最後に，6.9 節で現行の説明法の課題について述べて本章を締めくくる．

6.2 可視化による説明

説明の目的はモデルのブラックボックス性を解消すること，すなわち「モデルの計算の意味や妥当性を人間が理解できるようにすること」である．古くからこの課題に対するさまざまな解決策が検討されており，大きく二つのアプローチがある．一つは「可視化により人間の直感に訴える方法（可視化による説明）」，そしてもう一つは「そもそもモデルをブラックボックスにしない方法（可読なモデルによる説明）」である．本節では「可視化による説明」

について紹介する．「可読なモデルによる説明」は次節で紹介する．

「人間が理解できること」が重要視される説明において，人間の視覚に訴える可視化は極めて有効な方法である．例えば，株価のような数値の列の値を一つ一つ読むよりも，グラフとして描画したほうが値の変化の傾向や変化の大きさなどをより直感的に理解できる．このように，可視化は説明において本質を担う重要な技術である．種々の可視化の技術やツール，またそれらの注意点などについては文献 [6] を参照されたい．

6.2.1 Partial Dependence Plot[7]

可視化による説明の代表例として **Partial Dependence Plot (PDP)** を紹介する．ここでは例として「クレジットカードの解約予測」を考える．

> **例 1　クレジットカードの解約予測** [8]
>
> 顧客のクレジットカードの利用履歴（過去 1 年間の使用回数 x_{cnt}，使用額 x_{amt}，リボ払い残高 x_{rev}）をもとに，顧客のクレジットカードの解約を予測する機械学習モデル f を考える．モデル f は入力 $x = (x_{\mathrm{cnt}}, x_{\mathrm{amt}}, x_{\mathrm{rev}})$ を受け取り，$y = f(x) =$「解約の確率」を出力する．

あなたがクレジットカード会社の社員で，このモデルを使って顧客の解約を事前に予測したいとする．このとき，あなたはこのモデルにどのような性質を期待するだろうか．例えば，一般に使用回数が多い顧客はクレジットカードに依存していると考えられるため，カードの解約の可能性は低いことが期待される．この場合，モデルには「使用回数が多い顧客は解約しづらい傾向がある」という性質を有していてほしいと思うのではないだろうか．もしもモデルがこのような性質を持たないならば，このモデルは顧客の傾向を反映できていない不適切なモデルである可能性が高い．PDP はこのようなモデルの傾向をグラフにより可視化する方法の一つである．

入力 x が 1 次元や 2 次元の場合には，入力 x とモデルの出力 $y = f(x)$ の関係は 2 次元または 3 次元のグラフとして描画できる．しかし，x の次元が 3 次元を超えると，x と y の関係をグラフとして描画することはできない．そこで，PDP では興味のある特徴量以外を「消去」することでグラフとしての描画を可能にする．具体的には，興味のある特徴量（例えば使用回数 x_{cnt}）

以外の特徴量を積分により消去する．今，入力 x が確率密度関数 $p(x)$ に従うとする．PDP では興味のある特徴量 x_{cnt} 以外を積分消去した条件付き期待値を使って興味のある特徴量 x_{cnt} と出力 y の関係を描画する．興味のある特徴量 x_{cnt} の値が z だとすると，条件付き期待値は以下で与えられる．

$$\begin{aligned}\mathrm{PDP}_{\mathrm{cnt}}(z) &= \mathbb{E}[y \mid x_{\mathrm{cnt}} = z] \\ &= \int f(z, x_{\mathrm{amt}}, x_{\mathrm{rev}}) p(x_{\mathrm{amt}}, x_{\mathrm{rev}}) dx_{\mathrm{amt}} dx_{\mathrm{rev}} \end{aligned} \tag{6.1}$$

PDP を実用するうえで問題になるのは式 (6.1) の積分をどのように計算するかである．多くの場合において，入力 x が従う確率密度関数 $p(x)$ は未知であり，手に入る情報はデータセット，つまりは $p(x)$ からの独立な実現値 $D = \{x^{(n)}\}_{n=1}^{N}$ のみである．PDP では，この積分の計算のために以下の独立性の仮定を導入する．

定義 6.1（PDP の仮定：特徴量の独立性）

入力 $x = (x_{\mathrm{cnt}}, x_{\mathrm{amt}}, x_{\mathrm{rev}})$ のうち，興味のある特徴量 x_{cnt} とそれ以外の特徴量 $x_{\mathrm{amt}}, x_{\mathrm{rev}}$ とは独立である．つまり，$p(x) = p(x_{\mathrm{cnt}})p(x_{\mathrm{amt}}, x_{\mathrm{rev}})$ である．

この仮定を採用すると，式 (6.1) の積分は簡単な計算で近似できる．

$$\mathrm{PDP}_{\mathrm{cnt}}(z) \approx \frac{1}{N} \sum_{n=1}^{N} f(z, x_{\mathrm{amt}}^{(n)}, x_{\mathrm{rev}}^{(n)}) \tag{6.2}$$

最終的には，横軸に興味のある特徴量 x_{cnt} の値 z，縦軸に $\mathrm{PDP}_{\mathrm{cnt}}(z)$ の値をプロットすることで，**図 6.1**(a) のように興味のある特徴量 x_{cnt} の変化とモデル f の出力変化の関係をグラフとして描画できる．

図 6.1(a) に PDP の一例を示す．ここでは例 1 のデータセットで学習したランダムフォレストをモデル f として用いた．このグラフから，モデルが「使用回数 50 回を超えると解約の確率を低く予測する」傾向があることがわかる．また，「使用回数 100 回以上では解約確率をほぼ 0 と予測する」傾向も見られる．これらの結果から，モデル f はカードを頻繁に使う顧客は解約をしない，という顧客の一般的な傾向を反映したモデルであると判断できる．図

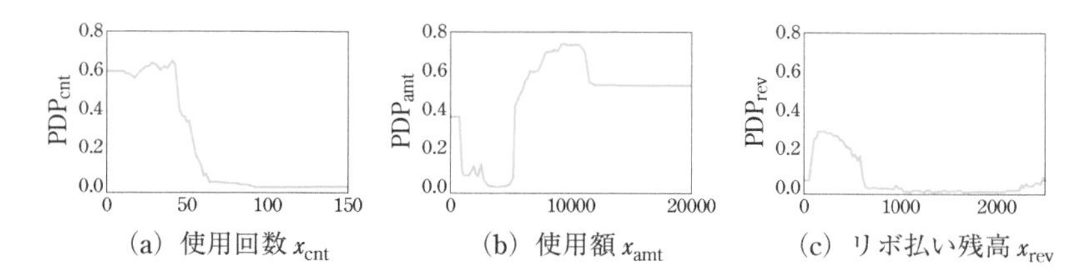

(a) 使用回数 x_{cnt}　(b) 使用額 x_{amt}　(c) リボ払い残高 x_{rev}

図 6.1 PDP の例．モデル f には例 1 のデータセットで学習したランダムフォレストを用いた．

6.1(b), (c) は同様に使用額およびリボ払い残高についての PDP を描画したものである．これらのグラフから，モデル f は「使用額がある程度多い顧客は解約の可能性が高い」「リボ払い残高が少額な顧客は解約の可能性が高い」と判断する傾向があると読み取れる．

6.2.2 Individual Conditional Expectation[9]

PDP はモデルの全体的な傾向をとらえられるが，各データに関する個別の傾向をとらえることはできない．例えば，「使用額 $x_{\text{amt}} = 3226$ ドル，リボ払い残高 $x_{\text{rev}} = 63$ ドル」という履歴を持つ顧客について，解約予測モデル f は使用回数 x_{cnt} の変化にどのような影響を受けるだろうか．このような個別のデータに対して変化の影響を調べるための方法に **Individual Conditional Expectation (ICE)**[9] がある．ICE では，PDP のように興味のない特徴量を積分消去するのでなく定数として扱う．ICE では横軸に興味のある特徴量 x_{cnt} の値 z，縦軸に以下の $\text{ICE}_{\text{cnt}}(z)$ の値をプロットすることで，個別のデータについての傾向を描画する．

$$\text{ICE}_{\text{cnt}}(z) = f(z, x_{\text{amt}}, x_{\text{rev}}) \tag{6.3}$$

図 6.2 は例 1 のデータセットで学習したランダムフォレストにおける ICE の一例である．

6.2.3 PDP の改良

PDP の計算では独立性という極めて強い仮定を採用している．一般に，カードの使用回数はカードの使用額やリボ払い残高と深い関連がある．これに対し，独立性はこれら使用額やリボ払い残高が使用回数とは独立に決定されるこ

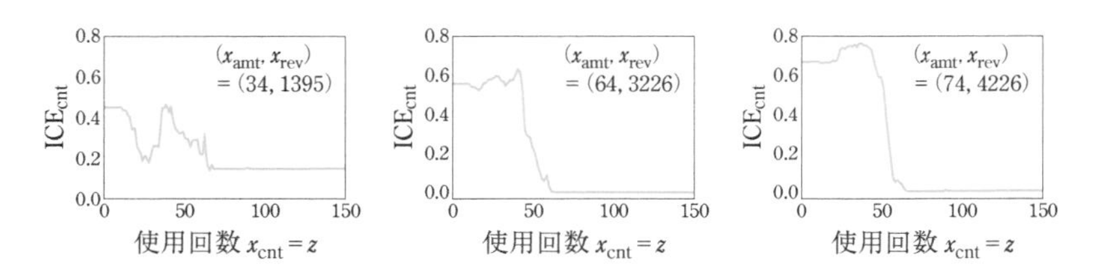

図 6.2 ICE の例．モデル f には例 1 のデータセットで学習したランダムフォレストを用いた．

とを仮定する．このように本来は正しくない仮定に基づいて計算される PDP は，モデルの本来の傾向をとらえそこねることがある [1]．このような PDP の欠点を改良した手法の一つに Accumulated Local Effects (ALE) [10] がある．興味のある読者は文献 [1,10] を参照されたい．

6.3 可読なモデルによる説明

モデルのブラックボックス性が問題になるのは，モデルが複雑でその判断根拠を人間が直感的に理解できないからである．人間が判断根拠を理解できるようにする直接的な方法は「そもそもモデルをブラックボックスにしない」こと，つまりは人間が読める可読なモデルを使うことである．このような可読なモデルの代表例は線形モデルや決定木など，いわゆる機械学習の古典的なモデルである．実問題において最新のモデルが常に最高の予測精度を達成するわけではない．問題によっては，線形モデルや決定木のような古典的なモデルが，最新のモデルと同等またはそれ以上の精度を達成することも珍しくない．このような場合には，線形モデルや決定木の可読性の高さが大きなアドバンテージとなる．本節では可読なモデルの代表例として線形モデルとルールモデルについて紹介する．

6.3.1 線形モデル

線形モデルとは特徴量の重みつき線形和で記述されるモデルである．ここでは例として「クレジットカード使用額の予測」を考える．

例 2 クレジットカード使用額の予測 [8]

顧客のクレジットカードの利用履歴（過去 1 年間の使用回数 x_{cnt}，リボ払い残高 x_{rev}）をもとに，顧客の過去 1 年間のクレジットカードの使用額を予測する機械学習モデル f を考える．モデル f は入力 $x=(x_{\mathrm{cnt}}, x_{\mathrm{rev}})$ を受け取り，$y=f(x)=$「使用額」を出力する．

例 2 に対する線形モデル（線形回帰モデル）は以下のように記述される．

$$y=f(x)=a_{\mathrm{cnt}}x_{\mathrm{cnt}}+a_{\mathrm{rev}}x_{\mathrm{rev}}+b \tag{6.4}$$

ここで $a_{\mathrm{cnt}}, a_{\mathrm{rev}}, b$ はモデルのパラメータである．これらのパラメータはデータから最小二乗回帰などにより求めることができる．

例 1 の分類問題についても，線形回帰モデルに少し手を加えることで以下の線形分類モデルを作ることができる．

$$y=f(x)=\sigma\left(a_{\mathrm{cnt}}x_{\mathrm{cnt}}+a_{\mathrm{amt}}x_{\mathrm{amt}}+a_{\mathrm{rev}}x_{\mathrm{rev}}+b\right) \tag{6.5}$$

ここで $\sigma(t)=\frac{1}{1+\exp(-t)}$ はシグモイド関数である．$\sigma(t)$ は 0 から 1 の範囲の値をとるため，出力は「解約の確率」と見なすことができる．線形分類モデルのパラメータ $a_{\mathrm{cnt}}, a_{\mathrm{amt}}, a_{\mathrm{rev}}, b$ はロジスティック回帰により求めることができる．

線形モデルの可読性

線形回帰モデル，線形分類モデルともに出力 y が得られるまでの計算過程は可読性が高く，人間にとって理解がしやすいモデルである．線形モデルには大きく二通りの読み方がある *2．

(1) 係数を読む：入力が一単位増えたら？

線形モデルでは係数 a_{cnt} は入力 x_{cnt} が 1 増えた場合に，出力 y がどの程度増えるかを表している．そのため，特に係数が大きい特徴量は一単位の変化が出力に大きな影響を与える特徴量だといえる．係数の大小は，入力変化

*2 これらのモデルの読み方はモデルの判断プロセスを理解するためのものである．モデルの背後にあるデータの性質を理解するための読み方ではない点に注意が必要である．例えば例 2 においてモデルの係数 a_{cnt} が正の値をとったからといって，実世界で x_{cnt} の値が 1 ポイント増加したときに実際の年間使用額が増えるとは限らない．線形モデルの係数から背後のデータの性質を適切に読み解くためには，特徴量間の相関関係などについての詳細な調査が必要である [11]．

がモデル出力へ与える影響を考えるうえで重要な情報である．

(2) 寄与度を読む：どの特徴量が支配的か？

式 (6.5) の線形項は下記のように変形できる．

$$\begin{aligned} & a_{\mathrm{cnt}}(x_{\mathrm{cnt}} - \bar{x}_{\mathrm{cnt}}) + a_{\mathrm{amt}}(x_{\mathrm{amt}} - \bar{x}_{\mathrm{amt}}) + a_{\mathrm{rev}}(x_{\mathrm{rev}} - \bar{x}_{\mathrm{rev}}) \\ & \quad + (b + a_{\mathrm{cnt}}\bar{x}_{\mathrm{cnt}} + a_{\mathrm{amt}}\bar{x}_{\mathrm{amt}} + a_{\mathrm{rev}}\bar{x}_{\mathrm{rev}}) \end{aligned} \tag{6.6}$$

ここで $\bar{x}_{\mathrm{cnt}}, \bar{x}_{\mathrm{amt}}, \bar{x}_{\mathrm{rev}}$ はそれぞれ $x_{\mathrm{cnt}}, x_{\mathrm{amt}}, x_{\mathrm{rev}}$ の平均である．係数 a_{cnt} が小さくても偏差 $x_{\mathrm{cnt}} - \bar{x}_{\mathrm{cnt}}$ が大きければ（つまり対象顧客のカード使用回数が多ければ），$a_{\mathrm{cnt}}(x_{\mathrm{cnt}} - \bar{x}_{\mathrm{cnt}})$ の項は大きい値をとりうる．特に $a_{\mathrm{cnt}}(x_{\mathrm{cnt}} - \bar{x}_{\mathrm{cnt}})$ の項が他の $a_{\mathrm{cnt}}(x_{\mathrm{amt}} - \bar{x}_{\mathrm{amt}})$ や $a_{\mathrm{rev}}(x_{\mathrm{rev}} - \bar{x}_{\mathrm{rev}})$ といった項よりも十分大きければ，モデルの出力 y へは $a_{\mathrm{cnt}}(x_{\mathrm{cnt}} - \bar{x}_{\mathrm{cnt}})$ が強く寄与していると見なすことができる．このように係数と偏差の積を比較することで，モデル出力への寄与が大きい特徴量を見つけることができる．

スパースな線形モデル

先述のとおり，線形モデルを読むうえでは係数 a_{cnt} や係数と偏差の積 $a_{\mathrm{cnt}}(x_{\mathrm{cnt}} - \bar{x}_{\mathrm{cnt}})$ といった値を個別の特徴量ごとに一つ一つ確認する必要がある．このとき，例えば入力 x が 100 万次元の場合，100 万個の特徴量すべてについてこれらの値を確認する必要がある．この作業は原理的には可能だが，人間の認知能力・労働力の観点からは非現実的である．そのため，高次元の線形モデルは原理的には可読でも，実用的にはもはや可読だとはいいがたい．高次元の線形モデルを可読にしたモデルがスパースな線形モデルである．スパースな線形モデルは，通常の線形モデルと同様に入力 $x = (x_1, x_2, \ldots, x_d)$ に対して出力は以下のように表現される．

$$y = f(x) = \sum_{i=1}^{d} a_i x_i + b \qquad \text{(線形回帰モデル)} \tag{6.7}$$

$$y = f(x) = \sigma\left(\sum_{i=1}^{d} a_i x_i + b\right) \qquad \text{(線形分類モデル)} \tag{6.8}$$

スパースな線形モデルが通常の線形モデルと異なる点は，係数 a_i の多くが 0 であり，ごく一部の係数のみが非零（ゼロ）の値をとることである．係数 a_i が 0 ということは，実質的にその特徴量は存在しないに等しい．実際，

$\sum_{i=1}^{d} a_i x_i = \sum_{i:a_i \neq 0} a_i x_i$ が成り立つ．そのため，スパースな線形モデルではたとえ入力 x が 100 万次元であっても非零の係数が 10 個しかないなら，確認が必要なのはそれら 10 個の特徴量だけである．

スパースな線形モデルをデータから学習する際には，どの係数を 0 にするかをデータから決定する．一般には，通常の回帰や分類の損失関数に非零要素の個数を損失として加算したり，または係数の非零要素の個数に上限を制約として設けたりすることで明示的に非零要素の個数を減らすような学習問題へと定式化する [12,13]．実用上は非零要素の個数を直接最適化するのは難しいので，問題を連続緩和して解きやすくすることが多い [12]．

6.3.2 ルールモデル

ルールモデルとは if-then 構文で記述されるモデルである．ここでは例として「風邪の診断」を考える．

例 3 風邪の診断

患者の属性情報（体温 x_{heat}，平熱 $x_{\text{heat\_norm}}$，頭痛の有無 x_{headache}）をもとに風邪か否かを予測する機械学習モデル f を考える．モデル f は入力 $x = (x_{\text{heat}}, x_{\text{heat\_norm}}, x_{\text{headache}})$ を受け取り，$y = f(x) =$「風邪」または「健康」を出力する．

例えば，以下は体温をもとに風邪の有無を判定するルールモデルである．このモデルでは患者の体温が 37°C を超えたら風邪，そうでなければ健康と判断される．

$$\begin{aligned} &\text{if } x_{\text{heat}} \geq 37^\circ\text{C then } y = \text{風邪} \\ &\text{else } y = \text{健康} \end{aligned} \tag{6.9}$$

if 文はプログラミングの基本であり，プログラミングをかじったことがある人であればルールモデルを読むことは極めて容易である．

上記の例は一番単純なルールモデルであり，その予測性能は極めて低い．予測精度を高めるためには複数の if-then 構文を組み合わせればよい．こうして複数の if-then 構文を組み合わせて作られるモデルの代表例が決定木やルールリストである．

決定木

式 (6.9) のルールモデルは体温だけで風邪の有無を判定しているが，そもそも普段の平熱が 37°C に近い患者にとって，体温が 37°C を超えたところで大きな問題はないかもしれない．そこで，平熱が 36.5°C を超える患者については体温が 37.5°C を超えた場合にのみ風邪と判定するようなルールを追加することで，判定精度の向上が期待できる．また，たとえ平熱であっても頭痛などその他の症状があれば風邪の可能性がある．そこで，平熱であっても頭痛があれば風邪と判定することも精度向上に有効であろう．以下が，これらの改修を加えたルールモデルである．

$$
\begin{aligned}
&\text{if } x_{\text{heat}} \geq 37^\circ\text{C then} \\
&\quad \text{if } x_{\text{heat\_norm}} \geq 36.5^\circ\text{C then} \\
&\quad\quad \text{if } x_{\text{heat}} \geq 37.5^\circ\text{C then } y = \text{風邪} \\
&\quad\quad \text{else } y = \text{健康} \\
&\quad \text{else } y = \text{風邪} \\
&\text{else} \\
&\quad \text{if } x_{\text{headache}} = 1 \text{ then } y = \text{風邪} \\
&\quad \text{else } y = \text{健康}
\end{aligned}
\tag{6.10}
$$

改修されたルールは先ほどのルールモデルよりも if-then 構文の個数が増えて，モデルとしての表現能力が向上していることがわかる．しかし，先のルールモデルよりも複雑になった分，モデルの判断プロセスを追って全体像を把握するのが少し難しくなっている．

複雑なルールモデルは，ルールを文章として羅列するよりも図として可視

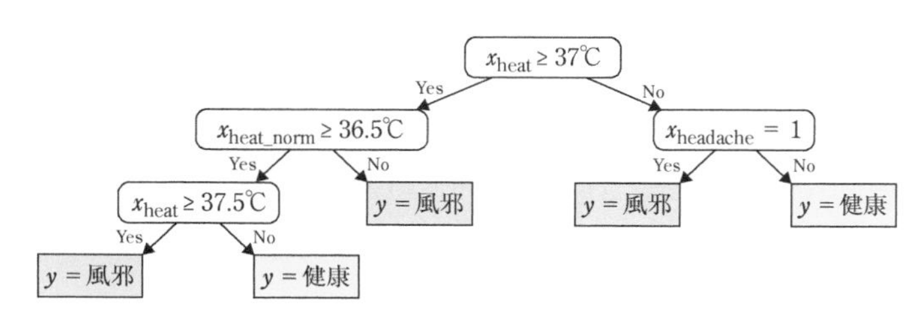

図 6.3 式 (6.10) のルールモデル（決定木）の可視化

化するほうが直感的に理解しやすくなる．**図 6.3** は式 (6.10) のルールモデルを可視化したものである．可視化により，文章として書かれたルールの羅列よりもモデルの全体像が把握しやすくなっている．図 6.3 のモデルは一番上の起点からルールの Yes/No で分岐していく木構造を持つため**決定木**と呼ばれる．

ルールリスト

ルールリストは特殊な構造の決定木であり，ルールによる Yes/No の分岐の片方（通常は Yes の側）が常に出力ノードになっているモデルである．以下および**図 6.4** にルールリストの例を示す．このルールリストは先述の決定木と同じ挙動をするモデルである．

$$
\begin{aligned}
&\text{if } x_{\text{heat}} \geq 37.5^\circ\text{C then } y = \text{風邪} \\
&\text{else if } x_{\text{heat\_norm}} \leq 36.5^\circ\text{C \& } x_{\text{heat}} \geq 37^\circ\text{C then } y = \text{風邪} \\
&\text{else if } x_{\text{heat}} \leq 37^\circ\text{C \& } x_{\text{headache}} = 1 \text{ then } y = \text{風邪} \\
&\text{else } y = \text{健康}
\end{aligned}
\tag{6.11}
$$

ルールリストの利点は実用上の効率性である．例えば体温が 37.5°C を超えた患者 A を考える．患者 A はルールリストの最初の条件を満たすため，即座に風邪と判定される．これに対し，先述の決定木では患者 A は 3 つのルールをたどって初めて風邪と判定される．このように，決定木では出力を返すまでにすべての if-then ルールを評価する必要があるが，ルールリストでは途中で即座に出力を返すことができる．特に，ルールリストは適切に設計すると出力の確率が高い順番に，つまり評価の優先順位が高い順番に if-then ルールを設計できる場合がある [14]．また，ルールリストは人間がそのつど手順

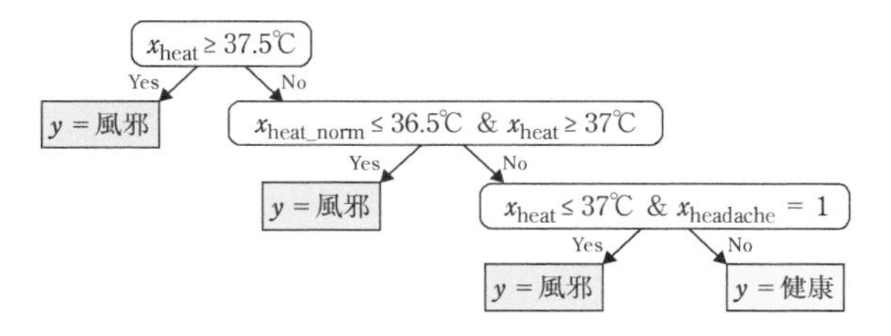

図 6.4 式 (6.11) のルールモデル（ルールリスト）の可視化

を確認しながら作業を進めるうえで読みやすいという利点もある．

6.4 大域的な説明：特徴量重要度による説明

前節までで紹介した PDP を用いた可視化による説明や線形モデルなどの可読なモデルによる説明は，ユーザがモデルの挙動を直感的に理解することができる汎用的な説明法であった．しかし，対象とするデータやモデルがより複雑になった場合には，より発展的な説明法が必要となる．例えば，入力特徴量の個数が数百，数千，数万と膨大になった場合に，すべての特徴量について PDP により可視化を行いモデルの挙動を理解しようとすることは現実的ではない．PDP によりモデルの挙動を効果的に理解するためには，まずモデルの挙動を支配する主要な特徴量を調べる必要がある．また，画像や自然言語，音声といったデータを扱う場合には，線形モデルなどの可読なモデルでは十分な予測精度が得られず，深層学習モデルなどの複雑なモデルを導入することが必要となる．このような場合には，そもそも可読なモデルによる説明は諦めざるを得ない．

本節以降では，深層学習モデルなどの複雑なモデルに対するより発展的な説明法を紹介する．複雑なモデルの説明法は「大域的な説明」と「局所的な説明」とに大別される [3]．

- 大域的な説明：複雑なモデル内部において入力から出力に至る計算過程（またはその一部）を可読化する．この可読化された計算過程を説明とする．つまり，モデル 1 個について一つの説明を得る．
- 局所的な説明：モデルがある入力 x を受け取って出力 y を返したときに，x から y と判断した根拠となる補助情報を説明とする．つまり，個別の入力 x ごとに個別の説明を得る．

本節では「大域的な説明」の代表的な方法である「特徴量重要度による説明」を紹介し，次節では「大域的な説明」の別の代表的な方法として「モデルの可読化による説明」を紹介する．続く節で「局所的な説明」の代表的な方法を紹介する．

特徴量重要度による説明とは「モデルが判断の際に重要視した特徴量」を判断根拠としてユーザに提供する方法である．モデルがどの特徴量に特に注目して判断しているかを調べることで，例えば「モデルがきちんと重要な特徴量に注目しているか」や逆に「関係なさそうな特徴量に注目していないか」といったことが確認できる．ここではさまざまなモデルについて特徴量重要度を調べられる汎用的な方法として Permutation Importance[15] を紹介する．

「モデルが判断の際に重要視した特徴量」はどのように定量化できるだろうか．ここでは具体例として，再び例 1 の「クレジットカードの解約予測」を考える．もしもモデルが使用回数 x_{cnt} に着目して解約を予測している場合，使用回数を滅茶苦茶な値，例えば 1 回や 100 回に変えてしまえば，モデルの予測結果も滅茶苦茶なものになるだろう．逆に，もしもモデルが使用回数 x_{cnt} を重要視していないなら，使用回数をランダムに変えてしまってもモデルの予測結果は変化しないだろう．このように，特定の特徴量の値をランダムな値に書き換えてモデルの出力がどの程度変化するかを調べることで各特徴量の予測への影響を調べる方法が **Permutation Importance (PI)** である．

PI では，d 個の入力特徴量 $x = (x_1, x_2, \ldots, x_d)$ それぞれに重要度スコア $\mathrm{PI}_1, \mathrm{PI}_2, \ldots, \mathrm{PI}_d$ を計算して割り当てる．ある特徴量 x_i の重要度スコア PI_i が他の特徴量よりも大きいならば，特徴量 x_i はモデルの予測に重要な役割を果たしていると解釈できる．PI の計算には，まず適当なデータセット $D = \{x^{(n)}, y^{(n)}\}_{n=1}^N$ を用意する．i 番目の特徴量 x_i の重要度を調べるためには，x_i の値を滅茶苦茶な値に書き換えた際のモデルの予測の変化を調べる．具体的には，N 個のデータ全部の i 番目の特徴量の値 $x_i^{(1)}, x_i^{(2)}, \ldots, x_i^{(N)}$ をランダムに並べ替える．例えば n 個目のデータに並べ替えの結果 m 個目のデータの値 $x_i^{(m)}$ が割り当てられたとする．このとき，n 個目のデータの入力 $x^{(n)} = (x_1^{(n)}, x_2^{(n)}, \ldots, x_i^{(n)}, \ldots, x_d^{(n)})$ は $\bar{x}^{(n)} = (x_1^{(n)}, x_2^{(n)}, \ldots, x_i^{(m)}, \ldots, x_d^{(n)})$ へと書き換えられる．PI はこのようにして i 番目の特徴量の値が書き換えられたデータセット $\bar{D} = \{\bar{x}^{(n)}, y^{(n)}\}_{n=1}^N$ に対するモデルの予測の変化に基づいて計算される．PI の計算手順はアルゴリズム 6.1 のとおりである．PI の計算にはランダム性が含まれるため，ステップ 3〜5 では複数回のランダムな試行の平均値を用いることで結果の数値を安定化させている．

アルゴリズム 6.1 大域的な Permutation Importance

1. 適当な損失関数 $\ell(y, f(x))$ を用意する.
2. 以下のデータセット D における平均損失を計算する.

$$L = \frac{1}{N}\sum_{n=1}^{N}\ell(y^{(n)}, f(x^{(n)})) \tag{6.12}$$

3. for $i = 1, 2, \ldots, d$
   D の中で i 番目の特徴量の値をランダムに並べ替える.
   ランダムに並べ替え後の n 番目の入力を $\bar{x}^{(n)}$ とする.
   ランダムに並べ替え後の以下の平均損失を計算する.

$$L_i = \frac{1}{N}\sum_{n=1}^{N}\ell(y^{(n)}, f(\bar{x}^{(n)})) \tag{6.13}$$

4. ステップ 3 を T 回繰り返して $\{L_i^{(t)}\}_{t=1}^{T}$ を得る.
5. i 番目の特徴量重要度を $\mathrm{PI}_i = \frac{1}{T}\sum_{t=1}^{T} L_i^{(t)} - L$ とする.

PI_i が大きいときは i 番目の特徴量のランダム化により予測の損失が大きく跳ね上がることを意味しており, i 番目の特徴量が特定の値をとることが予測において大きな重要性を持つことを意味している. 逆に PI_i が小さいときは i 番目の特徴量のランダム化が予想の損失にほとんど影響しないこと, つまり i 番目の特徴量は予測にほぼ寄与していないことを意味している.

PI の第一の利点は分類や回帰といった問題の種類やモデルの種類に関係なく, 適切な損失関数さえあれば広範な問題へと適用できることである. 第二の利点はその実装の容易さである. 出力を予測する機能とデータをランダムに並べ替える機能さえ用意すれば簡単に計算ができる.

図 6.5 に PI の一例を示す. ここでは例 1 のデータセットに「契約カード数 x_{rel}」「カード使用率 x_{utl}」の特徴量を追加したデータセットで学習したランダムフォレストを用いた.

PI の欠点としては, 複数の特徴量間の関係性が考慮できない点が挙げられ

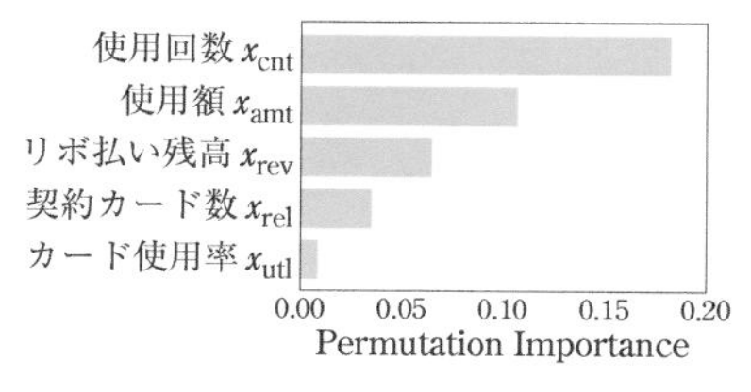

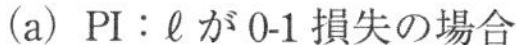
(a) PI：ℓ が 0-1 損失の場合

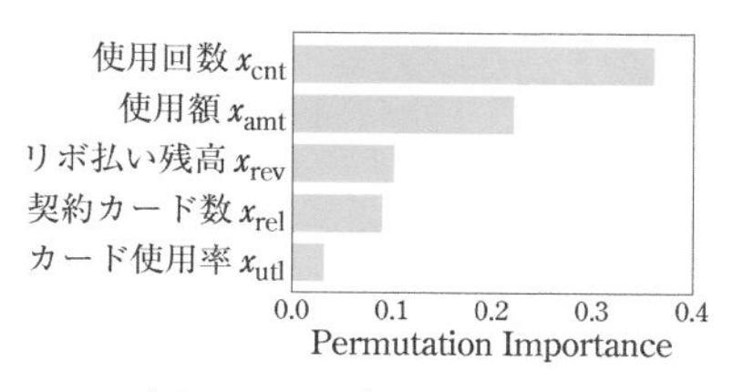

(b) PI：ℓ が負の対数尤度の場合

図 6.5 PI の例．モデル f には例 1 に「契約カード数 x_{rel}」「カード使用率 x_{utl}」の特徴量を追加したデータセットで学習したランダムフォレストを用いた．

る．例えば例 1 のデータセットに「使用回数群 $x_{\mathrm{cnt-level}}$（20〜30 回，30 回〜40 回，...)」を新しい特徴量として追加した場合を考える．この場合，使用回数 x_{cnt} と使用回数群 $x_{\mathrm{cnt-level}}$ とは互いに相関した特徴量である．このように相関した特徴量が存在する場合に上記の PI の計算をそのまま実行してしまうと誤った結果を導いてしまう恐れがある．ここでは使用回数 x_{cnt}，使用回数群 $x_{\mathrm{cnt-level}}$ の両者ともにカードの解約予測に寄与している重要な特徴量だとする．このとき，使用回数 x_{cnt} がランダムな値に置き換わっても，適切に学習されたモデルであれば使用回数群 $x_{\mathrm{cnt-level}}$ および他の特徴量からある程度の精度の予測は可能である．この場合，使用回数 x_{cnt} をランダム化しても，モデルの精度はあまり劣化しないことになる．結果，アルゴリズム 6.1 で計算した PI は小さくなる．同様の理由により，使用回数群 $x_{\mathrm{cnt-level}}$ をランダム化した際にも PI は小さくなる．つまり，使用回数 x_{cnt} も使用回数群 $x_{\mathrm{cnt-level}}$ もどちらも予測にはあまり重要な特徴量ではないと評価される．実際，**図 6.6**(a) に見られるように，この場合には使用回数 x_{cnt}，使用回数群 $x_{\mathrm{cnt-level}}$ の両者の PI は使用額 x_{amt} の PI よりも小さく評価されている．この例のように，相関した特徴量が存在する場合には，片方の特徴量がランダム化されたもう片方の特徴量を補う形で機能することで各特徴量重要度が過小評価される場合がある．また，各特徴量を独立にランダム化すると，例えば「使用回数 $x_{\mathrm{cnt}} = 52$ 回で使用回数群 $x_{\mathrm{cnt-level}} = 10$ 〜20 回」という本来はありえないデータが生成されてしまう．このような本来ありえないデータを評価に用いることは誤った結果を導く恐れがあり好ましくない．

相関した特徴量が存在する場合には，相関した特徴量を一つのグループと

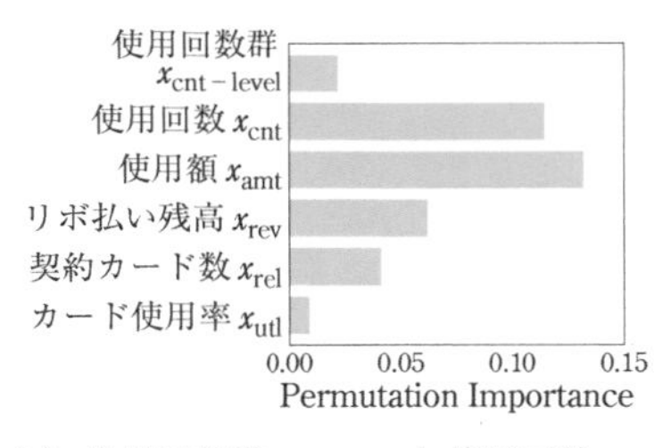

(a) 使用回数群 $x_{\mathrm{cnt-level}}$ と使用回数 x_{cnt} との PI を個別に計算した場合

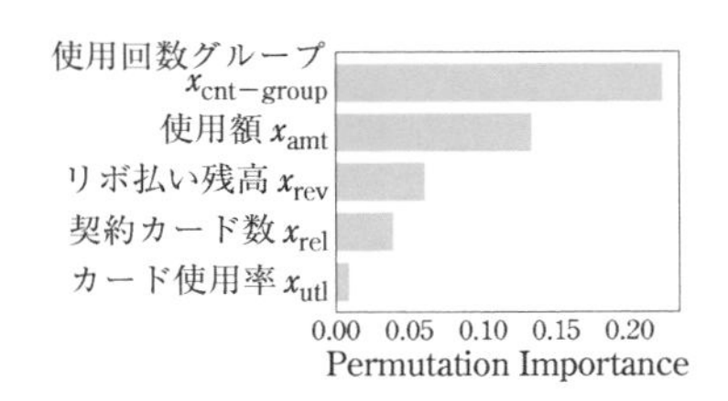

(b) 使用回数グループ $x_{\mathrm{cnt-group}} = (x_{\mathrm{cnt}}, x_{\mathrm{cnt-level}})$ として PI を計算した場合

図 6.6 相関した特徴量に対する PI の例．(a) 相関した特徴量が存在すると，各特徴量の重要度は低めに見積もられる．(b) 相関した特徴量を一つの特徴量グループにまとめることで，重要度の過小評価が避けられる．

して扱うことで重要度の過小評価を避けることができる．上記の例では使用回数 x_{cnt}，使用回数群 $x_{\mathrm{cnt-level}}$ の二つの特徴量を一つの「使用回数グループ $x_{\mathrm{cnt-group}} = (x_{\mathrm{cnt}}, x_{\mathrm{cnt-level}})$」として，使用回数グループ $x_{\mathrm{cnt-group}}$ をランダム化して PI を計算する．このとき，例えば『使用回数 $x_{\mathrm{cnt}} = 35$ 回で回数群 $x_{\mathrm{cnt-level}} = 30 \sim 40$ 回』のデータは『使用回数 $x_{\mathrm{cnt}} = 98$ 回で使用回数群 $x_{\mathrm{cnt-level}} = 90 \sim 100$ 回』へのデータとランダム化により書き換えられる．グループ単位でのランダム化では本来の使用回数に関連する情報が残らないため，片方の特徴量がもう片方の特徴量を補って予測することが不可能になり，結果的にモデルの精度が大きく低下することになる．これにより，図 6.6(b) のように使用回数グループ $x_{\mathrm{cnt-group}}$ は PI の大きい重要な特徴量グループであると評価されるようになる．

6.5　大域的な説明：モデルの可読化による説明

特徴量重要度はモデルの大まかな挙動を把握するのに特に有用な方法である．まず PI を用いて重要特徴量を絞り込み，それら重要特徴量について PDP などによりモデルの挙動の傾向を可視化することで，モデルの主要な挙動を直感的に理解できる．これに対し，本節で紹介するモデルの可読化は，モデルの判断プロセスを近似的に人間に読める形に変換する処理である．

モデルの可読化の基本的なアイデアは複雑なモデルを決定木などの可読な

モデルで近似することである．もしもあるモデルと同じ出力を返す決定木が作れたならば，その決定木を可視化することで元のモデルの判断プロセスを理解できる．もちろん，一般には元のモデルを完璧に模倣する決定木を作ることはできないため，実用上はある程度の精度で近似できる決定木で妥協することになる．そのため，モデルの可読化は元のモデルの判断プロセスを完璧に読めるようにするわけではない点に注意する必要がある．

最も単純な可読化の方法は **Born Again Trees** (**BATrees**)[16] である．これは複雑なモデルの入出力関係を訓練データとして表現し，その訓練データを使って決定木を学習する方法である．BATrees の学習はアルゴリズム 6.2 のとおりである．

アルゴリズム 6.2　Born Again Trees

1. モデル f への入力 x をランダムに生成し，出力 $y = f(x)$ を得る．（適当な分布 $p(x)$ から生成する，訓練データセットの各特徴量の値をランダムに並べ替えるなど）
2. ステップ 1 を N 回繰り返して，入出力のデータセット $D = \{x^{(n)}, y^{(n)}\}_{n=1}^{N}$ を得る．
3. データセット D を使って決定木を学習する．

データセット D はモデル f の入出力関係を表現しているため，データセット D の入出力関係を高い精度で表現できる決定木はモデル f をよく近似できているといえる．図 6.7 は例 1 のデータセットで学習したランダムフォレストを BATrees により可読化した例である．

BATrees は実装が容易な反面，深く複雑な決定木が学習されやすいという傾向がある．元のモデルが十分複雑であれば簡単な決定木では近似できないため，高精度な近似のためには決定木の複雑化は避けられない問題である．そのため，BATrees によりモデルを可読化しても，実際にモデルの判断プロセスの全貌を理解するには複雑な決定木を読み解く相応の時間と労力が必要になる．近年では，このようなモデルの複雑さの問題を解消して近似モデル

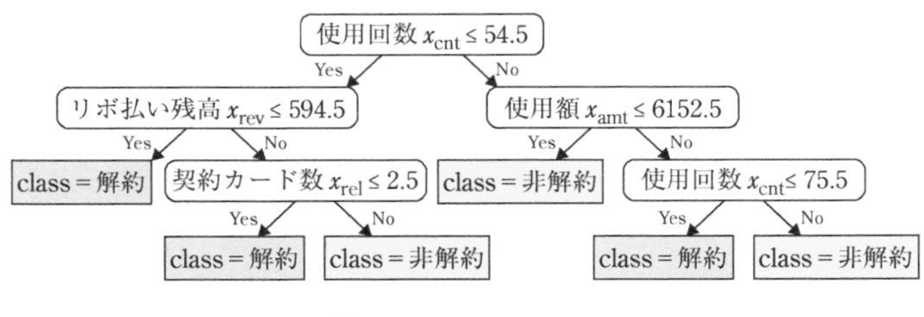

図 6.7　BATrees の例

の可読性を向上させるために，近似精度とモデルの複雑度の両者のバランスをとりながら近似する方法も提案されている[17]．

6.6　局所的な説明：特徴量重要度による説明

6.4 節では大域的な説明としてのモデルの特徴量重要度について紹介した．大域的な説明としての特徴量重要度はモデルの全体的な傾向を評価するための方法であった．これに対し，局所的な説明における特徴量重要度とは「個別の事例それぞれの判断において重要視された特徴量」を判断根拠としてフィードバックする方法である．個別事例について重要視された特徴量を特定する説明法の代表例には LIME[18]，SHAP[19] などがある．

6.6.1　LIME[18]

6.4 節で紹介した PI は特定の特徴量だけを別の値に置き換えることでその重要度を推定する．しかし，値の置き換えにより例えば「カード使用回数 10 回」で「カード使用額 0 ドル」のような現実的にはありえないデータまでもが評価に使用される可能性がある．このような非現実的なデータを排除する方法の一つは値の置き換えの範囲を十分に小さく絞ることである．

LIME (Local Interpretable Model-agnostic Explanations)[18] では特徴量重要度の計算にデータの微小なランダム化を使う．例えばカード使用回数 x_{cnt} が「52 回」の顧客の評価には「42 回」から「62 回」のように適当な範囲を区切ってランダム化する．LIME ではまた個別の特徴量だけでなくすべての特徴量を微小にランダム化させる．入力 x に対するモデルの出力を $y = f(x)$，微小な乱数 ϵ によりランダム化された入力 $x + \epsilon$ に対するモ

デルの出力を $\tilde{y} = f(x+\epsilon)$ とする．ここでモデル f が微分可能，また乱数 ϵ が十分小さいと仮定すると，1 次近似から

$$\tilde{y} = f(x+\epsilon) \approx y + \sum_{i=1}^{d} \frac{\partial f(x)}{\partial x_i} \epsilon_i \tag{6.14}$$

が得られる．これは係数 a_i として偏微分 $\frac{\partial f(x)}{\partial x_i}$ を持つ線形モデルである．つまり，線形モデルの「係数を読む」と同様にして，偏微分 $\frac{\partial f(x)}{\partial x_i}$ の絶対値が大きい特徴量 x_i は入力の微小なランダム化に対して出力へ大きな影響を与える特徴量であると解釈できる．

LIME の拡張 1：微分不可能なモデルへの対応

LIME の 1 次近似のアイデアをさらに発展させることで，モデル f が微分不可能であっても重要な特徴量を推定できる．今，$\tilde{y} \approx y + \sum_{i=1}^{d} a_i \epsilon_i$ という関係が成り立つと仮定する．ここで $a_1, a_2, \ldots, a_d$ は偏微分に相当する未知のパラメータである．LIME ではこれらのパラメータをデータから推定する．乱数 ϵ と出力 $\tilde{y}$ のペアを十分たくさん用意したデータセットを $\{\epsilon^{(n)}, \tilde{y}^{(n)}\}_{n=1}^{N}$ とする．このとき，仮定 $\tilde{y} \approx y + \sum_{i=1}^{d} a_i \epsilon_i$ から，パラメータ $a_1, a_2, \ldots, a_d$ の推定問題は以下のように定式化できる．

$$\min_{a_1, a_2, \ldots, a_d} \frac{1}{2} \sum_{n=1}^{N} \left(\tilde{y}^{(n)} - y - \sum_{i=1}^{d} a_i \epsilon_i^{(n)} \right)^2 \tag{6.15}$$

式 (6.15) は最小二乗回帰問題であり，解析的に解を求めることができる．

LIME の拡張 2：重みの導入

LIME は 1 次近似 $\tilde{y} \approx y + \sum_{i=1}^{d} a_i \epsilon_i$ に依拠している．しかし，厳密には $\tilde{y} = y + \sum_{i=1}^{d} a_i \epsilon_i + O(\|\epsilon\|^2)$ と誤差項が存在し，さらに誤差項は $\|\epsilon\|$ に依存して大きくなる．そのため，データセット $\{\epsilon^{(n)}, \tilde{y}^{(n)}\}_{n=1}^{N}$ の中で $\|\epsilon\|$ が大きいデータについては近似誤差を割り引く補正が必要となる．そこで，LIME では $\|\epsilon\|$ に依存した重みを付け加えることで近似誤差の影響を以下のように割り引く．

$$\min_{a_1, a_2, \ldots, a_d} \frac{1}{2} \sum_{n=1}^{N} w(\|\epsilon^{(n)}\|) \left(\tilde{y}^{(n)} - y - \sum_{i=1}^{d} a_i \epsilon_i^{(n)} \right)^2 \tag{6.16}$$

ここで $w(t)$ は非負かつ t についての単調減少関数であり，$\|\epsilon\|$ が大きいデータの推定への影響を重みを小さくすることで割り引く役割を担っている．関数 $w(t)$ としては例えば $w(t) = \exp(-t^2)$ などが用いられる．式 (6.16) は重みつきの最小二乗回帰問題であり，解析的に解を求めることができる．

LIME の拡張 3：特徴量選択の導入

LIME により求まるパラメータ $a_1, a_2, \ldots, a_d$ は各特徴量重要度を表している．しかし，特徴量の数が多い場合（数百以上）にはユーザがすべての特徴量重要度を確認するのに多大な労力が必要となり，現実的ではない．そこで，スパースな線形モデルにより少数の重要な特徴量だけを絞り込んでユーザに提供することを考える．重要な特徴量を絞り込むためには，パラメータ $a_1, a_2, \ldots, a_d$ の大半を 0 とし一部の極めて重要な特徴量にのみ非零のパラメータ a_i を割り当てればよい．特にパラメータの非零個数を高々 K 個に限定する場合には，パラメータの推定問題は以下のように書ける．

$$\min_{a_1, a_2, \ldots, a_d} \frac{1}{2} \sum_{n=1}^{N} w(\|\epsilon^{(n)}\|) \left(\tilde{y}^{(n)} - y - \sum_{i=1}^{d} a_i \epsilon_i^{(n)} \right)^2, \quad \text{subject to} \; \|a\|_0 \leq K \tag{6.17}$$

ここで $\|a\|_0$ はパラメータの非零要素の個数である．この問題は解析的には解くことができないが，Lasso の正則化パス追跡 [20] や貪欲アルゴリズム [13] により近似的に解くことができる．

表 6.1 は拡張 1〜3 を適用した LIME により推定された特徴量重要度の一例である．ここでは例 1 のデータセットに「契約カード数 x_{rel}」「カード使用率 x_{utl}」の特徴量を追加したデータセットで学習したランダムフォレストをモデル f として用いた．表中の赤いセルは解約の確率に対して正の係数を持つ特徴量，つまり該当特徴量の値を一単位増加させることで解約の確率が高まると想定される特徴量である．同様に表中の青いセルは解約の確率に対して負の係数を持つ特徴量であり，該当特徴量の値を一単位増加させることで解約の確率が低くなると想定される特徴量である．表 6.1 左の場合では「カード使用率 x_{utl}」に大きな正の係数が割り当てられており，モデルの出力が当該顧客のカード使用率の増加に特に敏感である可能性を示唆している．表 6.1 右の場合では「契約カード数 x_{rel}」に他の特徴量より大きな負の係数が割り

表 6.1 LIME の例．入力欄は各顧客の入力データ，LIME 欄は各特徴量重要度である．赤いセルが解約の確率に対して正の係数を持つ特徴量，青いセルが解約の確率に対して負の係数を持つ特徴量である．重要特徴量の個数を 3 とした．

	入力	LIME
予測	非解約	
x_{cnt}	34	−0.004441
x_{amt}	1395	0.000054
x_{rev}	0	0.0
x_{rel}	6	0.0
x_{utl}	0	0.361091

	入力	LIME
予測	解約	
x_{cnt}	33	0.003321
x_{amt}	2775	0.000001
x_{rev}	0	0.0
x_{rel}	4	−0.019140
x_{utl}	0	0

当てられており，モデルの出力が当該顧客の契約カード数の増減に依存している可能性を示唆している．

LIME の拡張 4：機械表現と可読表現の使い分け

機械学習の実用において，得られたデータをそのままモデルの入力として用いることは少ない．多くの場合にはデータに適切な前処理を施したうえでモデルへの入力とする．例えばカテゴリ特徴量は one-hot 表現へと変換することが一般的である．また，入力が自然文の場合は単語を固定長ベクトル（bag-of-words 表現や埋め込みベクトル [20]）へと変換する．これらの前処理により学習されるモデルの精度が向上することは少なくない．ここではこれら前処理後のデータ表現を「機械表現」と呼ぶこととする．データの機械表現は計算機にとっては処理しやすくかつ有益な情報を含むデータ表現であるが，人間にとっては可読性の低いデータ表現である．例えば「単語の埋め込みベクトルの 3 次元目が重要特徴量である」といわれても，人間がその次元が何を意味するのかを理解することはほぼ不可能である．これに対し，処理前のデータ表現（カテゴリ特徴量や単語そのもの）を人間にとって可読なデータ表現として「可読表現」と呼ぶこととする．

LIME は重要特徴量の推定にはデータの可読表現を用い，モデルへの入力データには機械表現を用いるという使い分けをすることができる．これにより，推定された重要特徴量は可読表現のものとなり，得られた説明が人間にとって理解不能になってしまう問題を回避できる．ここでは入力データの可読表現を z，機械表現を $x = h(z)$ とする．ここで h はデータの前処理の関数である．このとき，モデルの出力は $y = f(x) = f \circ h(z)$ と書き表せる．LIME はこの合成関数 $f \circ h$ を 1 次近似することで，データの可読表現を対象にどの特徴量が重要かを推定する．

前述の LIME の定式化を拡張するために，z にランダムな操作を加える関数を $e(z)$ とする．前述の加法的な乱数は $e(z) = z + \epsilon$ とする場合に相当する．このとき，LIME ではランダム化された入力 $e(z)$ への合成関数 $f \circ h$ の出力を以下のように 1 次近似する．

$$\tilde{y} = f \circ h(e(z)) = f \circ h(z + (e(z) - z)) \approx y + \sum_{i=1}^{d} a_i(e(z)_i - z_i) \quad (6.18)$$

ここで $a_1, a_2, \ldots, a_d$ は偏微分に相当する未知のパラメータであり，先と同様に推定問題 (6.17) を解くことで推定できる．

6.6.2　SHAP[19]

SHAP (**Shapley Additive Explanations**)[19] は LIME と同様に重要特徴量を推定する手法である．SHAP の特徴は，「理想的な説明」とは何かを公理化してそこから特徴量重要度を数学的に導くところにある．

SHAP ではデータの可読表現 z として 0 か 1 の二値をとるバイナリベクトルを想定する *3．そして，モデルの出力 $f(x)$ を d 個の特徴量の寄与度 $\phi_1, \phi_2, \ldots, \phi_d$ および切片項 ϕ_0 の和として表現する．

$$f(x) = f \circ h(z) \approx g(z) = \sum_{i:z_i=1} \phi_i + \phi_0 \quad (6.19)$$

SHAP は $z_i = 1$，つまり「存在する」特徴量だけに着目してその寄与度の和でもってモデルの出力を説明する．そのため，SHAP は線形モデルの「寄与度を読む」方法を任意のモデルへと一般化したものと解釈できる *4．

SHAP では理想的な近似 $g(z)$ として，以下の 3 つの公理を設ける．ただし，モデル f および別のモデル f' について，それぞれ対応する 1 次近似 g, g' の係数を a_i, b_i とする．また，可読表現 z の i 番目の特徴量 z_i を 0 にしたべ

*3　例えば文章中にある単語が存在するか否か，画像に特定のパッチが存在するか否かなど．i 番目の単語やパッチが存在するときに $z_i = 1$，存在しないときに $z_i = 0$ とする．

*4　実際，線形モデルの場合には寄与度は $\phi_i = a_i(x_i - \bar{x}_i)$ となり，SHAP と線形モデルの「寄与度を読む」とは一致する．

クトルを z_{-i} とする．

定義 6.2（SHAP の公理）

1. $f(x) = g(z)$
   説明対象のデータ（機械表現 x，可読表現 z）について，モデル f の値と g の値が一致する．

2. $z_i = 0 \Rightarrow a_i = 0$
   可読表現 z_i が 0 ならば，その特徴量の寄与 a_i は 0 となる．

3. $f \circ h(z) - f \circ h(z_{-i}) \geq f' \circ h(z) - f' \circ h(z_{-i}) \Rightarrow a_i \geq b_i$
   可読表現 z_i の有無によるモデル f の予測の変化（左辺）が別のモデル f' の予測の変化（右辺）よりも大きいならば，モデル f における z_i の寄与 a_i はモデル f' における寄与 b_i よりも大きい．

これら 3 つの公理すべてを満たす係数 $a_1, a_2, \ldots, a_d$ は一意に定まり，以下で与えられることが知られている [19]*5．

$$a_i = \sum_{S \in \mathrm{supp}(z_{-i})} \frac{|S|!(d - |S| - 1)!}{d!} \left(f \circ h(1_{S \cup \{i\}}) - f \circ h(1_S) \right) \tag{6.20}$$

ここで $\mathrm{supp}(z_{-i}) = \{j \mid (z_{-i})_j \neq 0\}$ は z_{-i} の非零要素のインデックスの集合，1_S は集合 S に含まれるインデックスの要素が 1，それ以外の要素が 0 のバイナリベクトルである．

式 (6.20) を実際に計算するには，すべての $S \subseteq \mathrm{supp}(z_{-i})$ について $f \circ h(1_{S \cup \{i\}}) - f \circ h(1_S)$ を計算し，それらに係数をかけて足し上げる必要がある．候補となる S のパターンは全部で $2^{\|z_{-i}\|_0}$ 通り存在するため，可読表現の次元が大きい場合にはこれら指数的なパターンすべてを網羅的に計算することは非現実的である．そのため，実用的には S を確率的にサンプリングしたモンテカルロ近似が使われることが多い．また，線形モデルや決定木など一部のモデルについては，式 (6.20) が近似なしに効率的に計算できる

*5　協力ゲームにおけるシャープレイ値 [21] に相当する．

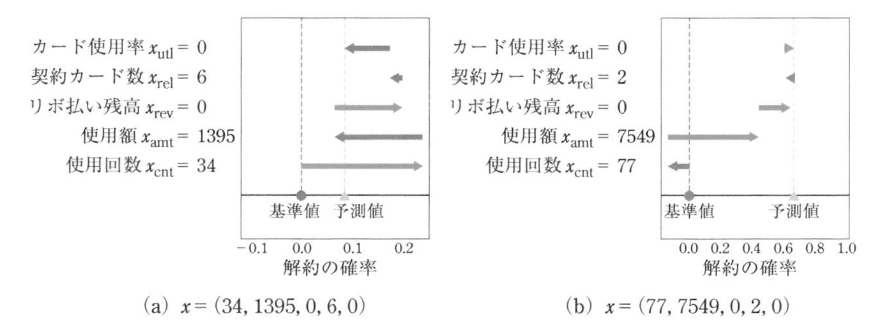

図 6.8　SHAP の例．正の寄与度を持つ特徴量は基準値 ϕ_0 から予測値を増やす方向（右向き赤矢印）に，負の寄与度を持つ特徴量は基準値 ϕ_0 か予測値を減らす方向（左向き青矢印）にそれぞれ寄与している．

ことが知られている [19, 22]．

図 6.8 は SHAP により推定された特徴量重要度の一例である．ここでは例 1 のデータセットに「契約カード数 x_{rel}」「カード使用率 x_{utl}」の特徴量を追加したデータセットで学習したランダムフォレストをモデル f として用いた．図中の矢印は各特徴量の寄与度 ϕ_i を可視化したものである．正の寄与度を持つ特徴量は基準値 ϕ_0 から予測値を増やす方向（右向き赤矢印）に，負の寄与度を持つ特徴量は基準値 ϕ_0 から予測値を減らす方向（左向き青矢印）に，それぞれ寄与していると解釈できる．図 6.8(a) では，「使用回数 $x_{\mathrm{cnt}} = 34$」という特徴量が存在することで予測値が基準値から大きく正の方向に動かされる反面，「使用額 $x_{\mathrm{amt}} = 1395$」という特徴量が存在することで予測値が大きく負の方向に動かされていることが示唆される．図 6.8(b) では，「使用額 $x_{\mathrm{amt}} = 7549$」「リボ払い残高 $x_{\mathrm{rev}} = 0$」という特徴量が予測値を増やす方向に大きく寄与しており，他の特徴量の寄与は小さいことが示唆される．

6.7　局所的な説明：画像注目箇所による説明

6.6 節では「局所的な説明」の代表的な手法として特徴量重要度を紹介した．これら紹介した手法の多くは対象とする問題やデータ，モデルを限定しない方法である．本節では，画像分類のためのモデル，特に深層学習モデルに特化した特徴量重要度（画像注目箇所による説明）について紹介する[*6]．

6.7.1　Saliency Map

深層学習モデルによる画像分類結果への説明の最も代表的な方法は「モデルの画像中の注目箇所」をヒートマップを使って強調する方法である．例えばモデルが画像を「ハンバーガー」と分類した場合に，モデルの注目箇所としてハンバーガーが強調されれば，ユーザは「モデルが確かにハンバーガーを見て分類をしている」と納得できる．これに対し，もしも他の食べ物やお皿などのハンバーガーとは直接関係ない箇所が注目箇所として強調された場合には，ユーザは「モデルが誤った箇所に着目し誤った分類をしている」と判断できる．

注目箇所の推定方法として，最も単純な **Saliency Map**[*7][23] について紹介する．ここでは画像分類を考えているので，モデルへの入力は画像である．画像の各ピクセルには RGB の各色に対応した値が 256 階調（0 から 255）で格納されている．そのため，これら RGB の値を変更することで各ピクセルの色を変更できる．ここでは例としてハンバーガーのピクセルの色を変えることを考える．例えばハンバーガーを真っ青にしてしまえば，もはやそれはハンバーガーには見えない．このような画像を画像分類モデルが正しくハンバーガーと分類できる可能性は低い．これに対し，例えば背景のお皿のピクセルを真っ青にしても画像中のハンバーガーのピクセルに手を加えなければ，画像分類モデルは依然として画像をハンバーガーと認識できるだろう．このように，どのピクセルの色を変えたらハンバーガーと分類されなくなるかを考えることで，モデルの注目箇所を調べることができる．

Saliency Map は本質的には式 (6.14) の微分可能なモデルに対する LIME と同じである．Saliency Map では，画像の見た目には無視できる程度に微量なだけの「ピクセルの色の変更」を考える．ここでは簡単のために，モデルとして入力画像 x のハンバーガーらしさの確率を出力する $f_{\mathrm{burger}}(x)$ を考える．このとき，i 番目のピクセル x_i の値を微小量 ϵ だけ変化させると，出力のハンバーガーらしさの確率の変化量は以下で記述できる．

---

*6　近年はこれらの説明法の画像以外の分野，例えば自然言語処理などへの適用も進みつつある．

*7　勾配 (gradient) を使うことから，gradient saliency などと呼ばれることもある．

$$f_{\mathrm{burger}}(x + \epsilon e_i) - f_{\mathrm{burger}}(x) \approx \frac{\partial f_{\mathrm{burger}}(x)}{\partial x_i}\epsilon \tag{6.21}$$

ここで e_i は i 番目のピクセルに 1 が，他のピクセルには 0 が格納された画像である．i 番目のピクセルが重要な注目箇所であれば色を変えることで左辺の出力確率が大きく変化するはずである．これに対し，右辺は i 番目のピクセルの出力変化への寄与はその偏微分で近似できることを意味している．そこで，Saliency Map では偏微分 $\frac{\partial f_{\mathrm{burger}}(x)}{\partial x_i}$ の大きさ（より正確にはその絶対値の大きさ）を調べることで，各ピクセルの色の変化の出力確率への影響の大小，つまり各ピクセルの注目度を調べる．

図 6.9 の最上段は偏微分を用いた Saliency Map の一例である．画像のうち，注目度の高いピクセルだけを残してマスクすると，ハンバーガー周辺が注目度の高いピクセルとなっていることがわかる．また，画像左下のコールスローの注目度が低く，モデルが画像をハンバーガーと判断するのにコールスローには着目していないと解釈できる．

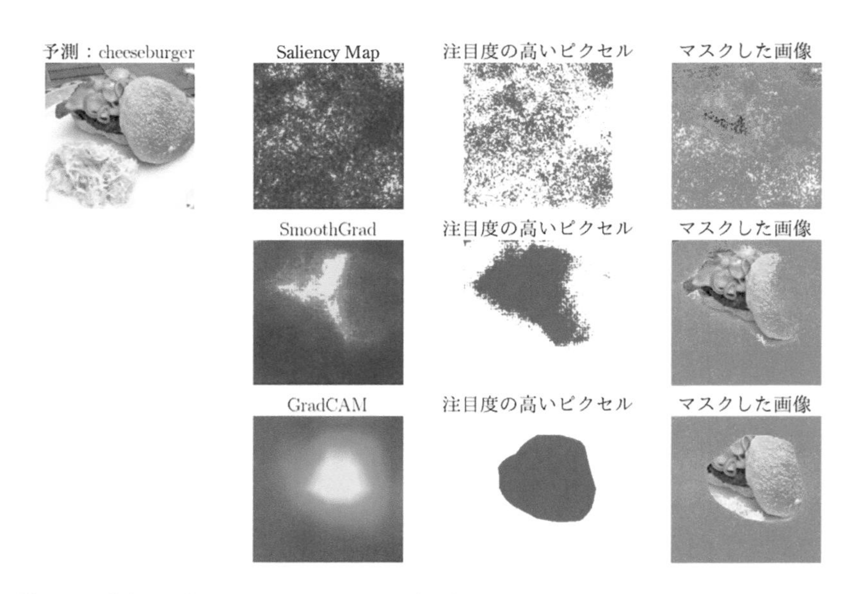

図 6.9　画像注目箇所の例．上段からそれぞれ偏微分 (Saliency Map), SmoothGrad, GradCAM により推定された注目箇所である．

6.7.2 Saliency Map の拡張

Saliency Map はその単純なアイデアおよび実装の容易さから，注目箇所推定の標準的な方法の一つである．しかし，Saliency Map により生成されるヒートマップは一般にノイズが多く，注目箇所が視覚的にわかりづらいという問題がある．このような Saliency Map の欠点を改善する方法としてさまざまな拡張が提案されている．以下では代表的な 3 つの拡張法を紹介する．

SmoothGrad [24]

Saliency Map を平滑化することでヒートマップからノイズを減らすことができる．このような平滑化を行う方法の一つが **SmoothGrad** [24] である．SmoothGrad では画像に微小なノイズを載せてから Saliency Map を計算することで平滑化を行う．具体的には，SmoothGrad では $\frac{\partial f_{\text{burger}}(x+\epsilon)}{\partial x_i}$ という偏微分を計算する．ここで ϵ は微小ノイズである．SmoothGrad の最終的な注目度は，この偏微分のノイズに対する期待値として以下のように定義される．

$$\mathbb{E}_\epsilon \left[\frac{\partial f_{\text{burger}}(x+\epsilon)}{\partial x_i} \right] \approx \frac{1}{K} \sum_{k=1}^{K} \frac{\partial f_{\text{burger}}(x+\epsilon^{(k)})}{\partial x_i} \tag{6.22}$$

一般に左辺の期待値は計算できないため，実用上は右辺の有限近似でもって各ピクセルの注目度とする．ノイズ ϵ の生成分布には幅の小さな一様分布や分散の小さい正規分布などが使われる．

図 6.9 の中段は SmoothGrad の一例である．Saliency Map よりもノイズが少なく，ハンバーガー周辺に注目箇所が集中していることがわかる．

Class Activation Mapping [25]

画像分類モデルには畳込みニューラルネットワーク (Convolutional Neural Network, CNN) が使われることが多い．**Class Activation Mapping (CAM)** [25] は特殊な CNN の構造を利用した Saliency Map の拡張である．CNN では畳込み処理の繰り返しにより，入力画像（縦 × 横 × RGB チャネル）を複数の小さい特徴画像（縦 × 横 × 複数チャネル）へと変換する．そして，これら特徴画像を最終層で処理することで，最終的な分類結果を決定する．

CAM は CNN 特有の特徴画像をヒートマップ生成へと利用する．CAM は対象のモデルとして最終層に大域プーリング (global average pooling) を用いる特殊な CNN に限定した手法である．入力 x から CNN により変換された特徴画像を $u_1(x), u_2(x), \ldots, u_C(x) \in \mathbb{R}^{h\times w}$ とする．ここで C は分類クラス数である．つまり，CAM では最後の特徴画像のチャネル数が分類クラス数と同じになるように CNN の構造を設計する．そして最後に大域プーリングにより各クラスに対するモデルの出力を以下のように計算する．

$$f_c(x) = \frac{1}{hw}\sum_{i=1}^{h}\sum_{j=1}^{w} u_{c,ij}(x) \tag{6.23}$$

このとき，特徴画像の (i,j) 番目のピクセルの出力 $f_c(x)$ への寄与は明らかに $\frac{1}{hw}u_{c,ij}(x)$ である．CAM ではこの特徴画像の (i,j) 番目のピクセルの出力 $f_c(x)$ への寄与 $\frac{1}{hw}u_{c,ij}(x)$ を，元の入力画像 x の各ピクセルへと対応させるために，適当なアップサンプリング（双線形補間など）を行い，最終的なヒートマップを生成する．

GradCAM[26]

CAM は最終層が大域プーリングからなる特殊な CNN に限定された手法であった．**GradCAM**[26] は CAM のアイデアを任意の構造の CNN へと適用可能なように CAM を拡張した手法である．

入力 x から CNN により変換された特徴画像を $u_1(x), u_2(x), \ldots, u_M(x) \in \mathbb{R}^{h\times w}$ とする．ここで M はチャネル数であり，分類クラス数 C とは異なってもよいとする．一般の CNN を扱うために，c 番目のクラスの出力が非線形関数 g_c により以下のように記述できるとする．

$$f_c(x) = g_c(u_1(x), u_2(x), \ldots, u_M(x)) \tag{6.24}$$

このとき，右辺を 1 次のテイラー近似を用いて大域プーリングで近似すると以下が得られる．

$$f_c(x) \approx \frac{1}{hw}\sum_{i=1}^{h}\sum_{j=1}^{w}\sum_{m=1}^{M} \frac{\partial g_c(u_1(x), u_2(x), \ldots, u_M(x))}{\partial u_{m,ij}(x)} u_{m,ij}(x) + b_c \tag{6.25}$$

ここで b_c はテイラー近似の 0 次の項である．これは新たな特徴画像 $v_c(x) \in \mathbb{R}^{h\times w}$ として

$$v_{c,ij}(x) = \sum_{m=1}^{M} \frac{\partial g_c(u_1(x), u_2(x), \ldots, u_M(x))}{\partial u_{m,ij}(x)} u_{m,ij}(x) \tag{6.26}$$

を用いた場合の大域プーリングと解釈することできる．そこで，GradCAM では式 (6.26) を特徴画像の (i,j) 番目のピクセルの出力 $f_c(x)$ への寄与とする．そして，CAM と同様に適当なアップサンプリング（双線形補間など）を行い，最終的なヒートマップを生成する．

図 6.9 の下段は GradCAM の一例である．SmoothGrad 同様に，GradCAM でもノイズが少ないヒートマップが得られていることがわかる．

6.8 局所的な説明：関連事例による説明

関連事例による説明とは「データの予測に関連した事例」を判断根拠としてユーザに提供する方法である．関連事例による説明はユーザにデータに関する十分な専門知識があり，提示された事例と予測とを見比べてその関連性に納得できる場合に有効である．一方，ユーザにデータに関する十分な知識がなく，関連事例を見ても理解できない場合には有効ではない．本節では「関連事例による説明」の代表的な手法である影響関数を紹介する．

モデル f の予測に関連する事例とは何か．この問いに対して真っ先に思いつくのが，モデル f の学習に使った訓練データセットである．それでは，ある特定の入出力ペア (x, y) について，モデル f による予測への各訓練事例の関連度はどのように定量化できるだろうか．このような関連度の定量化方法の一つが**影響関数**である．

影響関数の考え方について説明するために，まず通常の機械学習の定式化である訓練損失最小化を考える．訓練データセットを N 個の入出力ペア $D = \{x^{(n)}, y^{(n)}\}_{n=1}^{N}$，また $\ell(y, f_\theta(x))$ を真の出力 y とモデル f_θ による予測 $f_\theta(x)$ の乖離度合いを測る損失関数とする．ここで，θ はモデル f_θ のパラメータである．このとき，訓練損失最小化問題は N 個の訓練データでの損失の総和を最小化する問題として以下のように定義される．

$$\hat{\theta} = \operatorname*{argmin}_{\theta} \sum_{n=1}^{N} \ell(y^{(n)}, f_\theta(x^{(n)})) \tag{6.27}$$

学習されたパラメータ $\hat{\theta}$ を用いて，新しい入力 x に対する予測は $\hat{y} = f_{\hat{\theta}}(x)$ により計算される．

上記の一連の流れから，新しい入力 x に対する予測 $\hat{y} = f_{\hat{\theta}}(x)$ と訓練データセット D とは，パラメータ $\hat{\theta}$ を介して関連していることがわかる．そのため，モデル $f_{\hat{\theta}}$ の予測における各訓練事例の関連度は，$\hat{\theta}$ と各訓練事例の関連度と言い換えることができる．そして，この関連度を測るために影響関数では「もしもある訓練事例 $(x^{(j)}, y^{(j)})$ がなかったら予測はどう変わるか」という問題を考える．$(x^{(j)}, y^{(j)})$ がない場合の訓練損失最小化は以下で定義される．

$$\hat{\theta}_{-j} = \operatorname*{argmin}_{\theta} \sum_{n=1; n \neq j}^{N} \ell(y^{(n)}, f_{\theta}(x^{(n)})) \tag{6.28}$$

このとき，$\hat{\theta}_{-j}$ と $\hat{\theta}$ による予測の違いは 1 次のテイラー近似を使って

$$f_{\hat{\theta}_{-j}}(x) - f_{\hat{\theta}}(x) \approx \nabla_{\theta} f_{\hat{\theta}}(x)^{\top} (\hat{\theta}_{-j} - \hat{\theta}) \tag{6.29}$$

と近似できる．右辺の内積の値が正または負に大きい場合，取り除いた $(x^{(j)}, y^{(j)})$ は新しい入力 x の予測を大きく変える重要な事例，つまりは予測に関連する事例だといえる．式 (6.29) を計算するためには，$\hat{\theta}_{-j} - \hat{\theta}$ を計算する必要がある．以降では，この計算方法について述べる．

6.8.1 $\hat{\theta}_{-j} - \hat{\theta}$ の計算：愚直な方法

$\hat{\theta}_{-j} - \hat{\theta}$ を計算する最も愚直な方法は，実際に訓練データセットから $(x^{(j)}, y^{(j)})$ を抜いて訓練損失最小化を解くことである．これをすべての訓練事例について実施することで，すべての訓練事例について $\hat{\theta}_{-j} - \hat{\theta}$ が計算でき，ひいては式 (6.29) により新しい入力 x の予測の変化を計算できる．しかし，この方法は膨大な計算を必要とする．例えば，訓練データセット中の事例数が 10,000 個ある場合，訓練損失最小化を 10,000 回解く必要がある．深層学習モデルなど近年の高度で複雑なモデルは 1 回の学習だけでも数日から数週間かかる場合もある．このような大規模な計算を 10,000 回繰り返すのは明らかに現実的ではない．そのため，愚直な方法は学習の計算が簡単で，また訓練データセットの事例数が少ない場合にしか適用できない．

6.8.2 $\hat{\theta}_{-j} - \hat{\theta}$ の計算：影響関数

愚直な方法の欠点を解消したのが影響関数に基づく方法である．影響関数を使った方法では $\hat{\theta}_{-j} - \hat{\theta}$ を以下により近似する [27]．

$$\hat{\theta}_{-j} - \hat{\theta} \approx -H_{\hat{\theta}}^{-1} \nabla_{\theta} \ell(y^{(j)}, f_{\hat{\theta}}(x^{(j)})) \tag{6.30}$$

ここで $H_{\hat{\theta}}$ は以下で定義される損失の 2 階微分行列（ヘッセ行列）である．

$$H_{\hat{\theta}} = \nabla_{\theta}^{2} \frac{1}{N} \sum_{n=1}^{N} \ell(y^{(n)}, f_{\hat{\theta}}(x^{(n)})) \tag{6.31}$$

この近似は $\hat{\theta}_{-j}$ を計算する必要がないため，膨大な回数の訓練損失最小化を解く必要がない．結果，影響関数の方法を使うことで膨大な訓練データセットについても $\hat{\theta}_{-j} - \hat{\theta}$ を，ひいては各訓練事例の予測への関連度 $f_{\hat{\theta}_{-j}}(x) - f_{\hat{\theta}}(x)$ を効率的に計算できる．ただし，逆行列 $H_{\hat{\theta}}^{-1}$ の陽な計算には膨大な計算量やメモリ容量が必要となるため，必要に応じて共役勾配法による近似計算などを導入する [27]．

6.8.3 影響関数の応用：データクレンジング

影響関数の主要な応用の一つがデータクレンジングである．機械学習モデルは訓練データセットから学習して作られるため，訓練データセットの品質はモデルの性能を左右する重要な要素である．例えば，誤ったラベルを含んでいたり，外れ値を含んでいたりする訓練データセットは品質が低いといえる．このような品質の低い訓練データセットから学習されたモデルは，その性能が低下したり，不適切な基準でもって判断を下したりする可能性がある．そこで，影響関数を用いてモデルの判断に関連の深い訓練データ（関連データ）を見つけることで，モデルがどのようなデータに基づいて判断を下しているかを調べることができる．

学習されたモデルパラメータ $\hat{\theta}$ の性能を検証データセット $D' = \{x'^{(m)}, y'^{(m)}\}_{m=1}^{M}$ で評価するとする．このとき，検証データにおける平均損失は

$$L(\hat{\theta}) = \frac{1}{M} \sum_{m=1}^{M} \ell(y'^{(m)}, f_{\hat{\theta}}(x'^{(m)})) \tag{6.32}$$

となる．ここで，もしも訓練データセットから j 番目の訓練事例 $(x^{(j)}, y^{(j)})$ を削除した場合には，平均損失は $L(\hat{\theta})$ から $L(\hat{\theta}_{-j})$ へと変化する．このとき，平均損失の変化幅に対する 1 次近似は

$$L(\hat{\theta}_{-j}) - L(\hat{\theta}) \approx \nabla_\theta L(\hat{\theta})^\top (\hat{\theta}_{-j} - \hat{\theta}) \tag{6.33}$$

となる．右辺は式 (6.30) により $\hat{\theta}_{-j}$ を直接計算することなしに評価できる．もしも推定された変化幅が大きい負の値をとる場合には，j 番目のデータを除外することで検証データセットの平均損失が大幅に改善する．つまり，j 番目のデータはモデルの精度改善のために除外することが望まれる有害なデータであるといえる．このように，平均損失の変化幅を計算することで，ユーザが訓練データすべてを一つ一つ確認することなしに，自動的に有害なデータの絞り込みが可能となる．

図 6.10 は MNIST 手書き数字データ [28] において，影響関数を用いて見つかった有害データの例である．ここではモデルとして畳込み層と最大値プーリング層をそれぞれ 2 層持つ CNN を用いた．

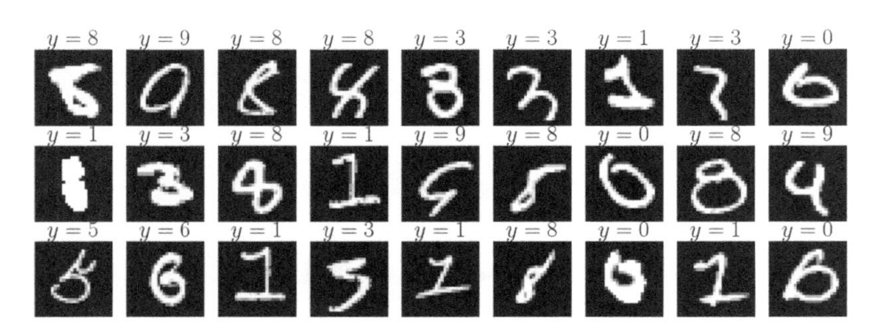

図 6.10 MNIST 手書き数字データにおいて影響関数を用いて見つかった有害データの例

6.9 本章のまとめ

本章では，機械学習モデルの判断根拠を人間が理解できるようにするための説明法について紹介した．本節では，これら説明法に関する二つの課題を紹介して本章の締めとする．

6.9.1 課題 1. 説明のリスク

説明法の目的は複雑な機械学習モデルの判断根拠を人間が理解できるようにすることである．説明法では複雑なモデルを理解可能にするためにさまざまな近似が行われている．そのため，得られた説明と元のモデルとの間には近似によって生じた誤差がある [29]．この誤差により，説明の内容とモデルの挙動とが食い違うことがありうる．つまり，説明はときに間違える可能性がある．間違った説明は人間を誤った意思決定へと導きかねない．説明法の利用に際しては，説明が間違っている可能性について十分に注意する必要がある．

6.9.2 課題 2. 説明の悪用

説明法は技術であり，他の技術と同様に良いことにも悪いことにも使える．説明法の悪用の一つが「嘘をつくこと」である．例えば「男女でローンの審査基準を変えるモデル」は男女差別的であり倫理的に問題がある．しかし，差別的なモデルを使うことで公平なモデルよりも一層の利益が得られる場合，ビジネス主体には差別的なモデルを積極的に活用するインセンティブが生まれる．当然ながら，現代社会において差別的なビジネスは社会からの批判を免れえない．そこで，ビジネス主体には社会に対して差別的なモデルを「使っていない」ことを納得させるために説明法を悪用して「嘘をつく」という選択肢が生まれる．実際，説明法を「適切に調整する」ことで，差別的なモデルから公平な説明を取り出せることが報告されている [30]*8*9．今後，説明法の技術が発展するにつれて，より巧妙な嘘が作れるようになる可能性が高い．そのため，社会として嘘の説明を許さない適切な監査の仕組み作りが必要になってくる．

---

*8 例えば，入力された顧客の性別に基づいて判断を下す差別的なモデルに対して，本章で紹介した LIME を適用することを考える．このとき，LIME の最適化問題のパラメータ（例えば重みの関数 $w(t)$ や非零要素個数 K，最適化アルゴリズムのパラメータなど）を変化させることで，さまざまな説明（重要特徴量の組み合わせ）を得ることができる．このようにして得られた多様な説明の中には，性別を含む説明もあれば性別を含まない説明も存在しえる．ビジネス主体はこれら多様な説明の中からビジネス主体に都合のよい説明，例えば性別を重要特徴量として含まない説明を社会に向けて発信し，本来は差別的なモデルをあたかも性別に依存しない公平なモデルであるかのように社会にアピールすることができる．

*9 嘘の説明は，説明に内在するリスクの解明などの学術的な目的から研究されているものである．筆者は読者がこれら嘘の説明を実用しないことを切に願う．

B i b l i o g r a p h y

参考文献

[1] C. Molnar. Interpretable Machine Learning: A Guide for Making Black Box Models Explainable. 2021. https://christophm.github.io/interpretable-ml-book/

[2] Z. C. Lipton. The mythos of model interpretability. *arXiv:1606.03490*, 2016.

[3] R. Guidotti, A. Monreale, S. Ruggieri, F. Turini, F. Giannotti, D. Pedreschi. A survey of methods for explaining black box models. *ACM Computing Surveys*, 51(5):1–42, 2018.

[4] A. B. Arrieta, N. Díaz-Rodríguez, J. D. Ser, A. Bennetot, S. Tabik, A. Barbado, S. García, S. Gil-López, D. Molina, R. Benjamins, R. Chatila, F. Herrera. Explainable artificial intelligence (XAI): Concepts, taxonomies, opportunities and challenges toward responsible AI. *Information Fusion*, 58:82–115, 2020.

[5] N. Mehrabi, F. Morstatter, N. Saxena, K. Lerman, A. Galstyan. A survey on bias and fairness in machine learning. *ACM Computing Surveys*, 54(6):1–35, 2021.

[6] 三末和男．情報可視化入門．森北出版，2021.

[7] J. H. Friedman. Greedy function approximation: A gradient boosting machine. *Annals of Statistics*, 29(5), 1189–1232, 2001.

[8] S. Goyal. Credit card customers, version 1. Retrieved May 31, 2021 from https://www.kaggle.com/sakshigoyal7/credit-card-customers

[9] A. Goldstein, A. Kapelner, J. Bleich, E. Pitkin. Peeking inside the black box: Visualizing statistical learning with plots of individual conditional expectation. *Journal of Computational and Graphical Statistics*, 24(1): 44–65, 2015.

[10] D. W. Apley, J. Zhu. Visualizing the effects of predictor variables in black box supervised learning models. *Journal of the Royal Statistical Society: Series B (Statistical Methodology)*, 82(4):1059–1086, 2020.

[11] 佐和隆光．回帰分析（新装版）．朝倉書店，2020.

[12] 冨岡亮太．スパース性に基づく機械学習．講談社，2015.

[13] 河原吉伸，永野清仁．劣モジュラ最適化と機械学習．講談社，2015.

[14] F. Wang, C. Rudin. Falling rule lists. In *Proceedings of the 18th International Conference on Artificial Intelligence and Statistics*, PMLR38, 1013–1022, 2015.

[15] L. Breiman. Random Forests. *Machine Learning*, 45(1):5–32, 2001.

[16] L. Breiman, N. Shang. Born again trees. University of California, Berkeley, Technical Report, 1996.

[17] S. Hara, K. Hayashi. Making tree ensembles interpretable: A Bayesian model selection approach. In *Proceedings of the 21th International Conference on Artificial Intelligence and Statistics*, PMLR84, 77–85, 2018.

[18] M. T. Ribeiro, S. Singh, C. Guestrin. Why should I trust you?: Explaining the predictions of any classifier. In *Proceedings of the 22nd ACM SIGKDD international Conference on Knowledge Discovery and Data Mining*, 1135-1144, 2016.

[19] S. M. Lundberg, SI. Lee. A unified approach to interpreting model predictions. In *Advances in Neural Information Processing Systems*, 4768–4777, 2017.

[20] 中山光樹．機械学習・深層学習による自然言語処理入門．マイナビ出版，2020.

[21] L. S. Shapley. A value for n-person games. *Contributions to the Theory of Games*, 2(28):307–317, 1953.

[22] S. M. Lundberg, G. Erion, H. Chen, A. DeGrave, J. M. Prutkin, B. Nair, R. Katz, J. Himmelfarb, N. Bansal, SI. Lee. From local explanations to global understanding with explainable AI for trees. *Nature Machine Intelligence*, 2:56–67, 2020.

[23] K. Simonyan, A. Vedaldi, A. Zisserman. Deep inside convolutional networks: Visualising image classification models and saliency maps. *arXiv:1312.6034*, 2013.

[24] D. Smilkov, N. Thorat, B. Kim, F. Vigas, M. Wattenberg. SmoothGrad: Removing noise by adding noise. *arXiv:1706.03825*, 2017.

[25] B. Zhou, A. Khosla, A. Lapedriza, A. Oliva, A. Torralba. Learning deep features for discriminative localization. In *Proceedings of the IEEE Conference on Computer Vision and Pattern Recognition*, 2921–2929, 2016.

[26] R. R. Selvaraju, M. Cogswell, A. Das, R. Vedantam, D. Parikh, D. Batra. Grad-CAM: Visual explanations from deep networks via gradient-based localization. In *Proceedings of the IEEE Conference on Computer Vision and*

Pattern Recognition, 618–626, 2017.

[27] P. W. Koh, P. Liang. Understanding black-box predictions via influence functions. In *Proceedings of the 34th International Conference on Machine Learning*, PMLR70, 1885–1894, 2017.

[28] Y. LeCun, L. Bottou, Y. Bengio, P. Haffner. Gradient-based learning applied to document recognition. In *Proceedings of the IEEE*, 86(11):2278–2324, 1998.

[29] C. Rudin. Stop explaining black box machine learning models for high stakes decisions and use interpretable models instead. *Nature Machine Intelligence*, 1:206–215, 2019.

[30] U. Aïvodji, H. Arai, O. Fortineau, S. Gambs, S. Hara, A. Tapp. Fairwashing: The risk of rationalization. In *Proceedings of the 36th International Conference on Machine Learning*, PMLR97, 161–170, 2019.

Chapter 7

AI 倫理

中川裕志（理化学研究所）

人間や社会とのかかわりの観点から機械学習技術が利用される AI システムのあり方，特に AI 倫理と総称される側面について論じる．

7.1 本章について

社会の隅々で AI，機械学習の成果が使われるようになると，その利用目的についてより深く考える必要が出てくる．また，AI システムが法律を遵守しているかどうかが問題になる場合がある．逆に機械学習や AI の技術を人々に役立つ形で活かすために法制度，社会制度を変更する努力が必要になることもある．こういった総合的視点からの AI 技術や機械学習技術，さらには AI システムの構築や利用方法の可否判断のための枠組みを与えるのが本章で述べる **AI 倫理** (**AI ethics**) である．

7.2 シンギュラリティに対する文化差

カーツワイルなどによってシンギュラリティ (**singularity**) という概念が示された．技術的にいえば，シンギュラリティとは，AI の能力が指数関数的爆発した結果，AI が人間の知能を上回ることである．指数関数的であるがゆえにひとたび人間を超える AI，すなわち **AGI (Artificial General Intelligence, 汎用 AI)** ができると人間は太刀打ちできなくなり，人間が AGI[1] に支配されるのではないかという言説が 2010 年ごろから流布しはじめた．ボストロムはさらに哲学的考察を深め，AGI を超えた超知能が人間を支配するかもしれないと唱え，可能性が低いにしてもそのような事態に備えるべきだと著書『Superintelligence』[2] で述べた．これを真に受けた AI 関連分野の人々は人間に取って代わる AGI の出現を防げる方策を議論しはじめた．防衛策として，AI に人間と同じような倫理感を埋め込むべきだという論調が生まれ，そこから AI 倫理を重視する流れが生まれたといえる．このような SF 小説的な言説が学問や技術の世界で大きなうねりになってしまったことを奇異に感じられる読者もおられるだろう．これを，数千年に及ぶ一神教の伝統によって説明する以下のような考え方がある．

一神教の世界では，図 7.1 左に示すように，知的能力においては最上位に唯一神がおり，その直下に人間がおり，その下に動物植物，あるいは人間が作り出した道具が位置する．

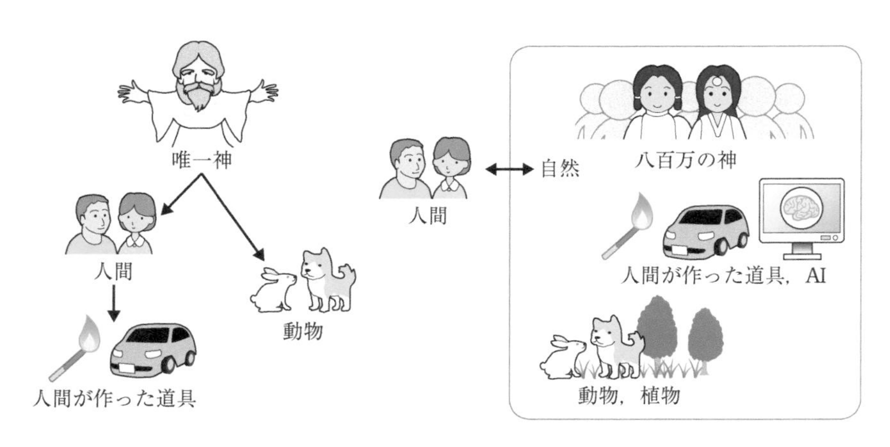

図 7.1 知的ハイアラーキーの世界観

AI は人間が作り出した道具なので，人間より下位に位置づけられ，道具である以上，人間が制御できなければならない．ところが，シンギュラリティによって人間より知的能力が上位になりかねない AGI が出現することや，ましてや人間を支配しそうな超知能などはあってはならない存在なのである．そのような存在の可能性がAIの延長線上に示された以上，それを人間の制御下におかなければ有史以来の唯一神を頂点とする秩序が崩れてしまう．「AIにそのような可能性を持たせないためにはどうしたらよいか」という問いへの答えの一つが倫理的行動をするように設計されたAIだけを許容することである．こうして，AI倫理が一世を風靡するテーマになったわけである．

一方，日本人は一神教の伝統を持たない．図7.1右に示すように，神を自然の中に見い出すような世界観の中で暮らしてきた．人間が作り出した道具も自然の恵みと考えるなら，技術的にすぐれているAIであっても一神教的な意味での上下感は感じない．むしろ，人間と仲間という考え方をとる．これをテクノアニミズムと呼ぶ．日本ではAIBOのような知的なロボットでも，それを仲間として共存してしまう傾向が強かった*1．AI倫理が一神教の伝統を持つ欧米ではじまり，AI対人間という考え方が浸透していなかった日本は，欧米中心に発展したAI倫理に対して，追随するような形になったこともやむを得ないことであったといえよう．

コラム AIは「火」に近い

AIは道具であるとすると，有史以来人類が獲得してきた道具のうち，何に一番近いのだろうか．筆者の私見ではあるが「火」に近いと思われる．種々の目的に使うことができ，極めて応用可能性が高いことは，AIと火に共通する．一方で，その破壊力の凄まじさも共通する．火事はいうに及ばず，近代の主要兵器である火器も火の応用である．それゆえ，火を恐れる「火の用心」がシンギュラリティや超知能を制御しようとするAI倫理と対比できる．しかし，火はただ恐れるだけでなく，その使い方に注意を払おうというタイプの道具であり，その考え方に沿って以後に述べるAI倫理が展開していくことになる．

---

*1 AIBO供養という概念すらある．

7.3 AI 脅威論からの脱却

AI 脅威論の背景には，深層学習が人間の神経ネットワークを模した構造を持っているため，このまま発展すれば，人間にとって脅威となる AI までたどりつくかもしれないという短絡的思考があったのかもしれない．しかし，深層学習は，結局のところ図 7.2 のように隣接する 2 層の間に非線形な関数 $F(x)$ で定義されるリンクを張った構造を多層化しているものである．

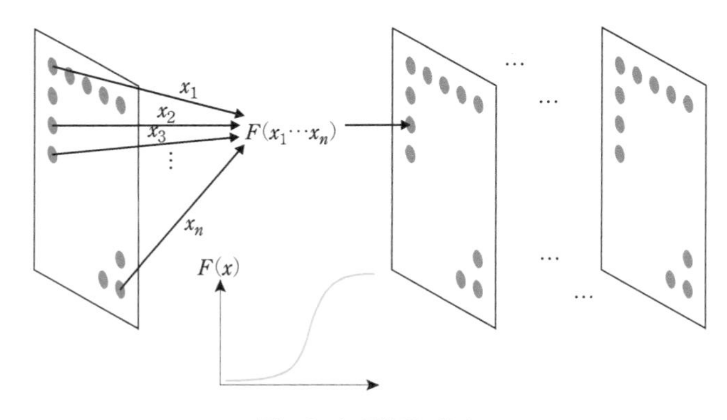

図 7.2 深層学習の概念

確かに次元が上がることによって複雑な状況を表現できるため，訓練データ量が大きくなっても，それを学習結果に反映させやすいという特徴を持つ．人間の脳は視覚，聴覚などの入力データ処理を別々に行うモジュール，記憶のモジュール，これらのモジュールから上がってくる情報を結合して高次の処理をする脳全体を司るモジュールなどに分かれており，モジュール内の動作は独立して行われるとされている．したがって，モジュール間の情報交換は比較的簡単なものになっているだろう．深層学習がこういった人間固有のモジュール構造までモデル化しているのかは疑問である．深層学習は画像認識で高い精度を出せたが，これは視覚モジュールの能力に近づいたというだけのことである．依然として，種々のモジュールからの情報を組み合わせて処理を行う構造は明確ではない．これに関連する問題は，人間がなんとか対処している文脈依存性の問題にはどう取り組むかである．この方向の取り組みとして，深層学習では attention メカニズムや強化学習と組み合わせたシステムが研究されている．しかし，このことは深層学習自身が文脈依存処理能力を自律的に身につけたというよりは，文脈を外界から与えているということになる．

つまり，深層学習といえども，与えられた問題を解くための背景知識の自動選択はできていないので，文脈依存性の解決はできない．文脈依存性の解決に必要であり，かつ現在までの AI 技術では解けていない二つの基本問題が**記号接地問題 (symbol grounding problem)** と**フレーム問題 (frame problem)** である．

用語解説

記号接地問題とフレーム問題

記号接地問題とは，実世界の対象を AI が扱うにあたっては，単語，一般的には記号表現を用いるため，記号表現が実世界の本質的な意味を正確にとらえられるかという問題である．フレーム問題とは，実世界で起きうる無限の可能性や側面のうち，AI が必要な部分（フレーム）だけを適切に切り出して扱うという問題である．人間はこれらの問題を解決しているといわれるが，実際は近似的に扱っているのかもしれない．例えば，単語の意味を取り違えることは多いし，発話の背景知識を誤解することもしばしば起きている．

このように見てくると結局，深層学習といえども人間の知的能力を十分に実現できたわけではなく，実際は性能の高い機械学習アルゴリズムと位置づけられることがわかる．

最終的に AI 研究者らは，シンギュラリティの現時点での非現実性に気づき，深層学習が魔法ではなく高機能な機械学習アルゴリズムだという認識に立つことができた*2．しかし，皮肉にも AI 脅威論が誘発した AI に倫理感を与えるべきという問題設定は，機械学習を前提にした AI システムが社会の

*2 シンギュラリティによる強い AI や超知能は観念的すぎるため，現状において機械学習にかかわる倫理的テーマと考える必要はない．ただし，脳の生理的構造を神経レベルの詳細さで再現しようという全脳アーキテクチャの研究者にとっては，これは正面から向き合うべき倫理課題である．

隅々で利活用されるようになったときの諸問題に適用すべきだという認識を生み出した．こうしてAI倫理に対する本格的な取り組みが2015年以降はじまったのである．以降では，AI倫理として列挙されている倫理的課題の各々における機械学習の関与の仕方を説明していく．

7.4 AI倫理における安全性

脅威の観点から派生したAIシステムの**安全性**という概念は社会に対してAIシステム開発者が負う責任としての「安全性」と考えることもできる．AIの開発を凍結すべきという考え方すらある．これは突拍子もない考え方ではなく，遺伝子操作などバイオ関連の研究では，遺伝子編集などある種の技術の研究や実用化を凍結したという例もある．技術開発を目的とする機械学習工学にとっても無関係とは言い切れない．ただし，ある種の技術の研究を凍結するというのではなく，その技術を応用に使うこと，実用化することを禁止するという選択肢のほうが合理的ではないか．

セキュリティは上記の安全性とは異なる技術的な意味，すなわちソフトウェア的観点からの安全性である．ネットワーク経由のサイバー攻撃に対するセキュリティ対策の対象がAIシステムになった場合が想定される．サイバー攻撃に対するセキュリティは機械学習と深く関係するようになってきている．すなわち，サイバー攻撃のマルウェアを生成する側も，マルウェアを発見し攻撃を遮断する守備側も機械学習技術を利用せざるをえない状態になる．守る側からすれば，既存のマルウェアを訓練データとして，マルウェア特有のパターンを機械学習して，ネットワーク経由でやってくるデータからマルウェアを検知し排除する機械学習応用システムを構築しなければならない．

ネットワーク経由のサイバー攻撃に対して機械学習工学に今後期待される役割は，(1) ネットワーク経由で到来するデータを観測し，その中から未知の攻撃パターンを認識する手法，(2) 攻撃側の意図の推定技術である．例えば，戦闘機に対する攻撃は，戦闘機を制御するAIを攻撃することもあるかもしれないが，むしろ，戦闘機の整備工場のシステムに不具合を起こさせ，整備不可能な状態にすれば，戦闘機は飛べないので攻撃目標は達せられる．このように，攻撃側はいろいろな意図をもって攻撃してくるので，攻撃側の意図を推定し特定する技術が重要である．攻撃側の意図が特定できていれば，攻撃してきても見破りやすいが，実際にはこの意図推定は文脈や背景に依存するだけに非常に難しいタスクである．機械学習における技術という観点からは，異常値検出，異常検知，因果推論などが応用できるであろう．

7.5 プライバシー

プライバシー保護は，ほとんどのAI倫理指針で取り上げられている課題である．プライバシー保護を**個人情報**の保護と考えたくなるが，これは誤りである．個人情報は名前や性別，住所など実世界の個人を特定する情報，すなわち**個人識別情報**だけを意味すると誤解されている．個人情報は，正しくは，次式のように個人識別情報とそれ以外の個人データからなる．

個人情報 ＝ [個人識別情報（氏名，性別，生年月日，住所，マイナンバー, ...），
個人データ（家族情報，ゲノム情報，前科前歴，人種，
購買履歴，移動履歴，医療履歴，学歴，職歴, ...）]

個人識別情報に紐づけられた情報はすべて個人情報となる．したがって，個人識別情報だけを削除しても個人情報は保護されないし，当然プライバシー保護にもなっていない．なお，個人データ中の家族情報，ゲノム情報，前科前歴などは個人情報保護法では要配慮個人情報とされ，収集には本人同意が必要である．また，人種は欧米ではセンシティブな情報として保護される．

さらに問題を複雑化しているのは，仮に個人に関する推定情報であっても，あるいは虚偽情報であっても個人識別情報に紐づけられれば個人情報になることである．推定情報の例としては，就職活動している学生に関して特定の会社の内定辞退率の予測値がある．内定辞退率が希望する会社に知られれば，その学生の採用内定に影響があることが予想され，本人にとっては大変な不利益になる．また，虚偽情報の例としては，個人Aに悪意を持つ他人Bが，「Aが万引きしたことがあるそうだ」とSNSで虚偽情報を発信した場合，Aにとっては被害が甚大である．また，ゲノム情報は単純に塩基配列情報だけなら問題ないが，これが個人に紐づいてしまい，結果として病気に罹りやすいと見なされれば，保険加入の拒否などの不利益が生じる可能性がある[*3]．

*3 2020年時点で，日本ではゲノム差別禁止法がないので，ゲノム情報を使って保険における差別（加入拒否や極端に高い保険料）をすることは違法ではない．

プライバシー保護を上で述べた個人情報保護と考えたときの，機械学習の立場について考えてみよう．上記のような種々の散在する情報を個人識別情報*4 に紐づけることによって，豊富な情報を含有する個人情報を構成することを**名寄せ**あるいは**プロファイリング**と呼ぶ．プロファイリングは，種々の情報，例えばゲノム，医療履歴，移動履歴，購買履歴などをその内容を使ってその主体の個人が誰であるかを推定して紐づけする作業であり，それこそ機械学習の得意とするところである．教師あり学習に加えて，半教師あり学習，教師なし学習を総動員してプロファイリングを行う．例えば，移動履歴がわかると，しばしば同じ移動履歴を持つ人物と友達あるいは家族ではないかと推論し，個人にたどりつく可能性もある [3]．プロファイリングができると，次の例のような効果的な個人向け広告ができる．

Step 1. 個別レストランの顧客情報から名寄せされて，個人ごとによく行くレストランのリストの形でプロファイリングされる．

Step 2. Step 1 で作ったプロファイル*5 を使って，個人 A と似たレストランのリストを有するプロファイルを持つ人の集合を作る．

Step 3. A さんの現在地を GPS 情報から得る．

Step 4. Step 2 で集めたプロファイルの集合から，同じ食の好みの人が行く近くのレストランを Step 3 で得た現在地情報を用いて推薦することができる*6．

レストラン推薦ならあまり問題はないように思われる．しかし，GPS で位置情報が収集された場合には，ある人がしばしば訪れる施設が特定の宗教施設だったとすると，その人が帰依する宗教を推定でき，場合によっては社会的に不利益な扱いを受けるかもしれない*7．

つまり，機械学習技術はプロファイリングに使うと，プライバシー保護とは逆の使い方になるため，この利害が相反する状態を技術だけで解決することは難しい．そこで，プライバシーはむしろ法制度で保護するという方向が

*4 ここでは個人識別情報を氏名，性別，住所あるいはマイナンバーなど個人を一意に特定できる情報と定義する．

*5 プロファイルとは，プロファイリングによって作られた個人に関する情報である．

*6 いわゆる協調フィルタリングという技法である．

*7 日本では，個人の居場所を示す位置情報はセンシティブな情報ではないが，日本に比べて宗教的差別が強いといわれる欧米では，このような理由もあって，個人の居場所を示す位置情報はセンシティブな情報として扱われる．

有力になる．これが個人情報保護法の存在意義となっている．EU においてはプライバシー保護を目的とした **GDPR** (**General Data Protection Regulation**) が成立し施行されている．プロファイリングに関しては以下の 22 条が有名である．

用語解説

GDPR22 条 1 項

データ主体（データ内容が記述している個人のこと）は，当該データ主体に関する法的効果をもたらすか又は当該データ主体に同様の重大な影響をもたらすプロファイリングなどの自動化された取扱いのみに基づいた決定に服しない権利を持つ．

GDPR22 条の概念を図 7.3 に示す．この図では，保険加入を断られた男性が個人情報保護法制に詳しい人に相談したところ，保険会社が個人のプロファイリングを自動的に行って保険加入を拒否したことは，GDPR22 条に違反するとして保険会社の決定に服さないことを訴えている流れを示している．

このように法文は整備されているが，ではこの 22 条 1 項の実効性はどのように担保すればよいのか．「自動化された取扱いのみに基づいた決定」とさ

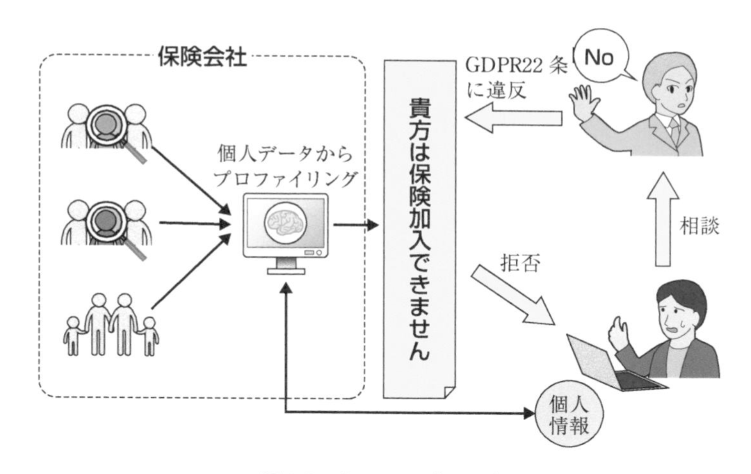

図 7.3 GDPR22 条の概念

れているので，どこかで人間が少しでも関与すればよいことになる．ただし，より公正な処理を求めるなら，プロファイリングのプロセスの開示要求に応えられることが望ましい．つまり，プロファイリングの結果とプロセスについての説明を求められたとき，これに応じることができる説明可能性を持つ必要がある．プロファイリングは一種の AI 技術であるとすれば，この説明可能性は要するに説明可能 AI であることを求めることになる．説明可能性については 7.7 節で詳述する．

個人データのプライバシー保護には仮名化と匿名化がある．仮名化は個人情報の氏名など個人識別情報の部分を鍵つきハッシュ関数などで乱数化することである．匿名化は個人識別情報の仮名化に加えて，購買履歴などの個人識別情報以外の個人データになんらかの変更を加えて個人を特定できないようにする処理である．購買履歴であれば，購買日時を月単位のような粗い表現にする，あるいは購買金額に乱数を加えるなどの処理が考えられる．しかし，個人データに有用性を残そうとすれば，完全な匿名化はできない．匿名化をさらに進めて統計データにすることも考えられるが，その使い道はかなり限定される．このように匿名化の方向によるプライバシー保護はデータの有用性とのトレードオフの関係がある．プライバシー保護を AI 倫理指針の課題とするなら，上記のような技術と法制度の双方を勘案した個人識別情報ないし個人データの処理システムの開発・運用を考慮しなければならない．このため，機械学習の開発側としても法制度についての知識と理解が必要になることを常に留意してほしい．

7.6 予見性

AI システムの動作ないし出力結果の**予見性**は，AI システムを実社会で利用する局面になったとき，法的に避けて通れない要素である．端折っていえば，予見できたのに対策しなかったら作為によるので有罪であり，予見できなかった場合は，努力不足，悪くても過失相当という見立てになるだろう．

AI システムの予見性は技術的に見れば，機械学習アルゴリズムに訓練データを与えて学習させて生成した識別システムあるいは分類システムの性能予測の問題である．学習結果として得られた識別システムへの入力データがあるクラス（ここでは仮にクラス A と名づける）に属するかどうかを判定する場合を考えてみる．入力データに対する識別システムの途中結果である数値*8 を適当な閾値によって行ったクラス A に属するか否かの判断が識別システムの出力になる*9．ただし，入力データがクラス A に属するかどうかの判定精度は 100%よりは低い．つまり，入力データが与えられた場合の判定精度すなわち予見性は確率的なものになる．空港の入国管理で顔認証を個人の識別に使う場合は 100%の判定精度が求められる．しかし，判定精度が 100%でなくてもよい場合もある．画像処理で不揃いな野菜，例えば曲がった胡瓜かどうかを判定する選別システムでは 95%でも十分な予見性があるといえるかもしれない．機械学習のアルゴリズムとして寄与できるのは判定精度までであり，それを予見性の有無として解釈するのは法律の役割となる．

識別システム以外の場合として，入力データに対する結果が数値で与えられる予測システムについても考えてみよう．予測システムの例としては，学歴，年齢などの個人属性情報を入力としたときの年収額の予測などがある．厳しい予測精度が要求される例としては，人の生命にかかわる医療にかかわるシステム，例えば創薬では副作用を誘発しない確率などがあり，100%に極めて近い値でなければならないだろう．

予測された数値と真の数値の誤差が常に小さければ予見性があるといえる．しかし，稀ではあっても誤差が非常に大きな場合があると，予見性があるとはいえないかもしれない．例えば，個人の余命を予測するとき，稀ではあっても 100 年と出たり，40 歳の健常者に 1 ヵ月と出たりしたら，予見性が強く疑われる．

予測システムの場合でも，機械学習のアルゴリズムとして寄与できるのは予測値と真の値との誤差の評価*10 までであり，その評価による予見性の有無を決めるのは，これまた法律あるいは法律家の役割となる．例えば，原発の水素爆発の予測確率は，事故が起きたときの被害の大きさを考えると大きな誤差は許容されない．被害を最小にする観点からは，

$$予測被害額 = 水素爆発の予測確率 \times 被害額$$

となるので，被害額が膨大だと，予測確率の誤差は非常に小さくても影響が

*8　数値を要素とするベクトルの場合もある．

*9　与えられた入力データがクラス A に属するか否かではなく，予測される出力の数値的結果を得る場合には回帰システムとなる．

*10　評価は，「予測値と真の値の誤差」の予測値の期待値や分散によって行う．

巨大だと認識しておかなければならない*11.

このように大規模なデータを機械学習システムで処理した結果として得られる分類システムや予測システムと，それらが社会で実際に使用された場合の法的判断をつなぐ予見性の概念は，法律家にとっても機械学習を利用するシステム開発者にとっても重要であり，両者に共通の理解が必要である.

予見性の概念の下で，もう一つ重要なのはリスクを予見することである.

機械学習ツール→ AI 応用システム→運用体制→
利用者インターフェース→利用者の実利用

という連鎖の中でリスク要因を見つけ出す作業は困難だが，予見性確保の観点からは必要である．リスク要因を列挙した後には，個々のリスクの被害額算定も必要になる．この作業は機械学習の知識を必要とするが，機械学習そのものではなく，ソフトウェアシステムの開発一般で問題になることである.

7.6.1　フラッシュクラッシュ

ここまでは単一の AI システムの動作の予見性を議論してきたが，昨今，多数の AI システムが社会で実際に利用されている．それらの AI システムがネットワーク接続され，AI システムの集合体として互いにコミュニケーションしながら動作することが多い．この状態で複数の AI からなるシステム全体の行動を予測することは非常に困難である．この場合における予見性の低さは，ときとして大きな被害をもたらす．一例として金融市場におけるフラッシュクラッシュがある.

金融工学においてブラック・ショールズ方程式の発見などにより短期的な市場での価格予測が高い精度でできるようになった．これを利用すると 1 回の取引価格は小さくても確実に利益を上げられる．すると，時間あたりの取引回数を大きくすることによって安定して大きな利益が上げられる．そのような高速の売り買いは人間より計算機のほうがはるかに適している．そこで，上記の知見に基づいて高速な売買操作をする計算機プログラムのトレーダが開発され市場に投入された．かなり知的な処理もするので AI トレーダと呼ばれる.

*11　ましてや，恣意的操作や捏造はもってのほかである.

問題は，株価，債券，為替レートなどの市場価格は金融系の各社の AI トレーダが観測できるデータであることである．このため，1 個ないし少数の AI トレーダによって特定の銘柄の株価や債権，通貨などがかなりの量を売りに出されると，他の AI トレーダもこれに追従し，その銘柄などの暴落を瞬時に招く．これが，いわゆるフラッシュクラッシュと呼ばれる現象であり，AI トレーダが導入された後にしばしば起こるようになった．言い換えれば，市場価格という共通言語でコミュニケーションする多数の AI は，個別の AI トレーダの設計者が予測しなかったような破局的な挙動をしてしまうことがある．フラッシュクラッシュの問題がわかりにくいもう一つの原因は，AI トレーダの仕組みや動作が金融系各社の企業秘密であり，けっして表に現れないことである．このように相互コミュニケーションでき，しかも互いの仕組みが明らかでない多数の AI たちの集合としての挙動予測は現在の理論，技術でも非常に難しく，異常事態への予見性が極めて低い．

フラッシュクラッシュを個別 AI トレーダに説明機能や危険回避機構をつけることで回避することは，個別 AI トレーダの仕組みが企業秘密である以上，期待薄である．そこで，AI トレーダたちのコミュニケーションのための共通言語である株価など市場価格を外部から観測して，その挙動が異常な動きをしはじめたら，売買にストップをかけるような観察・制御の枠組みが解決策として考えられる．問題は，売買取引が非常に高速なので，人間が観察・制御を行うのでは時間遅れが大きすぎることである．したがって，図 7.4 に示すように，このような観察・制御も高速な AI が行わなければならないだろう．

この観察・制御を行う AI は，市場価格を見て場合によっては取引ストップをかけるが，ストップが早すぎると金融系会社から予想される儲けの機会を奪い損失を起こすだろうし，ストップが遅すぎるとクラッシュして全体的な経済損失が莫大になる．よって，技術的には，

(1) 観測した市場価格の変動から異常事態を予測する機能
(2) 予想される儲けと全体的な経済損失の両者を併せて，損失を最小化するストップタイミングを決めるアルゴリズム開発

が必要である．(2) に関してはストップした理由を納得できる形で説明する機能も求められる．つまり，この AI はその動作の透明性と説明可能性を持

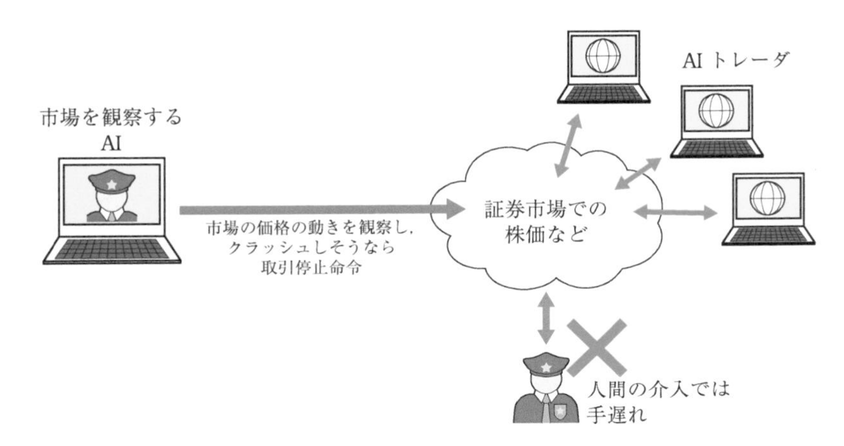

図 7.4 AI トレーダたちが誘発するフラッシュクラッシュを発見，阻止する AI

つことが必須である．

7.6.2 自動運転車

フラッシュクラッシュ以外で今後問題になりそうな予見性は，AI 技術を搭載した自動運転車が走行する交通状況である．近隣を走行する AI 自動運転車群が道路状況を共有し，相互コミュニケーションしながら走行ルートを決める作業をする．加えて，歩行者，自転車など予想外の動きをする人，車両が近くに多く存在する．しかし，事故を起こしてはいけないという極めて強い制約条件の下に行動するには，将来の行動についての高い予見性が要求される．事故が起こってしまったときは，開発時に十分に大量，多様，複雑な状況における自動運転車の予見性をカバーする評価実験をしたかが重視される．厳格責任*12 や製造物責任*13 のあり方に関しては，法制度や社会制度の研究課題である．

*12 厳格責任 (strict liability) とは，子供の犯した悪事の責任を親がとるというように，監督者の責任を問うことである．自動運転車の場合，完全自動運転であるため車の持ち主が事故に直接関与していなくても，持ち主などが責任をとるという概念である．

*13 製造物責任 (product liability) とは，当該製品を製造した会社が責任をとらなければならないこと．

7.7 説明可能性，透明性，アカウンタビリティ，トラスト

説明可能性 (**explainability**)，透明性 (**transparency**)，アカウンタビリティ (**accountability**)，トラスト (**trust**)*14 は個別の倫理的課題として重要だが，一つのまとまりとして議論されることが多い．そこでまず，これらの概念を説明しつつ，図 7.5 に示す概念間の関係について説明していく．この図において，$A \rightarrow B$ は，A を進展させると B にたどりつくことを意味する．

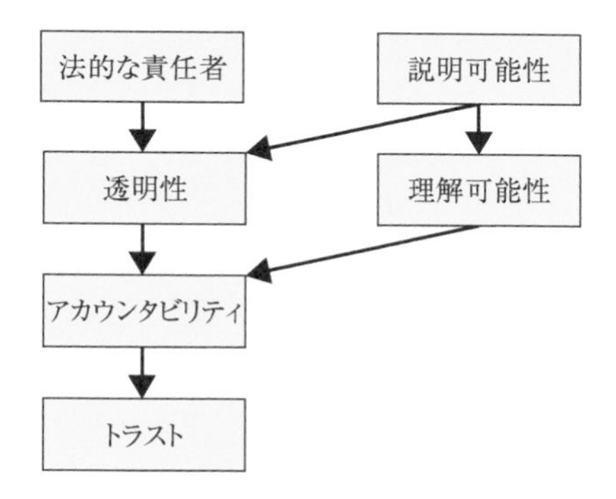

図 7.5 透明性，説明可能性，アカウンタビリティなどの間の関係

7.7.1 説明可能性

機械学習との関係が最も深いのが説明可能性である．機械学習アルゴリズムに訓練データを与えて識別システムや予測システムを作った場合の説明可能性について以下の 2 種類に分けて述べる．

説明可能性（遡及型）：末端の AI システムの利用者にとって納得できない結果が出てしまったときに，その結果が出た理由を説明できること．ただし，作られた説明が利用者に理解可能でなければ意味がない．そこで当然，理解可能性も含めなければならない．

---

*14 ただし，日本語のトラストの語感である「トラストすることができる」という概念は，英語では trustworthy となる．

説明可能性（予見型）：今後，稼働するAIシステムが実利用されたときに予想される可能な限り広範囲な入力データに対しておかしな結果が出ないことを説明できること．すなわち，予見型の説明可能性を設計に組み込んでおかなければならない．このことは，AIシステムを導入しようとする事業者にとってリスク回避の点で極めて重要ないし必須である．この設計ないし開発における努力を怠ると，法律的に厳格責任あるいは製造物責任を問われることになる．

説明可能性の技術は，AIや機械学習のアルゴリズムが深層学習などによって複雑化して，その内容がブラックボックスになっているので，実現は容易なことではない．機械学習アルゴリズムで訓練データから学習された識別ないし予測システムの内部変数の値を表示しても，末端の利用者が理解できる説明にはならない．例えば，深層学習では，学習された識別ないし予測システムのアルゴリズムはデータ処理の階層が深いうえに，各階層における次元が非常に大きい．画像認識のタスクなら画像を構成する画素数の次元になるかもしれない．したがって，内部のデータの流れを表現するような説明は理解可能性という点では意味をなさないだろう．そこで，識別ないし予測システムの内部の動作を説明することは諦めざるをえない．代わりに，入力されたデータに対して得られる結果の出力データが，対象のAIシステムとほぼ同じような値になるシステムであり，かつ理解しやすい簡単な構造の識別ないし予測システムで近似するシステムを生成し，その近似システムの動作を説明に用いる．近似システムとしては，判別条件のリストや判別用の分類木のような理解可能性のある表現方法を用いる．説明可能性の実現手法の詳細は，6章を参照してほしい．

予見型の説明可能性を上記のような近似システムで作成した場合，カバー範囲の問題を考慮しなければならない．起こりうる出力結果の100%をカバーできれば問題はないが，近似システムなのでカバーできない部分が出てくることが予想される．出力結果が近似システムでカバーできない場合は，(1) 最も類似した結果で代用する方法，(2) 類似性の高い順に複数個選び，それらから内挿，外挿，あるいは平均を作って説明に用いる方法などの工夫をする必要がある．近似は真の出力ではないので，誤差を含む．このような説明可能性を持つAIを含むシステムでは，誤差がどのようなリスクを誘発するかも分析して対策を立てておくことが必要である．これらは，機械学習の技術はもちろんだが，ソフトウェアでシステム構築を行う場合の安全対策の一般論も援用しなければならない．

7.7.2 透明性とアカウンタビリティ

次に透明性とアカウンタビリティの関係について述べる．責任をとることに関する概念として英語では，アカウンタビリティがある．アカウンタビリティは会計用語のアカウントから来ており，例えばビジネス上の損失などのすでに起きてしまったことに関する責任と法的対応を意味する概念である．日本語ではアカウンタビリティは説明責任と訳され，説明をする責任だけを意味すると誤解されている．事故などで被った損害に対する金銭的救済などの法的対策の部分が意味的に欠落して使われることが多い*15．アカウンタビリティにおいては，法的対策の部分は機械学習とはあまり関係がない．

アカウンタビリティの確保のためには，図 7.5 に示すように説明可能性・理解可能性と透明性の二つが必要である．透明性を AI システムの動作がブラックボックス化していないことと考えれば，そのことは説明可能性で担保される．しかし，末端の一般利用者からすれば，アカウンタビリティは法的そして金銭的救済策も合わせて，初めて納得がいくものになる．となると，法的な責任者と救済を行う資金提供者が誰であるかも合わせて重要である．この結果，透明性としては，AI システムにおける説明可能性などの技術的な透明性だけでなく，法的な責任者も明らかであることも合わせて要求される．

7.7.3 トラスト

アカウンタビリティはこのように技術と法制度の両者が関係してくるだけに，末端の一般利用者にとっては面倒な概念である．そこでトラストという信用に近い概念で置き換えて考えることが有力である．トラストをどう構築するか，トラストはいかに崩れやすいか，したがってトラストをどう維持するかは，AI 技術を利用するサービス提供側にとってビジネス的には死活問題である．

末端の一般人利用者にとっては，AI システムの背後にある機械学習の仕組

*15　日本語の正式な文書では，説明責任という表現の意味的間違いを避けるためにアカウンタビリティと書くことが多い．

みは知る由もなく，AI サービスへの出資者などにも注意は行かないのが通常の状態であろう．となると，結局トラストとは，AI サービスを提供している事業者をトラストするという組織の信用，あるいは国家資格としてライセンスを受けている医師や弁護士をトラストするというような制度の信用に置き換わることになる．それだけにトラストが破られた場合，利用者の失望が大きいことは技術者側も理解しておくべきポイントである．なお，機械やツールへの技術的トラストは壊れずに同じ条件のときは常に同じ結果が出てくることを意味するが，以上で述べてきたトラストは信用のような社会的，心理的概念である．そのため，トラストを与えるエビデンスとして透明性，説明可能性，理解可能性，アカウンタビリティが重視される構造になる．

7.8 公平性，非差別，バイアス

AI システムが利用者から見て，公平であり差別しないことが保証されていることは，AI システムが社会で安心して使われるために必要である．そうはいっても**公平性**は定義しにくいし，「差別されないこと」も何を差別と見なすかはどのような政治制度，文化的背景を持つ社会かによって変わってくる．

例えば，アパートを借りる場合に高齢者には貸さないという不動産業者がいたら，それは公平性を欠くといえるかどうかを考えてみよう．法律で賃貸において借り手に年齢上限を決めていなければ，上記の不動産業者は公平性を欠くといえるのかもしれない．しかし，高齢者は独居老人で部屋を汚しやすい，あるいは孤独死の可能性が高いとすると，不動産業者にとっては物件の価値が下がることになるため，貸したくないという心理にも一理ある．では，高齢者の場合は孤独死のようなリスクを勘案して賃貸料を高くしたらどうだろうか．一物一価の原則に反するし，老人を差別していると見なされるかもしれない．

公平性の確保をどの時点でどのように行うかも問題になる．決められた予算を使って企業からの補助金申請に対して補助金を与えるかどうかの審査を例にして考えてみる．

(1) 初期条件を平等にする公平性：すべての申請企業を，資本金，売上高などで区別せず平等に審査する．ただし，これでは困窮して本当に補助金を必要としている申請企業に与えられないかもしれない．

(2) 能力を平等に審査する公平性：申請書類のできのよさだけを審査基準とする．企業としての能力は低いが申請書類の書き方だけはうまい企業がいるかもしれない．

(3) 結果を平等にする公平性：すべての申請企業に補助金を等分して与える．ただし，申請企業が多いと，1 社あたりの補助金額は減る．

どれもなんらかの不公平をともなう．このように公平性の確保や差別しないという原則はどのような社会かに依存することが多く，定義しにくい．したがって，このどのような社会かの観点では機械学習が寄与できる余地はほとんどない．裏を返せば，どのような社会かの条件を固定して，公平性あるいは差別の数理的定義を与えることができれば，機械学習において公平性を表す尺度を最大化する，あるいは差別が発生する確率を最小化するという問題に定式化できる [4]．

機械学習における公平性においては，**バイアス** *16 との関係において少なくとも次の 2 点が要請される．

- 訓練データに恣意的なバイアスがないというアンバイアスなデータの利用
- 特定の条件を優先するアルゴリズムによるバイアスがないこと

この 2 点はいずれも数学的に定義できる．なお，訓練データに自然に含まれる雑音はバイアスではあるが，公平性とは関係しないので統計的バイアスと呼び，取り除かなくてもよいであろう．

一方，差別は，特定の特徴量の特定な値を重視しすぎる，ないしは無視することによって生まれる．例えば，居住地域が XX 町だと薬物に手を出している可能性が高いとして捜査することは居住地域にバイアスをかけてしまった差別であろう．しかし，現実に XX 町での薬物使用者の割合が異常に高ければ，その捜査は差別と見なされないかもしれない．つまり，調査対象の母集団の統計的性質に依存した重みづけを差別と見なすかどうかは社会的常識に依存する．機械学習における公平性として確実に成立するのは，母集団の統計的性質を説明可能な形態で織り込んで透明性のある処理を進めることである．

*16 日本語では偏向と訳すことがあるが，ここでは「バイアス」ということにする．

ここで機械学習の数理モデルに大きな出番がある．つまり，「酒が好き」と「肥満」の間に直接的な因果関係の有無は不明でも，「酒を飲んだ後仕上げに脂っこいラーメンを食べる」という人が多く，「酒が好き」と「肥満」の相関が高いと，「脂っこいラーメン」を経由して「肥満」につながる可能性がある．この場合の「脂っこいラーメン」を交絡因子と呼ぶ．機械学習の一つである統計的因果推論は交絡因子の発見や影響の大きさを定量化することができるので，公平性の確保や差別の除去に役立つ [5]．

以上の考察により公平性は次のように定義できる．

(1) 対象とする処理において目的を設定し，その目的にかかわらない項目は平等に扱う．
(2) データとアルゴリズムに関して公平に扱う項目にはバイアスが入らないようにする．

AI システムの利用者に結果の公平性を納得してもらうためには，上記 (1)，(2) を説明できるようにする．これが前に述べた透明性に対応する．ただし，この説明は処理が複雑だと利用者が理解しきれない場合も多いだろう．その場合には処理システムの設計者や運用者が信頼できる，ないしはライセンスされていること，不公平であった場合の補償も明記するなどのアカウンタビリティを確保する．こうして公平性が確保されていることを利用者に納得してもらうことができれば，利用者の感情ではなく，理論的エビデンスに基づくトラストが，AI システムの運営者と利用者の間に形成されることになる．

バイアスによって不公平，あるいは差別を誘発させてはいけない属性について再考しておこう．日本の個人情報保護法では「要配慮情報」と呼ばれているものがまず俎上に上る．具体的には人種，宗教，性別，年齢，住所，学歴，履歴，前科前歴，親族，健康状態がある．身体的な特徴もバイアスを生む．例えば，特定の病気にかかりやすいというゲノム情報は生命保険の保険料計算ではバイアスとして作用するかもしれない．これらの情報は法的にも明確に規定されたものであり，機械学習の研究者も意識しておく必要がある．

7.9 悪用，誤用

AI システムの運営側も利用者側も善意に基づいて，あるいは社会や組織のルールに従って行動している場合であっても，公平性の実現は難問であることを述べてきた．しかし，世の中は善人ばかりではなく，AI を使ってわざとアンフェアなたくらみをする人もいるだろう．差別はその例であるが，個人攻撃というよりは人種や性別というカテゴリに対する攻撃である．AI を用いた個人ないしは特定のグループへの攻撃は AI の**悪用**ということになる．例えば，上司が若手社員に「AI がこう判断したんだよ」という理屈をつけて無理難題を押し付けてくる AI パワハラが悪用の一例である．理屈づけに AI を使わなければ，今までにもたくさんあったパワハラだろう．

この上司は AI の出した結果を根拠にしてパワハラしているわけだが，AI の仕組みを知っている上司なら，仕事を押し付ける若手社員の個人データを改竄（かいざん）することで上司に都合のよい結果を出させることができるかもしれない．もっと狡猾（こうかつ）で AI に詳しい上司なら，恣意的にバイアスのかかった訓練データを使うかもしれない．あるいは訓練データに雑音加算のような改竄を行う攻撃もある．有名な例は，交通標識の画像に雑音を加算すると「止まれ」が別の指示に誤認識されるというものがある [6]．この悪用は自動運転車では極めて危険な妨害行為で悪質である．

このように AI の悪用はかなり大きな脅威になりかねないため，個人にとって就職など人生を左右する判定に関して，AI の出してきた結果に対して当該の個人が同意できないといえる社会制度を考える必要がある．このことを強く意識している法律として先に述べた GDPR22 条がある．その内容を再掲すると「計算機（実際は AI）のプロファイリングから自動的に出てきた決定に服さなくてよい権利」を明記している．権利行使の方法としては

(1) プロファイリングに使った入力データを開示させる
(2) 出力された決定に対する説明を人間に果たさせる

の 2 点が報告されている．こうなってしまうと，22 条のアイデアは立派だが，すでに述べたように (2) の「人間が説明すればよい」という抜け穴ができてしまう．さらに (1) のデータ開示にしても，守秘義務や企業秘密の壁もあり実効性は疑問である．そこで，IEEE EAD version2 [7] では，このような悪用を看破し，見逃さぬためのより現実的な処方として以下のような対策を列挙している．

(a) AI がその結論に至った推論の道筋と用いた入力データを明確化できる仕掛けを AI システム開発時にあらかじめ組み込む．これは GDPR22 条の技術的な実現方法であり，Ethics by Design という考え方である．説明可能 AI を最初から設計するという方針である．
(b) AI が出してきた結果に疑問があり納得できない場合，内部告発を制度的に保証する．これによって組織内のパワハラや不正行為を露見しやすくする．
(c) AI が悪用された場合の救済策を立法化しておくことが必要である．つまり，パワハラなどで受けた被害を救済することは社内だけではうやむやにされがちなので，国の法律とすることによって強制力を持たせるべきである．
(d) 保険などの経済的救済策も重視する．内部告発で責任追及をしても，あの手この手でかわされてしまうと被害者の損害は賠償されない．このような場合に備えて，保険制度を活用することが有効である．

AI の結果を盾にとってパワハラや不正行為を働くということは，言い換えれば AI に汚れ仕事をさせて自分の良心の呵責（かしゃく）を軽減ないし法的責任を逃れるということである．このような責任逃れが横行すると，結果的には AI は信用できないという風潮が蔓延し，社会での AI の利活用の阻害要因となるので，この段階での対策は必須である．とはいうものの，AI が出した良くない結果出力が，

- 悪用の結果なのか
- 誤用の結果なのか
- AI の学習機能によって予測できなかった出力なのか

の切り分け技術がいまだ見えてこないことは問題である．AI はこれまで開発者も利用者も善人であることを前提に作られてきたが，今後はよくない目的での開発や悪用も視野に入れて開発，運用が要請される時代に入ると認識すべきであろう．開発においては機械学習技術の悪用・誤用の検出の仕掛けを入れることは選択肢の一つである．ただし，このような検出機能まで付加した場合，できあがった AI システムが高価になること，技術的な対策だけで悪用・誤用の検出が 100%はできそうもないことが問題である．したがって，

現状では，悪用・誤用対策を機械学習，さらには機械学習を用いて開発されたAIシステムに頼るのではなく，上記の(b)(c)(d)に記したような法制度，社会制度による救済策を主たる解決手段と考えるほうが問題にそくした解決法になっていると考えられる．

7.9.1 フェイクニュース

検討対象を単独のAIからインターネット環境に広げると，AI倫理が通用しそうにない独裁体制の国や反社会的な人々がうごめく世界が存在する．その代表はフェイクニュースである．フェイクニュースに関してはITやAIの国際会議での発表も数多くあり，社会現象としての分析，フェイクニュースを見破る手法などの研究が盛んである．見破る手法としては正確な知識や事実情報を利用する方法，フェイクニュース固有の文書スタイルを利用する方法，ニュースのインターネット上での伝搬経路を調べる方法，ニュース発信者の信頼性に基づく方法などが提案されている．これらの情報からフェイクニュースを検知する機械学習のアルゴリズムとしては，フェイクニュースと正しいニュースからなる訓練データを用いる教師あり学習において深層学習を利用する方法，大量のニュースをクラスタ化する教師なし学習などが提案されている [8]．しかし，フェイクニュースをその内容を見て規制するのは，表現の自由を侵す検閲になる．悪いことに，現時点ではフェイクニュースを見破る十分に有効な方法は存在しない．以下の文献 [9] のように悲観的論調がある．

- フェイクニュースがSNSで拡散する速度は真実のニュースが拡散する速度と変わらない．
- ある記事がフェイクニュースであることをその記事に表示しても伝搬を抑えることができず，かえって拡散を助長するような始末である．
- フェイクニュース拡散の主要メディアとなっているSNSに課金してフェイクニュースが蔓延しないようにしようとする方法も考えられる．しかし，SNSの利用者全体に課金すると，お金持ちでない一般人はSNSから離れて，フェイクニュースが混ざっていても無料なサイトに流れていってしまうだろう．
- フェイクニュースを見破って表示させないような仕掛けが構築・運用でき

るのは，体力のある SNS の大企業に限定されるかもしれない．結局 SNS 課金で生き残れるのは巨大 IT 企業が運営する SNS だけで，重要なロングテール情報を発信している小規模業者は駆逐されるだろう．

フェイクニュースの読み手である一般の利用者のリテラシー向上は有用だが，果たして彼らがリテラシー向上の意欲を持ってくれるだろうか．また，高齢者や年少者のような情報弱者にリテラシーを期待することはそもそも無理ではないか．さらに，本物そっくりの映像を合成できるいわゆるディープフェイクが一般化すると，映像情報は現場の真実を伝えていると思い込んでいる大衆は簡単に騙される．

問題を複雑にしているのは，ある思想を持つ人々にとってのフェイクニュースは，別の思想を持つ人々にとってはフェイクニュースではないと思われることである．二つの思想の持ち主の人数が極端に違えば，多数派の意見を真のニュース，少数派の意見をフェイクニュースと見なすこともできる*17．しかし，双方の人数が均衡していると，どちらかをフェイクと決めることが難しくなってしまう．このようなケースへの有効な対策はなく，双方の思想がぶつかってしまうと社会不安さえ起こしかねない*18．

7.10 文化および社会環境における課題

ここまでは，個別の社会や文化には依存せず，普遍的な視点から見て問題となる AI に関する検討事項について述べてきた．本節では，文化や政治，国家体制を念頭において AI の開発と利用において考えるべき課題を説明し，その検討結果から得られる AI 倫理指針が想定する読者などについて言及する．この結果を受けて，7.11 節以降の AI 倫理指針が展開される．

7.10.1 文化的多様性の許容

AI が社会の隅々で使われる今日，AI 開発者は使われる社会の文化に無関心なまま技術的性能だけを追求することは許されない．AI と文化のマッチングは AI システム開発の要になる．ある社会の文化とは，その社会で暮らす

*17 しかし，強権的な独裁体制の国がインターネットを監視しているような場合は，少数派の意見は抹殺される．

*18 2020 年のアメリカ大統領選挙後のトランプ派，反トランプ派の例がこの状況に近い．

人々の価値観，政治体制，歴史，言語などに依存する．

例えば，中国は個人のプライバシーを国家で管理するスコア社会をAI技術で作り上げ，我々から見ると自由がない窮屈な世界に見える．しかし，中国に暮らす人々はこのような全国民がスコアづけされた社会は，対峙している相手スコアがわかれば，その人が信用できる人物なのかどうかわかる．このようなスコアづけがなかった時代には，相手を信用できるかどうかに関して，常に神経を尖らせていた．しかし，スコアづけされていれば，このような神経の磨り減る状態からは脱することができるため，むしろ暮らしやすい社会と歓迎するという意見が多い．つまり，自由と安全の価値観に関していえば，比較的安全の確保された日米欧では自由に価値をおくのに対して，安全が確保されていなかった中国では自由より安全に高い価値をおくという文化と考えられる．

このほかに，文化的要素として考慮すべきものは，性別，宗教，人種，性的傾向，芸術的価値，スポーツ，気候，食事など多岐にわたる．AI，ひいてはその基礎ツールとなる機械学習は，現状では，このような文化的背景に合わせて開発していくことが想定されている．例えば，IEEE EAD version 2[7]では，セックスロボットの可否は，個別文化によって決めるべきだと述べられている．機械学習ツールの研究者，開発者は性能向上を主目的にして作業していて問題ないが，実社会で使われるAIシステムの設計，開発に携わる人々は，AIが使用される社会の文化的特性を考慮する必要がある．具体的にいえば，機械学習をAIに応用するタスクを行う開発者は，与えられた文化を制約条件ないし目的関数として定式化することに注力することが必要である．

7.10.2 教育と国際競争

AIとデータサイエンスの時代を迎えた現在，STEM教育*19の重要性が説かれることが多い．しかし，機械学習の研究者，開発者は数理的スキル，プログラミングスキルにはすでに秀でている人々であり，全国民を対象にしたSTEM教育の主な対象となる人々ではないといえるので，STEM教育と機械学習工学の関係は薄い*20．STEM以外にアート系の教育も大切だろう．

---

*19 Science, Technology, Engineering and Mathematics の略称．

*20 ただし，STEM教育自体をAIの教育応用システムが行うないしは支援するとなれば，機械学習の出番であり，とりわけ自然言語処理は必須技術になる．

実際，日本の漫画，アニメーションは世界的な競争力を持っていた．しかし，手作業的な方法に依存していては，国際競争で戦えない時代になってきている．コンピュータグラフィックスのツールを使いこなし，効率を上げること，さらに最新のツールによって新しいアイデアを開拓できなければ，日本のアニメーションのアイデアやアート的工夫を取り込んで追いついてきている中国・韓国の後塵を拝することになる．

機械学習の研究者，開発者は業績を上げるための厳しい国内外の競争にさらされているので，自分の専門分野以外のことを学ぶ時間を作るインセンティブはないかもしれないが，以下のようなことは留意しておかなければならない．

- 機械学習を用いた AI システムを開発する場合，必要になる膨大なデータは多くの場合，個人データであり収集できない，ないしは既存のデータであっても機械学習に利用できないという状況が多いこと．
- 開発した AI システムが経済的にメリットを生まない場合が頻発すること．
- 開発した AI システムが，現行の法律に抵触する場合があること．例えば，個人データの処理を，個人データを抜き取られる可能性のある国の技術者に委託してしまうと，個人情報保護法や GDPR に抵触する．
- 開発した AI システムを他国に展開する場合，相手国の文化や法律に合致しない場合があること．

このような状況を無視した開発を強行すると，開発結果が無駄になってしまい，投資コストおよび人材の無駄使いになってしまう可能性がある．したがって，技術者は製品の企画を行う経営陣だけに任せて，いわれた開発だけをしていればよいというわけではない．技術開発側としては，現在の経済状況，法制度，文化的背景などに関する知識を持ち，企画側と対等に話し合える力量と体制が必要である．

7.10.3 政策環境

AI の開発支援に資する経済環境，政策支援は明らかに政策立案者向けの課題である．だからといって，機械学習工学の技術とは無関係であると断じてよいわけではない．機械学習の研究に国家や企業の大きな予算投下が必要なら，研究者，開発者自身もその有用性を政策立案の担当者，企業であれば企画立案者に理解してもらうための努力が必要である．そのような折に，本章で述べている考察が役立つことを期待したい．

7.10.4 遵法性

AI システムに遵法性があるかどうかは大きなテーマだが，AI や機械学習技術の遵法性を自動的に判断するのは，現在の機械学習技術にとってはハードルが高すぎる．そもそも法律，法令の文書や法制度を理解することは第 5 世代コンピュータの時代から研究されているが，成果が得られていない．これは，法律，法令の解釈がその時々の時代背景，社会通念，技術状況という文脈に依存している部分が大きいからである．解こうとしている問題の背景にある文脈を AI ないし機械学習システムが自律的に探してきて使う技術は，まだ研究の射程圏に入っていない．深層学習の attention メカニズムは文脈を外側から与えてしまうので，機械学習システム自身が文脈を探しに行っているわけではない．そこで AI 倫理の実現の観点からすれば，機械学習アルゴリズムによって学習された識別，分類，予測などの機能を含む AI システムが遵法であるかどうかを判断するのは人間の判断に頼らざるをえないし，現状での倫理指針においても最終的には人間の判断によることを前提としている．ところが，AI がブラックボックス化して，その内部的動作を人間が理解できなくなると，人間が行う AI の遵法性に関する判断は極めて形式的なものにとどまることが危惧される．実質的な人間の判断を目指すなら，まず AI の説明可能性を実現しなければならない．説明可能性については透明性，アカウンタビリティとの関係ですでに述べたが，遵法性の判断という観点からその技術を見直し，評価，改善を行うことが将来課題として必要である．

7.10.5 軍事

機械学習技術や AI の軍事利用は基本的には政治の問題と考えざるをえない．資金に糸目をつけず開発した軍事技術が技術レベルとしては最高であり，かつ機密情報であるというのは過去のことであり，現代ではむしろ民生利用を目的として開発された技術が軍事技術に転用されるケースが多い．あるいは，科学的な探求の結果が，民生にも軍事にも使われるケースも多い．例えば，数論から発展した暗号技術は，軍事，民生の双方に幅広く使われる．これがデュアルユースと呼ばれる．仮に軍事に使われる技術の研究を禁止すると，例えば暗号の研究はできない．軍事技術禁止ということは簡単だが，技術の本質がデュアルユースであることを踏まえた議論をしなければ現実的ではない．

とはいえ，無制限な軍事技術の開発が許容されるものでもない．一つの方向性として，IEEE EAD version 2 では禁止すべき AI 兵器の定義をしようと努力している．AI を搭載して自律的に判断して攻撃を開始できる兵器を AI 兵器として禁止対象にする議論は一見明快に見える．しかし，自律性の程度を評価する作業には，AI 兵器で使われている機械学習アルゴリズムとデータの評価が必要になる．さらに偵察用ドローンでは，敵が攻撃してきたら反撃してはいけないのかなどという複雑な場面も想定しなければならない*21．こういった複雑な状況を理解しておくことが，機械学習の研究開発側にも，政治的決断を行う立法政策側にも要求される．しかし，図 7.6 に示すように，AI 兵器の制限交渉は各国の利害が絡む問題だけに，総論賛成であっても各論がまとまらないという現状も認識しておく必要がある．

図 7.6 AI 兵器制限交渉

なお，軍事技術というと攻撃用兵器ばかりを想起するが，実際には物資，人員のロジスティックス，得られたデータからの状況分析，戦略策定などいわゆるオペレーションズ・リサーチ*22 のツールとして使われることが多い．だが，よく考えれば，これは軍事に限らず，工業製品の開発，製造，販売にも

*21 致死性自動兵器 (LAWS) に興味のある方は文献 [10] の 5 章 4 節だけでも読むとよいだろう．文献 [10] はドローンに的を絞って AI 兵器の問題を分析した名著である．

*22 OR (Operations Research) とは，operation に作戦という意味があることを想起してほしい．

使われている技術であり，これもまたデュアルユースの例であることを留意されたい．

7.10.6 Well-being

Well-being は AI の総合的な目的であるが，機械学習はその手前にある AI システムに資するという役割分担であり，Well-being までを見通した研究開発は理想論になってしまう．むしろ，Well-being を評価する種々の尺度の提案と比較検討が数理的には重要である．例えば，GDP という指標が国民生活や国力の実態を正確に反映しているかどうかが問題であり，よりよい指標の列挙，分析が IEEE EAD version 2 で記載されている．いずれにせよ，指標に関しては，統計学が主要なツールになるので，ビッグデータを使っての評価や最適化には機械学習の出番がある．

7.10.7 AI の法的位置づけ

主として AI の人格権が議論されているが，これはほとんど法律的な議論であり，機械学習工学において与えられた仕様のシステムを開発している技術者には関係が薄い．ただし，AI に法人格が認められるとなれば，法人格としての制約や権限を機械学習工学的に実装する研究開発が必要になるだろう[*23]．

7.10.8 想定読者

以上で述べてきたような問題点を考慮して作成されてきた多くの AI 倫理指針それぞれにおいては，読んでほしい読者を想定している．想定読者としては，AI 基礎技術の開発者，実用に供する AI システム開発者，AI 事業者，AI システムの末端利用者，および政策立案者が挙げられる．

- AI 基礎技術の開発者は，機械学習の理論，AI 開発向けのプログラム言語，推論および学習アルゴリズムとその実装ツールなどを研究開発する．
- AI システム開発者は，AI 基礎技術とデータを使って，実用に供する AI システムを開発する．開発者が使うデータは教師あり学習のための正解タグ

*23 法人格を持つためには財産を保持することが一つの条件だが，これは可能性が高い．ある意味ではルール決めの問題であり，現状の法体系でも可能という意見もある．

がついたデータと，教師なし学習で使われる必ずしも正解タグがついていないデータがあるが，両者とも量が大きく，いわゆるビッグデータが想定される．
- AI 事業者は，AI システム開発者が開発した AI システムを事業化して末端の AI システム利用者に提供する．事業への投資も彼らの役割である．
- AI システムの末端利用者は，AI 事業者が提供するサービスの利用者である．ただし，自分自身の使うスマホやクラウドサービスアカウントの設定や AI システムの更新は自分自身で行う必要がある．
- 政策立案者は，政府あるいは国際的機関における AI の位置づけ，開発環境を整備するための提言，事業者間調整，法制度提案，予算化などを行う．

機械学習技術そのものは AI 基礎技術の開発者が扱うものである．ただし，実用に供する AI システム開発者も直接もしくは間接的に機械学習技術を使う可能性がある．AI 事業者，政策立案者も彼らの仕事のツールとして AI を使うことがある．例えば，事業分析や，事業展開の予測，あるいは将来とるべき政策のシミュレーションなどを使う効率のよい政策立案やビジネスが期待される．

AI 論理指針を読む際には，想定読者によって，その記述内容，方向性，粒度などが異なることを留意していただくとよいであろう．

7.11 AI 倫理指針における機械学習の位置づけ

7.11.1 公開されている AI 倫理指針

本節では，前節で説明した社会的ないし技術的な目標項目を Asilomar AI Principles [11] 以降に公開された主要な AI 倫理指針がどのように扱っているのかについて述べる．この説明と，前節の目標項目と想定読者に関して述べた各項目と機械学習の関係を合わせると，主要な AI 倫理指針と機械学習の関係が見えてくる．つまり，機械学習の研究開発側に対して，AI 倫理指針を作成した学術団体や国がどのような社会的目標を期待しているかがわかる．よって，以下の説明は機械学習の研究者ないし開発者が重きをおくべきテーマを考えるときの素材情報となる．

本節で対象とした AI 倫理指針は以下のものである（公開のおおよそ時間順）．

- FLI: Asilomar AI Principles (2017)[11]
- 人工知能学会・倫理指針 (2017)[12]
- IEEE Ethically Aligned Design (IEEE EAD version 2), version 2 (2017/12)[7]
- Partnership on AI（2016～現在）[13]
- 総務省・AI ネットワーク社会推進会議：国際的な議論のための AI 開発ガイドライン (2017)[14]
- 内閣府・統合イノベーション戦略推進会議：人間中心の AI 社会原則 (2019/3/29)[15]
- IEEE Ethically Aligned Design (IEEE EAD 1st edition), 1st edition (2019/3)[16]*24
- EU: High–Level Expert Group: Ethics Guidelines for Trustworthy AI (Trustworthy AI) (2019/4/8) [17]
- OECD: Recommendation of the Council on OECD Legal Instruments Artificial Intelligence（OECD 閣僚理事会承認）(2019/5/22) [18]
- 総務省・AI ネットワーク社会推進会議：AI 利活用ガイドライン (2019) [19]
- USA Whitehouse: Guidance for Regulation of Artificial Intelligence Applications: MEMORANDUM FOR THE HEADS OF EXECUTIVE DEPARTMENTS AND AGENCIES (Draft 2019/4/24) [20]
- EU AI 白書 (2020)[21]

上記の AI 倫理指針が前節で述べた目標項目を扱っているか否かを**表 7.1** にまとめた．

なお，想定読者は，

- AI 基礎技術の開発者を「基」
- 実用に供する AI システム開発者を「実」
- AI システムの末端利用者を「利」
- AI 事業者を「業」
- 政策立案者を「政」

*24 IEEE EAD 1st edition は，IEEE EAD の編集担当者たちが IEEE EAD version 2 から内容を取捨選択し，改訂も加えて最終版として公開したものである．

表 7.1 各 AI 倫理指針における目標項目の扱いの有無

	AIの脅威と制御	法的位置づけ	安全性	プライバシー	AIエージェント	悪用・誤用	予見性	透明性・説明可能性	アカウンタビリティ	トラスト	公平性非差別バイアス	文化的多様性の許容	教育	政策環境	遵法性	軍事利用	想定読者
Asilomar AI Principles	○			○												○	基実政
人工知能学会・倫理指針	△	○	○	○	○		○										基実
総務省 AI 開発ガイドライン	○		○	○				○	○		○						業実利
Partnership on AI			○	○	○			○	○		○		○	○			業実
IEEE EAD version 2	○	○	○	○	○	○	○	○	○	○	○	○	○	○		○	基実業政
IEEE EAD 1st edition		○	○	○	○	○	○	○	○	○	○	○	○	○			基実業政
人間中心 AI 社会原則			○	○		○		○		○	○	○	○	○			実業政
Trustworthy AI			○	○	○	○	○	○		○	○	○	○	○	○	○	基実業政
OECD Recommendation			○	○		○	△	○	○	○	○	○		○			実業政
総務省 AI 利活用ガイドライン			○	○		○	△	○	○	○	○	○					業利
USA Whitehouse Guidance	×		○	○		○	○	○	○	○	○	○		○	○		業
EU AI 白書			○	○			○	○	○	○	○		○	▲	◎		実業政

と略記した．表中，予見性における△はリスクという単語のみで表現されている場合である．USA Whitehouse Guidance の AI の脅威と制御の項目に×がついているのは，人間の脅威になる強い AI はこの指針では視野に入っていないと言い切っているからである．法的位置づけで○は AI に部分的にせよ人格権を与えることに言及していることを意味する．▲は EU 域内優遇的，◎は非常に強く主張されていることを意味する．

表 7.1 から読み取れる解釈を以下に述べる．

7.11.2 AI 脅威論の退潮

AI 倫理指針が注目されるようになった契機の一つともいえる AI 脅威論に関しては，AI 制御（AI を人間の制御できるように設計する）という項目が対応する．これは初期の Asilomar AI Principle では取り上げられ，「一致する意見がない以上，未来の AI の可能性に上限があると決めてかかるべきではない」，「発達した AI は地球生命の歴史に重大な変化を及ぼすかもしれないため，相応の配慮と資源を用意して計画，管理しなければならない」，「あまりに急速な進歩や増殖を行うような自己改善，または自己複製するようにデザインされた AI は，厳格な安全，管理対策の対象にならなければならない」

とまで書かれている．それ以降，IEEE EAD version2 に至るまでの間に提案されたAI倫理指針では，AI制御について倫理指針の一部に記載されたものの，それ以降はまったく取り上げられなくなっている．つまり，人間の脅威になるようなAI，AGI，超知能は，当面あるいは遠い将来まで実現しそうにないことがAI研究者たちの間でコンセンサスが形成されたと考えられる．

7.11.3 法的位置づけと遵法性

AIに人格権を与えるか否かという法的位置づけは，AIには人格権を与える根拠が当面はないというコンセンサスが形成され，人間中心AI社会原則以降は取り上げられなくなった．一方，現状のAIあるいは機械学習技術を用いて開発されるAIは現行法を遵守するべきであるという主張はTrustworthy AIの発表以降，EUでしばしば取り上げられている．現行法の遵守はEU AI白書 [21] では強く主張されている．その一方でAIの能力や機械学習の技術が未知だった時代に作られた法律は，技術に適合しなくなってきていることはEU AI白書でも認めている．その場合は，法律を変えることもいとわないが，その目的はあくまで人間がAIをツールとして支配的に使うという目的での法律改正である．

ただし，最近のAI技術の進化，とりわけ訓練データによって学習されたシステムは，旧来のAIと性質が非常に異なるものになる．加えて，利用しつつシステムが変化していく強化学習の発展を考えると，AIを完全制御できるツールとするよりは，限定的ながら自律性を備えた知的システムとしてとらえ，それに応じた責任がとれる形として，部分的な法人格を与える提案も連綿と続いている [22,23,24]．

AIが人間によって完全に制御できるツールであるという前提が成立しない状況の例として，7.6節でも取り上げた自動運転車について再び考えてみよう．近世，自分の自由意思で判断し行動できる人間というカント以降にヨーロッパで確立された近代的な個人の概念に従えば，個人は，その自律性により悪行を行えば自身に責任があるため，法律でさばかれるべきだという考え方が近代刑法の基礎をなす．ところが，自動運転車の場合は，自由意思で運転をしている運転者がいない．事故が起きたとき責任をとるべき者は，車の所有者，車の製造者，設計者というような人々になってしまうので，厳格責任あるいは製造物責任が適用されかねない．しかし，そうなると自動運転車を所有したがらない傾向が現れ，また製造業者も責任を恐れて萎縮し，開発，生産をしなくなる可能性がある．これでは，せっかく人々の生活に役立つ自動運転車が社会で使われる機会を逸することになる．つまり，現行刑法の直接適用は有用と思われる技術進歩を妨げかねない．近代的な個人の概念を拠り所にする刑法を根本的に変えるという変革は法律の世界ではあまりに困難である．自動運転技術の進展によって事故が激減し稀なことになったと想定すると，次の方向が考えられる．すなわち，事故においては航空機や鉄道の事故のように事故の原因究明を第一に行い，故意ないし過失責任の追及は行わないというように道路交通法の変更で対処する方向である．

自動運転の場合，自動運転車に搭載したビデオカメラなどの各種センサとそれらから得られる外界の状況に関する情報を処理する AI システムだけですべてが動くわけではない．オンラインロードマップはいうまでもないが，図 7.7 に示すように，信号機など道路側の設備が情報端末化し，そこから無線で直接に送られてくる周辺情報が極めて重要である．周辺情報としては，周辺の自動車の走行状態だけに限らず，交差点付近にいる人や自転車の認識と行動予測などが考えられる．

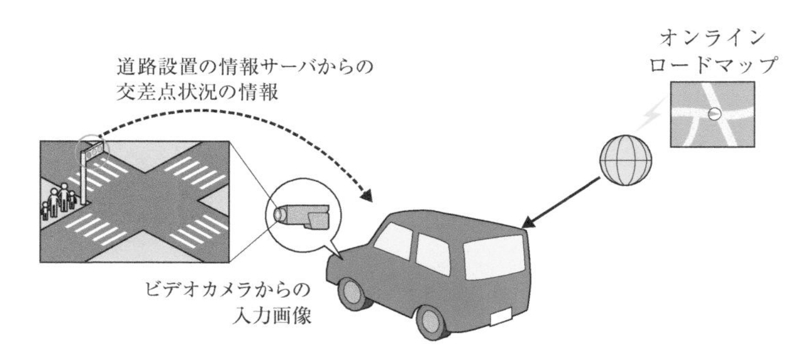

図 7.7 自動運転車への入力情報

こういった情報の総合的活用が必須であるなら，自動車側の搭載機器と道路側の情報環境整備を統合的に開発する自動運転車を含むシステム体系の設計が必要であり，これは自動車製造会社だけに閉じるものではない．さらに，自動運転車とその他の交通機関を含む交通システムの体系を総合的に設計する問題も喫緊の課題である．機械学習工学にかかわる研究者，開発者はこのような全体像と社会状況の把握を念頭におきながら自らの行う研究，開発，実用化にコミットしていく必要があるだろう．

コラム　自動運転における顔画像の扱い

自動運転で留意するべきことに車の外部の状況をビデオカメラで入力したビデオ映像に歩行者などの顔が映り込んでいる場合がある．個人情報保護に関する法制度から見ると，顔画像は個人特定が可能な個人情報であり，要配慮情報と見なされると，収集すること自体に本人の同意が要求される．一般の歩行者に同意をとることは不可能なので，自動運転を実用化する際には，顔を含むビデオ入力を行える法制度の整備が必要になる．機械学習の応用システムの研究者と開発者は，この例にあるように法制度についての基本的知識を持たなければならない．

このように遵法性という目標項目は，AI や機械学習を念頭におくと現行法制に対する遵法性だけでなく，将来状況と法制度の変化を見据えた遵法性という視点も含めて，柔軟に対応する必要があることは確かである．

7.11.4　予見性

IEEE EAD version 2 以降の多くの AI 倫理指針で予見性の必要性が指摘されている．予見性とは主として悪い状態の発生にかかわることが多い．したがって，より具体的にリスクという用語で表現されている場合が多い．リスクの予見ないし予知は機械学習における研究開発のテーマであるが，AI システム構築の費用を増大させ，開発企業にとってはありがたい概念ではない．にもかかわらず，多くの AI 倫理指針で言及されるようになったことは，予見性が AI システムの実用化において重要な要件になってきたこと，および機械学習の評価技術の進展が要因であろう．

7.11.5　透明性，説明可能性，アカウンタビリティ，トラスト

これらの諸概念は初期の Asilomar AI Principle，人工知能学会・倫理指針では取り上げられなかった．しかし，AI の実用化の進展を鑑みて，AI 関

係者はその重要さにすぐに気づき，それ以降のAI倫理指針では継続的に取り上げられている．直観的にその必要性が理解しやすい透明性，説明可能性，およびアカウンタビリティはほぼ同時期に取り上げられるようになった．ただし，これらの実装は機械学習の技術によっても困難なものであることが理解されはじめたため，社会学的な信用の近い概念であるトラストを終着点におくのは少し時間遅れが出たと考えられる．

7.11.6 AIエージェント

エージェントは代理人の意味なので，AIエージェントは，個人，集団，組織などの代理を務めるプログラムにAIの知的機能が組み込まれたものである．このようなAIエージェントはいまやいたるところに存在している．ITプラットフォームの個人に対する知的なインターフェースはITプラットフォームのAIエージェントと見なすこともできる．

さて，重要なエージェントは個人の代理をするパーソナルAIエージェントである．個人情報の生成者すなわちデータ主体が持っている種々の個人情報，例えば購買履歴，移動履歴，医療ないし健康状態履歴などを外部の事業者がサービスと引き換えに使いたいとデータ主体の個人にアクセスしてくることは頻繁に起こる．プライバシーを守るためには，それらのすべてに対して慎重に対応しなければならないが，これは容易なことではない．例えば，ITプラットフォームにどこまで自分の個人情報を与えるかは判断に迷うこともしばしばである．そこで，この判断を支援ないし代理してくれるのがパーソナルAIエージェントである．パーソナルAIエージェントの概念を図7.8に示す．

データ主体はパーソナルAIエージェントを利用する個人を指し示す．パーソナルAIエージェントはデータ主体の長期間にわたる個人データを集積して保持，管理している．外部からの個人情報や個人データを利用したいという要請があったとき，使用許諾の可否などの利用許可履歴から学習した個人データの利活用条件のデータベースも同時に保持している．

個人データの利活用条件は，データ主体と実際の外部事業者などとのやりとりから学習することになるが，ここで機械学習が利用される．また，データ主体単独で判断に迷う場合は，他人の使っている利活用条件を参照することもありえる．いずれにせよ，かなり高い知的作業が必要であり，機械学習，AI

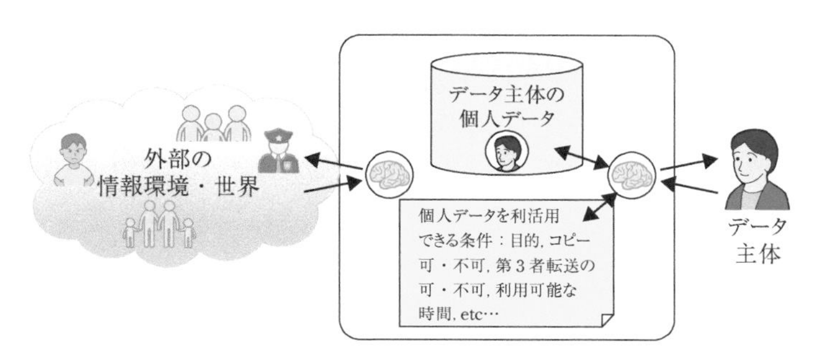

図 7.8 パーソナル AI エージェントの概念

とりわけ自然言語処理技術の援用が必要である．パーソナル AI エージェントは，プライバシー保護と個人データの有効利用を両立させるためには重要な技術である．その基本概念は IEEE EAD version 2, IEEE EAD 1st edition に Data Agency という形で記載されている．

なお，こうして学習されたパーソナル AI エージェントの個人データ利活用条件は，データ主体の意思が表現されている．したがって，データ主体の死後の残ったデジタル遺産の処理を代理することもその人の生前のデータ利活用条件を用いれば技術的には可能になる．IT プラットフォーム，SNS などに個人が日常的に依存した生活をしていると，それらの利用履歴としてのデジタル遺産の扱いは大きな問題となりつつある．パーソナル AI エージェントはここでも効果を発揮することが期待される技術である．

7.11.7 文化的多様性の許容と政策環境

これも初期の AI 倫理指針では手が回らなかったが，大部になる IEEE EAD version 2 で取り上げられた．AI，機械学習の技術が国境を越えて流通し，同時に多くの国で開発が進むようになり競争が激しくなった現在，これらを無視するという選択肢はないといえる．Trustworthy AI ではポリシーとして提言をうながし，OECD Recommendation では，“Shaping an enabling policy environment for AI”という項目を立てて強調している．

7.11.8 教育

AI ないし機械学習の教育に関して直接的かつ手厚く言及しているのは IEEE

EAD version 2, IEEE EAD 1st edition である．一般的な AI に関する教育を重要な政策とすること，誤用・悪用への対策としての教育など多岐にわたる提言がなされている．Trustworthy AI では AI 教育の機会均等を主張している．人間中心 AI 社会原則では，一般の人々の STEM 教育のみならず，AI システム開発者，機械学習の研究開発者に法制度，社会制度，経済，地政学などの常識を身につけることを推奨している．

7.11.9 軍事利用

Asilomar AI Principle では AI 兵器反対論を述べている．IEEE EAD version 2 では単純な反対論ではなく，AI 兵器の定義に章を割いている．その他の AI 倫理指針でもわずかに触れていることはあるにせよ，政治問題化しやすい論点だけに明確な記述を避けている傾向が見受けられる．

7.12 リスクと便益の比較衡量

表 7.1 では評価項目として列挙しなかったが，リスクと便益の関係は，機械学習を活用する AI システムの構築およびサービスとしての提供においては避けて通れない問題である．リスクは，ときには AI システムの要素となる機械学習の技術にも発生原因がある．よって，リスクの予測や評価は機械学習の研究・開発者にとっても常に留意しておかなければならない項目である．

特に重要なのはリスクの数え上げと，被害額の算定である．製品開発においてリスク vs 便益（あるいは cost vs benefit）を精査することを要請するのが USA White house が提案している Guidance for Regulation of Artificial Intelligence Applications[20] である．この指針は AI ビジネスが社会で受け入れられるための AI 製品の開発事業者が留意すべき設計指針である．したがって，リスクの予見性，ないしは被害の見積もりが甘いと，public trust（社会からの信用）を失うリスクがあることを説いている．さらに具体的に AI システムのリスクを単純に減らせというだけではなく，リスクが便益を上回るようならビジネスにはならないという．裏を返せば，便益がリスクを上回るという条件があれば，ビジネス化を阻害しないと読める．AI 事業者側にとっての最終的な判断は，AI システムの利用者の信用，すなわち public trust を失わないようにする点に委ねるという極めて現実的な指針となっている．

7.12.1 リスクなどの総合的評価における留意点

最後に，AI システムの評価に関して恣意性やバイアス，そしてリスクを総合的に評価する留意点を AI の現状にそくして外観してみよう．まず，AI の開発から実利用までの概略を図 7.9 に示す．

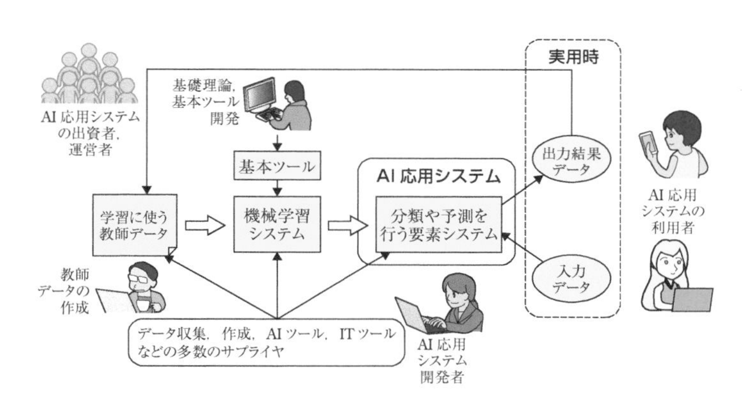

図 7.9 現代の AI システムの全体像

・基礎理論や基本ツール

図 7.9 に示された基礎理論や基本ツールの作成者は作成したツールの仕様が確定していれば，リスク要因にはならないが，AI 応用システムが実働しはじめて後にバグが出るようなら，リスクの要因になる．したがって，バグかどうかの判断ができるために基本ツールの仕様の明確化は必須である．

・訓練データおよび生データ

(1) 訓練データ作成者とデータ収集者が一致していれば，自身の内部処理についての透明性と説明可能性を外部に供給し，恣意性やバイアスがないことを示さなければならない．

(2) サプライチェーン経由で他の事業者が収集したデータを移転ないし購入したものに，データ整形と正解タグづけを行って作成するなら，データ移転ないし購入の場合に，データに関する仕様も移転されなければならず，この段階で恣意性やバイアスがないことを確認する必要がある．

(3) 教師なし学習の場合は，正解タグづけは不要だが，それ以外の点では，データの恣意性やバイアスなどについての仕様は上記 (1)(2) と同様の扱いを要する．

・機械学習システム

図 7.9 の教師データの作成者は，機械学習ツールと入力する正解タグづき訓練データ，あるいは正解タグなしデータを用いるので，ツールとデータの整合性については説明できなければならない．また，出力の分類や予測を行う要素システムの使い方，とりわけ入出力データの仕様は明確化して，AI 応用システム開発者に渡さなければならない．

・AI 応用システム

図 7.9 の AI 応用システムでは，実用に供するサービスの仕様を明確化しておかなければならない．そのためには AI 応用システム開発者は出力の分類や予測を行う要素システムを AI 応用システムの内部処理で使用する方法を説明できなければならない．AI 応用システムの利用者から見れば，この説明がアカウンタビリティの対象になる．

・強化学習のためのフィードバック

実用時のデータのフィードバックに強化学習が使われるときは，実用時の入力データと出力データが図中の最左方の学習に使う訓練データなどの要素にフィードバックされる．このときは，AI 応用システムの利用者にも，フィードバックされるデータについての責任が生じている．仮に AI 応用システムが利用者のスマホ経由で使われていれば，スマホに搭載されている AI 応用システムのユーザアプリの最新版への更新が行われていることが要求されるだろう．

・出資者，運営者

以上のような AI 応用システムを事業として行っている運営者，場合によってはその事業に資金提供をした出資者は，アカウンタビリティを達成するために利用者にアクセス可能でなければならない．

以上，概念的に簡素化した AI 応用システムにおけるサプライチェーンの各段階におけるアカウンタビリティを達成するための必要最低限の情報を記述した．最近では，オフショア開発を含む分業による開発が一般化したため，サプライチェーンは長くなり，広域化し国境を越えるケースも常態化している．利用者のトラストを得るためにはサプライチェーンの段階ごとのアカウンタビリティを要求するケースも想定される．実際，EU AI 白書では [21] で述べられているようにサプライチェーンの段階ごとのチェックを EU 基準に則って行う必要があることを明記している．そのような観点から見ても，AI システムの開発業者にとって種々の AI 倫理指針は重要な指針なのである．

7.13 本章のまとめ

本章では，機械学習を実社会で利用する AI を含む応用システムに関する倫理的な諸問題について説明し，次にこの問題への対応策を記述した多数の AI 論理指針を紹介した．2017 年ごろ唱えられたシンギュラリティは AI 脅威論を巻き起こした．その脅威を避けるために，倫理的に振る舞う AI を設計する目的で AI 倫理の研究開発がはじまった．しかし，ほどなくして人間の脅威になるような自律的 AI は実現性が低く，むしろ喫緊の課題は現実に社会における AI 利用がさまざまな形で社会やそこで暮らす人々に与えるリスクであることが認識された．この結果，現実的なリスクとその対処方法の指針として AI 倫理が位置づけられるようになった．このような流れと，提起された問題点を 7.1～7.9 節で述べた．7.10 節では政治制度，社会，文化背景などに依存するような AI の倫理について述べ，特に AI の軍事利用について説明した．7.11 節では，ここまでの議論の結果を踏まえて作られた AI 倫理指針のうち，主要なものを紹介し，それらの特色を比較検討した．7.12 節では，今後 AI の倫理について考えるときに配慮すべき項目として AI のもたらすリスクと便益の比較衡量を行った．機械学習や AI の技術は，進展の速度が速く，その正しい開発と利用法のあり方を考察することは継続的に行う必要がある．本章を，その考察のための基礎知識として利用していただくことを期待している．

B i b l i o g r a p h y

参考文献

[1] レイ・カーツワイル（著），井上健ほか（訳）．ポスト・ヒューマン誕生：コンピュータが人類の知性を超えるとき．NHK 出版，2007.

[2] N. Bostrom. *Superintelligence*. Oxford University Press, 2014.（ニック・ボストロム（著），倉骨彰（訳）．スーパーインテリジェンス：超絶 AI と人類の命運．日本経済新聞出版社，2017.）

[3] A. Narayanan, V. Shmatikov. Robust de-anonymization of large sparse datasets. In *Proceedings of the 2008 IEEE Symposium on Security and Privacy*, 111–125, 2008.

[4] 神嶌敏弘．公平配慮型データマイニング技術の進展．第 31 回人工知能学会大会，1E1-OS-24a-1，2017.

[5] 宮川雅巳．統計的因果推論．朝倉書店，2004.

[6] K. Eykholt, et. al.. Robust physical-world attacks on deep learning visual classification. In *Proceedings of Conference on Computer Vision and Pattern Recognition*, 1625–1634, 2018.

[7] The IEEE Global Initiative on Ethics of Autonomous and Intelligent Systems. Ethically Aligned Design version2: A Vision for Prioritizing Human Well-being with Autonomous and with Autonomous and Intelligent Systems. 2017. `https://standards.ieee.org/content/dam/ieee-standards/standards/web/documents/other/ead_v2.pdf`

[8] R. Zafarani, X. Zhou, K. Shu, H. Liu. Fake news research: Theories, detection strategies, and open problems. *Tutorial of 25th ACM SIGKDD Conference on Knowledge Discovery and Data Mining*, 3207–3208, 2019.

[9] シナン・アラル．“フェイクニュース”といかに戦うか．*Harvard Business Review*，44(1)，18–33，2019.

[10] グレゴワール・シャマユー（著），渡名喜庸哲（訳）．ドローンの哲学：遠隔テクノロジーと〈無人化〉する戦争．明石書店，2018.

[11] Future Life Institute. Asilomar AI Principles. 2017. `https://futureoflife.org/ai-principles/?cn-reloaded=1`

[12] 人工知能学会倫理委員会. 人工知能学会・倫理指針. 2017. http://ai-elsi.org/wp-content/uploads/2017/02/人工知能学会倫理指針.pdf

[13] Partnership on AI. 2017. https://www.partnershiponai.org/（2021/5 アクセス）

[14] 総務省・AI ネットワーク社会推進会議. 国際的な議論のための AI 開発ガイドライン. 2017. https://www.soumu.go.jp/main_content/000490299.pdf

[15] 内閣府 統合イノベーション戦略推進会議. 人間中心の AI 社会原則. 2019. https://www8.cao.go.jp/cstp/aigensoku.pdf

[16] The IEEE Global Initiative on Ethics of Autonomous and Intelligent Systems. Ethically Aligned Design 1st edition: A Vision for Prioritizing Human Well-being with Autonomous and Intelligent Systems. 2019. https://ethicsinaction.ieee.org/

[17] The European Commission's High-Level Expert Group on Artificial Intelligence. Ethics Guidelines for Trustworthy AI. 2019. https://ec.europa.eu/digital-single-market/en/news/ethics-guidelines-trustworthy-ai

[18] OECD. Recommendation of the Council on Artificial Intelligence. OECD/LEGAL/0449. 2019. https://www.soumu.go.jp/main_content/000642218.pdf

[19] 総務省・AI ネットワーク社会推進会議. AI 利活用ガイドライン. 2019. https://www.soumu.go.jp/main_content/000624438.pdf

[20] USA Whitehouse. Guidance for Regulation of Artificial Intelligence Applications: Memorandum for the Heads of Executive Departments and Agencies. Draft 2019/4/24.

[21] European Commission. White Paper on Artificial Intelligence: A European Approach to Excellence and Trust. Brussels, 19.2., 2020.

[22] L. B. Solum. Legal personhood for artificial intelligences. *North Carolina Law Review*, 70(4), 1231, 1992.

[23] G. Teubner. Rights of non-humans?: Electronic agents and animals as new actors in politics and low. Max Weber Lecture Series, MWP 2007/04 in Politics and Law Lecture Delivered January 17th 2007.

[24] U. Pagallo. *The Laws of Robots-Crimes: Contracts, and Torts*. Springer, 2013.

第IV部

機械学習と知財・契約

Machine Learning
Professional Series

Chapter 8

機械学習と知財・契約

柿沼太一（弁護士法人 STORIA）

機械学習における知的財産や契約の考え方について，特に開発者の観点から基本的な考え方や必要な留意事項について論じる．

8.1 本章について

本章のテーマは「機械学習と知財・契約」であるが，本章の構成としてはまず「機械学習と法律・知財・契約に関する問題領域の概観」について「訓練フェーズ」と「利用フェーズ」に分けて説明する（8.2 節）．後述するように「訓練フェーズ」は大まかに分けて「開発者が自らデータを収集して機械学習ソフトウェア（以下「機械学習 SW」という）を開発する場合」と「ユーザから委託を受けて開発者が機械学習 SW を開発する場合」の二つのパターンがある．各パターンにおいて問題となる論点が異なるため，それぞれ「開発者が自らデータを収集して機械学習 SW を開発する場合」（8.3 節）と「ユーザから委託を受けて開発者が機械学習 SW を開発する場合」（8.4 節）にて解説する*1.

*1 なお，機械学習 SW の「利用フェーズ」については「機械学習 SW を利用して自動生成したコンテンツの権利関係」「機械学習 SW を利用したことによって権利侵害が生じた場合の責任（例：自動運転）」など非常に興味深い論点が多数あるが，知財や契約という面からはやや外れるため，本章では解説の対象としていない．

8.2 機械学習と法律・知財・契約に関する問題領域の概観

機械学習 SW の開発と利用の全体像を示したのが図 8.1 である．開発フェーズ（訓練フェーズ）においては，生データを収集して訓練用データセットを作成し，同データセットを用いて訓練済みモデルを生成する．その後，利用フェーズにおいては，開発が完了した訓練済みモデルを現場に実装し，さまざまな処理に用いる．

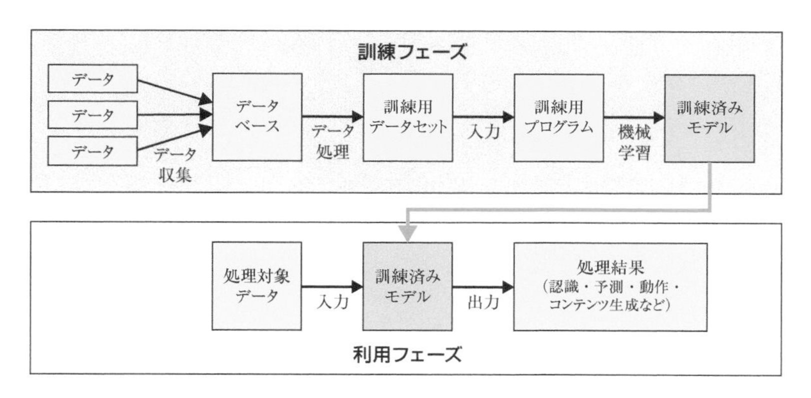

図 8.1 機械学習 SW の開発と利用の全体像

8.2.1 訓練フェーズ

訓練フェーズにおいては，先述のように大きく分けて「開発者が自らデータを収集して機械学習 SW を開発する場合」と「ユーザから委託を受けて開発者が機械学習 SW を開発する場合」の二つのパターンがある*2．

8.2.1.1 開発者が自らデータを収集して機械学習 SW を開発する場合

まず「開発者が自らデータを収集して機械学習 SW を開発する場合」にお

---

*2 前者については，従来であればモデルを開発するのは専門的な技術・知識を有しているいわゆる AI ベンダがほとんどだったが，最近は，ノーコードでモデルを開発できる環境が整ってきていることから，ユーザ自身がデータを収集してモデルを開発するケースも増加してきている．その意味で，ここでいう「開発者」とは，AI ベンダ・ユーザ双方を含む概念である．

いては，主として訓練に利用するデータをどのようにして適法に収集するかという点が論点となる．もちろん，通常のSW開発においてもデータの収集が行われる場合もある．しかし，後述のように著作権法30条の4においては「情報解析」（定義は後述）のための著作物の利用行為が許容されているため，SWの中でも情報解析技術を利用して開発される機械学習SW特有の問題がある．

ここでは，主として知的財産権（著作権など）や知的財産権以外の権利（パブリシティ権・肖像権など）が含まれているデータや，利用に関して法規制がかかっているデータ（個人情報，医療情報など）を機械学習SW開発に際して，どのように適法に収集し，利用するかが問題となる．

著作権については後に詳細に説明するように最近の著作権法改正により機械学習SW開発に際しての利用が容易になった．その一方で，個人情報と機械学習SW開発に関しては規制が複雑になる一方で技術が先行して進んでおり社会問題が多発し，肖像権・パブリシティ権と機械学習SW開発についてはまだ日本では議論がはじまったばかりである．

このように，かなり複雑な状況であるが，この点については8.3節において，機械学習工学に必要な範囲に絞ってできるだけ簡潔に説明したい．

8.2.1.2 ユーザから委託を受けて開発者が機械学習SWを開発する場合

次に「ユーザから委託を受けて開発者が機械学習SWを開発する場合」である．

これは，ユーザから委託を受けて開発者が機械学習SWを開発する場合の契約締結交渉で発生する，契約や知財に関する問題である．具体的には，以下の3つである．

(1) 完成した機械学習の性能保証・検収・契約不適合責任についてどのように定めるか．
(2) 訓練過程や訓練結果として開発された中間成果物や成果物（訓練用データセット，訓練用プログラム，訓練済みモデル，パラメータ，ハイパーパラメータ，ノウハウなど）について，データ提供者と開発者との間でどのように合理的に帰属・利用条件を設定するか．
(3) 機械学習開発における責任について契約でどのようにコントロールするか．

実際の契約締結交渉においては，この3点を注意して当事者間で十分にコミュニケーションを積み重ねないと後々大きなトラブルとなる．この点については8.4節において説明する．

8.2.2 利用フェーズ

機械学習SWの利用フェーズにおいても法律上問題となる点は多い．例えば「機械学習SWの利用に際してSWの処理対象として利用者が入力したデータを開発者がどのように利用できるか」「機械学習SWを利用して自動生成したコンテンツの権利関係」「機械学習SWを利用したことによって権利侵害が生じた場合の責任（例：自動運転）」などである．いずれも非常に興味深い論点である．

例えば「機械学習SWを利用して自動生成したコンテンツの権利関係」については，人間が機械学習SWを利用して音楽や写真，絵，文章などの創作物を生成した場合において，それらの創作物について著作権がそもそも発生するのか，そして発生するとして誰に著作権が帰属するのかという問題である．

日本の著作権法は著作物について「思想又は感情を創作的に表現したもの（著作権法2条1項）」と定義をしているため，人間が具体的な創作行為に関与せず，機械学習SWにより「自律的」に創作物が生成された場合（例えば，人間は単に「コンテンツ生成」ボタンをクリックするだけなど）には，当該創作物は著作物に該当せず，著作権も発生しない．現行法上はそのように理解するしかないが，問題はそのような「AI創作物」について著作権による保護がない場合，当該「AI創作物」は無断利用し放題ということになるため，当該事業領域に投資をしようとするインセンティブが失われるのではないかという点である．もっとも，その一方で，「AI創作物」についても現行の著作権と同内容の権利が発生するという法改正をすると，特定の主体により大量の「AI創作物」が生成された場合において，当該「AI創作物」と同一・類似の創作物の創作が許されなくなる可能性があり，健全な創作活動が阻害される危険性がある．

このように「利用フェーズ」においてもさまざまな論点があるのだが，これらの論点は，機械学習SW開発における知財や契約という面からはやや外れるため，本章では解説の対象としない．

8.3 開発者が自らデータを収集して機械学習 SW を開発する場合

8.3.1 全体像

開発者が自らデータを収集して機械学習 SW を開発する場合においては，当該データの利用が適法でなければならない．その点について判断するためには，データの利用に関する「法律上の規制・制限」と「契約上の制限」に分けて検討するのが有益である．具体的には以下のとおりである．

8.3.1.1 (1) 法律上の規制・制限

1. 当該データについて誰かに何かの法的な権利・利益が認められている場合
   これは，例えば，写真や文章などの著作物を利用する場合（著作権），営業秘密や限定提供データを利用する場合（不正競争防止法），人の顔が写った写真を利用する場合（肖像権・パブリシティ権）などである．この種類のデータを利用するためには，当該データの権利者から利用についての承諾を得るか，それ以外の適法化根拠（例：著作権法上の例外規定の利用など）が必要となる．
2. 公益的・政策的な理由から当該データの取得や利用に規制がかかっている場合
   これは，例えば，個人情報・個人データ（個人情報保護法）や，衛星データ（衛星リモートセンシング記録の適正な取扱いの確保に関する法律）などである．1. の場合と異なり，当該データに関する「権利者」がいるわけではないが，当該データの取得・利用・第三者提供などに法律上の規制がかかっているため，当然のことながら当該法規制を遵守する必要がある．

8.3.1.2 (2) 契約上の制限

契約によってデータの利用に一定の制限が加えられているケースである．当該データを入手する際になんらかの契約を締結して入手しているため，当該契約において合意されている義務を遵守する必要がある．

8.3.1.3 (3) まとめ

(1)(2) をまとめたのが図 8.2 である．

(1) の「法律上の規制・制限」のうち「1. 当該データについて誰かに何かの法的な権利・利益が認められている場合」と「2. 公益的・政策的な理由から当該データの取得や利用に規制がかかっている場合」とは，データを適法に利用するための処理手法がまったく異なる．一方で，(1) の「法律上の規制・制限」のうち「1. 当該データについて誰かに何かの法的な権利・利益が認められている場合」と (2) の「契約上の制限」は同一のデータについて同時に問題となることが多く，処理方法も共通する点が多い．

そこで，図 8.2 のように，(1)「1. 当該データについて誰かに何かの法的な権利・利益が認められている場合」と (2) の「契約上の制限」をまとめて「知的財産権等の法的な権利の処理及び契約処理領域」とし，「2. 公益的・政策的な理由から当該データの取得や利用に規制がかかっている場合」については独立して「法規制クリア領域」と整理するとわかりやすい．

本章においては，このうち「知的財産権等の法的な権利の処理及び契約処理

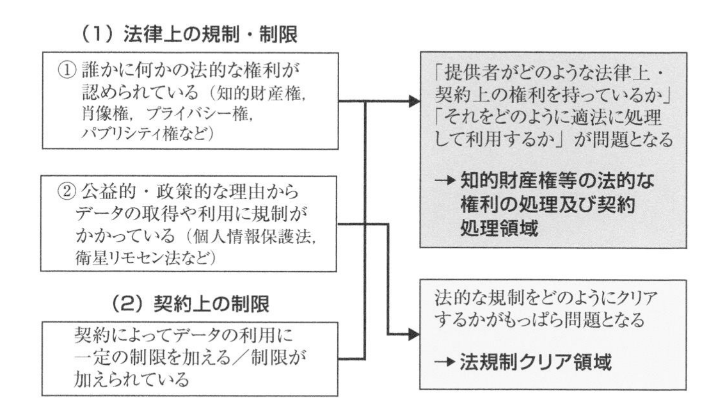

図 8.2 制限の分類による議論

領域」について解説する．一方「法規制クリア領域」[*3]については，「機械学習と知財・契約」という本章のテーマからやや外れるので，解説を割愛する．

8.3.2　具体的事例

知的財産権等の法的な権利の処理及び契約処理が問題となるのは，例えば以下のような事例である．以降にて一般論を述べた後，これらの具体的事例については 8.3.7 節にて解説する．

具体的事例 1 Web 上の複数のサイトに掲載されている無数の画像データをクローリングして訓練用データセット及び画像認識用訓練済みモデルを開発して同モデルを販売する行為は適法か．

具体的事例 2 Web 上のあるサイトに掲載されていた画像データをクローリングして訓練用データセット及び画像認識用訓練済みモデルを開発して同モデルを販売する行為は適法か．同サイトの利用規約には「本サイト上の画像は商用利用不可」と記載されていた．

8.3.3　分析の視点

知的財産権等の法的な権利の処理及び契約処理に関する問題を検討する際の分析の視点は「(1) 対象データ・対象データベースに誰かに何かの法的な権利・利益が認められていないか」「(2) 対象データ・対象データベースの利用に契約・ライセンスによって一定の制限が加えられていないか」の 2 点である．

これらの点については，「法的な権利・利益がある／ない」と「契約上の制限がある／ない」の組み合わせで**図 8.3** の 4 つのパターンがある．

領域 A は対象物について法律上の権利を有する者が存在し，かつ提供者と収集者の間に利用に関する契約関係があるため，利用のためにはその両方をクリアする必要がある領域である．

---

*3　「法規制クリア領域」において実務上よく問題となるのは「個人情報」の利用である．例えば「医療機関において取得した患者の医療データを医療 AI ベンダに提供し当該ベンダが当該医療データを用いて機械学習 SW を生成するケース」「小売店の店頭にカメラを設置し来店者の顔写真を撮影したうえで特徴量データを抽出し，機械学習 SW を利用してリピート分析を行うケース」「ある企業が，自社の入社試験時における就活生の成績や面談結果に関する各種数値と当該就活生の入社後の離職率を用いて，離職予測機械学習 SW を生成して自社内で活用したり，あるいは SW を第三者に提供したりするケース」などである．これらのケースにおいては，いずれも個人情報の取得・利用・提供などが行われるが，いずれの行為についても個人情報保護法上の規制を遵守する必要がある．

		契約上の制限	
		○	×
法律上の権利	○	領域 A	領域 B
	×	領域 C	領域 D

図 8.3 データ・データベースに関する権利・制限のパターン

領域 B は対象物について法律上の権利を有する者が存在するが，提供者と収集者の間に特段の契約関係がないため法律上の制限のみクリアすればよい．

領域 C については，対象物について法律上の権利を有する者はいないが，提供者と収集者の間に利用に関する契約関係があるため，利用のためには契約をクリアする必要がある．

最後に領域 D については，対象物には法律上の権利を有する者もおらず契約上も保護されていないため完全に自由に利用可能な領域である．

以下，「法律上の権利・利益の処理」と「契約上の制限の処理」に分けて解説する．

8.3.4 法律上の権利・利益の処理：著作権

8.3.4.1 (1) 具体的事例

手塚治虫著作の中古漫画本を古本屋で購入してきてデジタルデータ化したうえで「手塚治虫風キャラクター」を生成する機械学習 SW を作成して公開・販売したいが，そのような利用行為は可能か．機械学習 SW そのものの公開・販売ではなく，当該 SW 生成のための訓練用データセットの公開・販売はどうか．

8.3.4.2 (2) 分析の視点

利用対象のデータは漫画データであり著作物である．一方，当該データを入手した手法は「古本屋から購入してきた」というものなので，当該データの利用について古本屋となんらかの契約を締結して提供を受けたわけではないし，当該漫画データの著作権者との間でデータの利用についてなんらかの契約を締結しているというわけでもない．

すなわち，この具体例は対象データについて「法律上の権利・利益の処理」の必要性はあるが，「契約上の制限の処理」の必要性がない事例（図8.3の領域B）ということになるから，著作権という「法律上の権利・利益の処理」のみを検討すればよいことになる．

8.3.4.3　(3) 著作権侵害の有無

結論的には，具体的事例として紹介した「手塚治虫著作の中古漫画本」の利用行為は著作権侵害に該当しないのだが，それを理解するには著作権法の構造を知る必要がある．

著作権法は著作権について定めた法律であり，著作物について利用行為（複製や翻案）を行おうとすれば，原則として著作権者の許諾が必要となる．

もっとも，日本の著作権法上は，例外的に著作権者の許諾がなくても利用できる場合が条文上複数規定されている．そのような「例外条項」のことを「権利制限規定」という（著作権者の権利を制限しているので「権利制限規定」という）．

日本著作権法上，権利制限規定は多数定められているが，例えば「私的使用のための複製」（著作権法30条）や「引用」（同32条）などの権利制限規定はよく知られている．

図8.4は，このような著作権法の構造のイメージ図である．図の上部分に

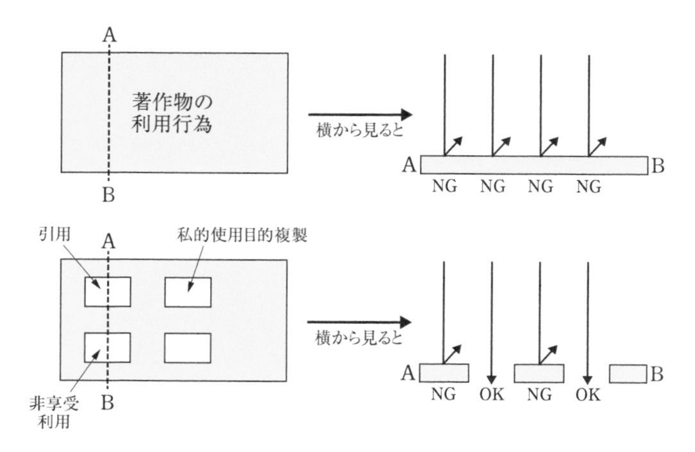

図8.4　著作権法の構造

あるように，著作物は，原則として著作権者の了解を得ないと利用することができない．しかし，「引用」や「私的使用目的複製」などの権利制限規定に該当すれば例外的に著作権者の承諾を得なくても利用することができる（権利制限規定は，著作権の保護範囲にちょうど「穴」が開いているようなものである）．

8.3.4.4 (4) 著作権法 30 条の 4

そして，日本国著作権法においては，機械学習 SW の生成に必要な著作物の利用行為（データの複製や翻案）については，原則として著作権者の承諾を行わなくても可能であるという権利制限規定が存在している．それが，平成 30 年改正著作権法によって導入された著作権法 30 条の 4 第 2 号である（図 8.5）．

条文は図のとおりであるが，要するに「『情報解析』に必要な限度においては原則として著作物を自由に利用できる」という内容の権利制限規定である．

そして，機械学習 SW の開発は，当該「情報解析」に該当するため，結果として「機械学習 SW の生成に必要な限度においては原則として著作物を自由に利用できる」ということになる．

機械学習 SW 開発に際して著作権法 30 条の 4 第 2 号で可能な行為は以下のとおりである．

- 自らが機械学習 SW の開発を行うために，著作物を収集・複製・改変するなどの行為

（著作物に表現された思想又は感情の享受を目的としない利用）
第三十条の四 著作物は，次に掲げる場合その他の当該著作物に表現された思想又は感情を自ら享受し又は他人に享受させることを目的としない場合には，その必要と認められる限度において，いずれの方法によるかを問わず，利用することができる．ただし，当該著作物の種類及び用途並びに当該利用の態様に照らし著作権者の利益を不当に害することとなる場合は，この限りでない．
一 略
二 情報解析（多数の著作物その他の大量の情報から，当該情報を構成する言語，音，影像その他の要素に係る情報を抽出し，比較，分類その他の解析を行うことをいう．第四十七条の五第一項第二号において同じ．）の用に供する場合
三 略

図 8.5 著作権法 30 条の 4 第 2 号

- 機械学習 SW の開発を行う他者のために，著作物を収集・改変して訓練用データセットを生成し提供する行為（ここでの「提供」とは，1 対 1 の譲渡行為のみならず，Web を通じて広く提供する行為も含まれる）

このように，かなり広い著作物の利用行為が可能となっている*4.

8.3.4.5 (5) 具体的事例についての結論

したがって，冒頭で紹介した，「手塚治虫著作の中古漫画本を古本屋で購入してきてデジタルデータ化したうえで『手塚治虫風キャラクター』を生成する機械学習 SW を作成して公開・販売する行為」は，当該漫画の利用行為が日本国内で行われているのであれば，日本国著作権法第 30 条の 4 第 2 号により適法である.

さらに，「機械学習 SW そのものではなく，当該 SW 生成のための訓練用データセットの公開・販売」についても，同様の理由により適法である*5.

8.3.5 契約上の制限の処理

8.3.5.1 (1) 具体的事例

ユーザが，機械学習を利用した工場機械用異常検知 SW（SaaS 型）をベンダから導入し，工場内の機械に設置されている固定カメラで撮影された半製品*6 の写真をベンダサーバに送信してベンダが当該 SW を利用した判定結果をユーザに返している．ベンダは，同 SaaS サービスにおいて，複数のユーザに対して同一の訓練済みモデルを用いてサービスを提供しているが，それら複数のユーザから提供を受けたデータについて，ベンダはサービス提供（＝データの判定）目的のみならず，訓練済みモデルの学習のために利用したい．そのような利用行為は可能か.

---

*4 平成 30 年改正著作権法で現行著作権法 30 条の 4 が導入される前も，「情報解析のためであれば著作物を自由に利用できる」という趣旨の著作権法の条文は存在した（改正前著作権法 47 条の 7）．もっとも，改正前著作権法 47 条の 7 においては，(1) 自らのための利用行為しか許されておらず，他人のための利用行為は許容されておらず，かつ (2) 許される利用行為は「記録媒体への記録又は翻案（これにより創作した二次的著作物の記録を含む.）」のみであり，公衆への譲渡や広い範囲での提供などは許されていなかった.

*5 改正前著作権法 47 条の 7 の下では「記録・翻案」のみが許容されていたため，このような「データセットを生成して公開・販売する行為」は許容されていなかった．現行著作権法 30 条の 4 が設けられたことにより，初めて可能となった行為である.

*6 契約上の成果物（例えば，完成した部品）の完成に至る過程の製品のこと.

8.3.5.2 (2) 考え方

上記の具体的事例においては，先ほどの手塚治虫の漫画本を利用する例と異なり，利用しているデータは「固定カメラで撮影された半製品の写真」データである．このような，固定カメラで撮影された写真については，撮影者が創作性を発揮しようがないため著作物に該当せず，著作権は発生しない．

そのため，この具体例においては著作権の処理は問題とならない．もっとも，ベンダはユーザから SaaS 契約に基づいて対象データを取得しているため，当該契約に従ってデータを利用する義務を負っている．

すなわち，この具体的事例は対象データについて「法律上の権利・利益の処理」の必要性はないが「契約上の制限の処理」の必要性がある事例（図 8.3 における領域 C）ということになり，SaaS 契約という「契約上の制限の処理」のみを検討すればよいことになる．

そして，SaaS 契約上，対象データについて「サービス提供（データ判定）のためにのみ利用する」という条項になっていれば当然ベンダは当該データをサービス提供目的以外には利用できないが，「サービス提供（データ判定）及びベンダのサービス向上のために利用する」という条項になっていれば，ベンダとしては当該データを利用して訓練済みモデルの高度化を図ることができる*7.

8.3.6 まとめ

以上をまとめたフローチャートが図 8.6 である．このフローチャートだけだとわかりにくいと思われるので，少し分解しながら説明する．

まず，利用しようとする対象データが著作物でない場合である（図 8.6 において最初の選択肢が N である場合）．対象データが著作物でなければ誰かが当該データについて著作権を保有していることもないため，著作権という「法律上の権利・利益」の処理は問題とならず，原則として自由に利用することができる．

---

*7 なお，実際に，このような訓練済みモデルを用いた SaaS サービスにおいてユーザから提供を受けたデータを広く学習に利用する場合，それと引き換えにユーザに対してどのように便益を提供するか（言い換えれば，ユーザにデータ提供のインセンティブをもってもらうか）が非常に重要な問題となる．その点については，2021 年 3 月 29 日に経産省から公表された「研究開発型スタートアップと事業会社のオープンイノベーション促進のためのモデル契約書 ver1.0_AI 編」 https://www.jpo.go.jp/support/general/open-innovation-portal/index.html における 4 種のモデル契約中の「利用契約」に詳しい．筆者は同モデル契約策定に事務局としてかかわった．

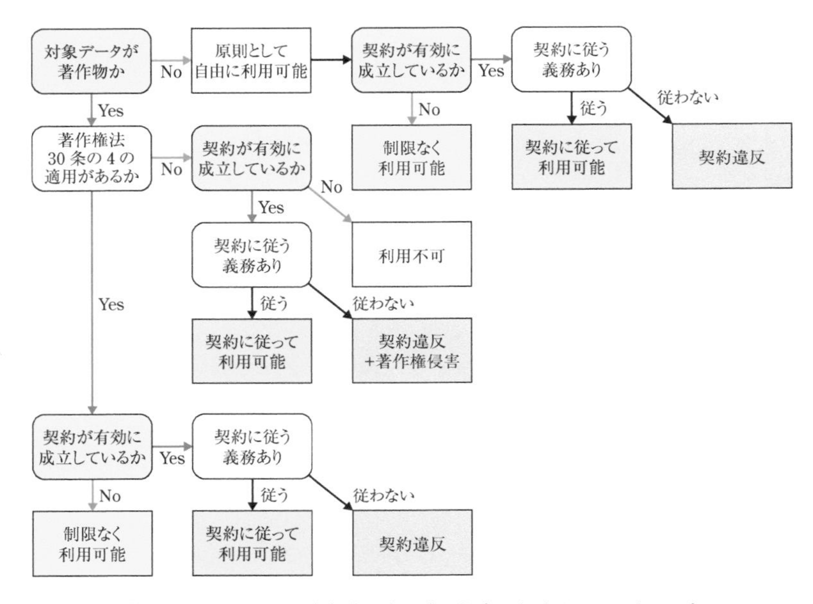

図 8.6 個々のデータを収集・利用する場合におけるフローチャート

ただし，対象データの利用について契約が有効に成立している場合には，「法律上の権利・利益の処理は問題とならないが契約上の制限が問題となる領域（領域 C)」として，契約に従って利用する義務が生じる．

契約が有効に成立していなければ，「法律上の権利・利益の処理も契約上の制限も問題とならない領域（領域 D)」として自由に利用することができる．

次に，対象データが著作物だった場合である（図 8.6 において最初の選択肢が Y である場合）．この場合は著作権という「法律上の権利・利益」の処理が問題となるが，まず当該利用行為について著作権法 30 条の 4 が適用されるかを検討する必要がある．著作権法 30 条の 4 の適用がある場合（図 8.6 において選択肢が Y-Y と進む場合）には，当該利用行為について著作権侵害が問題となることはない．

もっとも，当該利用行為についての契約が有効に成立している場合には，当該契約に従う義務がある（このケースが契約による著作権法のオーバーライド[*8] が生じている状態である）．当該契約に違反した場合には，（著作権侵害ではなく）契約違反となる．

最後に，対象データが著作物の場合でかつ著作権法 30 条の 4 が適用されない場合である（図 8.6 において選択肢が Y-N と進む場合）．この場合，対象データの利用に関してなんらかの契約が存在すれば，当該契約に従って利用することで著作権侵害の問題は起こらないことになる．逆に当該契約に従わない場合は，契約違反に該当するとともに著作権侵害にも該当することになる．

8.3.7 具体的事例の解説

以上を前提に，8.3.2 節で紹介した各事例について解説する．

8.3.7.1 具体的事例 1

個々のデータについて，著作権という法律上の権利・利益の処理のみが問題となる事例である．すでに解説をしたとおり，開発行為が日本国内で行われれば，著作権法 30 条の 4 の適用があり，販売行為がどこで行われたとしても適法となる．

8.3.7.2 具体的事例 2

個々のデータについて，著作権という法律上の権利・利益の処理及び契約上の制限の処理の双方が問題となる事例である．著作権という法律上の権利・利益の処理については著作権法 30 条の 4 が適用され適法である．

次に，契約上の制限の処理については，当該利用規約（契約）が有効に成立している場合は，当該データを利用して訓練用データセット及び画像認識用訓練済みモデルを開発して同モデルを販売する行為は「商用利用不可」という契約に違反する．一方，当該利用規約（契約）が有効に成立していない場合（データのダウンロードに際して，利用規約の同意ボタンのクリック行為をしていない場合など）は，契約上の制限が存在しないことになり，データの利用を行っても契約違反には該当しない．

---

*8 「契約による著作権法のオーバーライド」とは，著作権法上適法に行える行為を契約で制限することをいう．契約が著作権法を上書（オーバーライド）できるのかの問題である．

8.4 ユーザから委託を受けて開発者が機械学習SWを開発する場合

8.3節では，単独の開発者がデータの収集から開発までを行うことを前提としていた．一方，ユーザから委託を受けて開発者が機械学習SWを開発する場合には，両当事者間で開発に関する契約交渉が必ず発生する．本節では，この契約交渉における留意点について解説する．

8.4.1 全体像

8.4.1.1 よく問題となるケース

ユーザから委託を受けて開発者が機械学習SWを開発する場合においてよく問題となるのは以下のようなものである．

- ユーザから機械学習SWを用いた出力の精度について一定の保証をするようにと強く要請された場合，ベンダはどのように対応すべきか．
- 機械学習SWの開発契約において成果物の品質，検収基準，契約不適合責任についてどのように定めたらよいか．
- 開発成果に関する知的財産権に関してどのようなポイントに着目して交渉し，どのような契約条項に落とし込んだらよいのか．
- ユーザから提供を受けたデータを用いて開発した機械学習SWが誤作動を起こしてユーザや第三者に損害を与えた場合に備えて，機械学習SW開発契約においてはどのような定めをすべきか．

これら機械学習SWの開発契約に関する問題を分類すると，ほぼ以下の3つの領域のどこかに当てはまる．

- **品質（性能保証，検収，契約不適合）**：従来型のSWと異なる特徴を持つ機械学習SWの開発契約において品質・検収・契約不適合についてどう定めるかの問題である．ユーザは，従来型のSWと同じような発想に基づいて品質保証をベンダに求めてくるので，その点をどうクリアするかの問題となる．

- **知的財産権**：生成される訓練用データセット，訓練済みモデル，訓練済みパラメータに関する知的財産権の帰属・利用条件をどう定めるかの問題である．ベンダもユーザも非常に関心が高いため，交渉が難航するポイントでもある．
- **責任**：機械学習 SW 開発・利用に際して生じる可能性のある損害についてどう定めるかの問題である．

これらの問題は，一言でいうと「機械学習 SW 開発と通常のルールベースの SW 開発との相違」に由来するものである．もちろん，これらの問題は従来のルールベースの SW 開発でも認識されていたが，幸いなことに今まではメジャーな問題ではなかった．しかし，昨今の機械学習システムの普及により，これらの問題の比重が高まり，より深く問題解決に向けて取り組まなければならなくなったのである．

8.4.1.2 ガイドライン・モデル契約

上述のような問題意識のもと，「ユーザから委託を受けて開発者が機械学習 SW を開発する場合」における契約の考え方や具体的な契約条項について，以下のようなガイドラインやモデル契約が作成・公表されている．

(1) **AI・データの利用に関する契約ガイドライン**：2018 年 6 月 15 日に経済産業省から公表された「AI・データの利用に関する契約ガイドライン」である [*9]．

このガイドラインは，民間事業者などが，データの利用などに関する契約や AI 技術を利用する SW の開発・利用に関する契約を締結する際の参考として，契約上の主な課題や論点，モデル契約，契約作成時の考慮要素などを整理したものであり，現在でも広く参照されている（以下，同ガイドライン内のモデル契約を「2018 年 AI モデル契約」という）．

(2) **研究開発型スタートアップと事業会社のオープンイノベーション促進のためのモデル契約書 ver1.0_AI 編**：特許庁と経済産業省がとりまとめた「研

---

*9 https://www.meti.go.jp/press/2019/12/20191209001/20191209001.html．このガイドラインは「データ編」と「AI 編」で構成されており，「データ編」のみ 2019 年 12 月 9 日に法令の改正にともなうアップデートが行われている．

究開発型スタートアップと事業会社のオープンイノベーション促進のためのモデル契約書 ver1.0_AI 編」である[*10]．このモデル契約（以下「2021 年 AI モデル契約」という）は 2021 年 3 月 29 日に公表された．

筆者は，「2018 年 AI モデル契約」策定に関しては検討委員として，「2021 年 AI モデル契約」策定に関しては事務局メンバとしていずれも深く関与してきた．そこで，本節では，必要に応じてこれらのガイドライン，2018 年 AI モデル契約，2021 年 AI モデル契約に言及しながら解説をしていく．

8.4.2 品質（性能保証，検収，契約不適合）

8.4.2.1 通常のシステム開発と機械学習 SW 開発の違い

先ほども紹介したが，品質に関する典型的な問題は，以下のような問題である．

> ユーザから機械学習 SW を用いた出力の精度について一定の保証をするようにと強く要請された場合，ベンダはどのように対応すべきか

機械学習技術を用いない通常の SW 開発契約においては，成果物の性能について開発者が一定の性能を保証したり，成果物について一定の基準に従った検収をユーザが行って合否の判定を行ったり，成果物について瑕疵が存在した場合の契約不適合責任を定めるのが通常である．

そのため，機械学習 SW の開発契約においても，ユーザは開発者に対して一定の性能保証，検収規定や契約不適合条項を盛り込むように要求するケースが多く見られる．

しかし機械学習 SW の場合は，その技術的特性から，開発者が性能保証などのユーザからの要求に応じられず，開発者とユーザの歩み寄りが不可能となってしまうケースがある．

機械学習 SW 開発において「性能保証」，「検収」，「契約不適合」に関する双方の意見が対立する原因は，通常の SW 開発が「演繹的」な開発手法であるのに対して，機械学習 SW 開発が「帰納的」である点が挙げられる．

「演繹」とは，一般的な前提やルールから結論を得る考え方であり「A＝

*10 https://www.jpo.go.jp/support/general/open-innovation-portal/index.html

B」「B＝C」「よって A＝C」という三段論法はその典型例とされている．一方「帰納」とは，複数の個別事例や経験則などの前提を集めて，そこから普遍的な法則を見い出す考え方である．

通常の SW 開発は，まず仕様を確定したうえで，その仕様を実現するために，すでに知られた法則や知識に基づいて当該「仕様」を実現するためのモデルを構築し，段階的に詳細化していく．

一方，機械学習 SW 開発は，開発目的との関係で意味のあると思われる大量のデータを集めてきて，それを用いて訓練させ，当該データに共通する法則・特徴を見つけ出すという帰納的な開発手法をとる．この場合，「仕様」は訓練データの形で表現され，モデル構築は訓練によって行われることになる．

帰納的な開発手法により開発された機械学習 SW は，理屈を積み上げて開発したわけではないため，学習に使っていないデータを入力した場合，どのような挙動をするかが予測困難であり，「未知のデータでの性能保証は困難」「何をもって『契約不適合』というかはっきりしない」ということになる．

このような「従来型の SW 開発と機械学習 SW 開発の違い」をまとめたのが表 8.1 である．

表 8.1 従来型の SW 開発と機械学習 SW 開発の違い

	従来型の SW 開発	機械学習 SW 開発
開発手法	演繹型	帰納型
品質保証	可能	訓練用データに統計的バイアスが含まれることが避けられないため，未知のデータが入力された場合の品質保証は困難
性能不足の場合の検証可能性	可能	原因の特定（データの品質，ハイパーパラメータ設定，学習手法，ソースコードのバグなど）が困難
性能テスト	可能	訓練用データから独立したテスト用データセットが必要，（当然だが）未知データでのテスト不可能

まず，開発手法については，先ほど説明したとおり従来型の SW 開発は演繹型，機械学習 SW 開発は帰納型である．

次に，品質保証だが，従来型の SW 開発の場合，通常は品質保証が可能である．一方，機械学習 SW の場合，「正しいルール」がまずあって，そのルールに沿って開発されるわけではなく，訓練用データを用いて帰納的に開発される．そして，訓練用データには統計的バイアスが含まれることが避けられないため，未知のデータが入力された場合に，どのような出力がなされるかという点に関する品質保証は困難である．訓練用データと未知のデータが同じ統計的性質を有しているのであれば，一定の品質保証は可能だが，訓練用データと未知のデータが同じ統計的性質を有しているとは限らない．

さらに，性能不足が生じた場合に，それがどのような原因に基づくものなのかを検証できるかという点も異なる．従来型の SW 開発の場合，通常は検証可能である一方で，機械学習 SW 開発の場合，性能不足の原因として考えられるのは，訓練用データの品質，ハイパーパラメータ設定，学習手法，ソースコードのバグなどなどさまざまであるが，そのどれが原因なのかを特定するのは容易ではない．

最後に，開発したソフトウェアの性能テストが可能かという点だが，従来型のソフトウェア開発の場合は可能である．一方，機械学習 SW の場合，学習に用いたデータを用いてテストをしても無意味であるため，性能テストのためには，訓練用データから独立したテスト用データセットが必要となる．ただ，そのようなテスト用データを用いて行ったテストに合格したとしても，それはあくまでテスト用データを入力したら正しい出力がなされたということを意味するにすぎない．開発した機械学習 SW を実際に現場で利用する場合には，未知のデータが入力されることになるが，当然そのような未知のデータによるテストは不可能であり，テストにも限界がある．

8.4.2.2 品質保証における「従来型の SW 開発と機械学習 SW 開発の違い」を乗り越える 3 つのポイント

このような，品質保証における「従来型の SW 開発と機械学習 SW 開発の違い」を開発契約締結に際して乗り越えるためには，筆者は (1) 機械学習 SW 開発の特性をユーザと開発者が理解すること，(2) 開発プロセスおよび契約の分割，(3) 契約内容の工夫の 3 点が重要であると考えている．筆者は弁護士という職業柄，品質保証の部分についての契約交渉が難航した場合にクライアントから「契約内容を工夫することでなんとかならないか」という相談を受けることも多い．しかし，実際には，契約内容を工夫しただけでは機械学習 SW に関する品質の問題をクリアするのは困難であり，先ほどの 3 点をセットにして実行する必要がある．

(1) 機械学習 SW 開発の特性をユーザと開発者が理解すること：通常のシステム開発と機械学習 SW 開発においては，前述のように開発手法の発想が異なるが，その点についてユーザ・開発者が共通認識を持つことが非常に重要である．

そのための具体的手法として筆者がよくアドバイスし，実際に効果を上げているのは，先ほど紹介した，2018 年に公表された「AI・データの利用に関する契約ガイドライン」を活用する方法である．

(2) 開発プロセスおよび契約の分割：機械学習 SW 開発の特徴を非常に乱暴にいってしまうと，「どのようなものができあがるか事前に予測することがユーザ・開発者双方にとって困難であること」，要するに「開発を進めてみないと，うまくいくかどうかわからない」という点にある．

この「うまくいくかどうかわからない」というのは「開発者はわかっているがユーザはわからない」という情報の非対称性の話ではなく，「機械学習 SW の原理上，開発者もユーザもわからない」ということを意味している．

このような特徴はユーザ・開発者に双方にとって大きなリスクとなる．このリスクをコントロールするための一つの方法として，開発プロセスおよび契約を分割するというアイデアが出てくる．開発プロセスと契約を分割すれば，「少しずつ開発を進めていき，うまくいったら次のステップに進み，うまくいかなかったら開発を中止する」ということができるためである．

具体的には，機械学習 SW の開発・利用を「開発フェーズ」と「利用フェーズ」に分け，「開発段階」をさらに，アセスメント段階，PoC 段階，開発段階に分けた開発手法である（図 8.7）．各段階の目的・成果物・契約内容の概

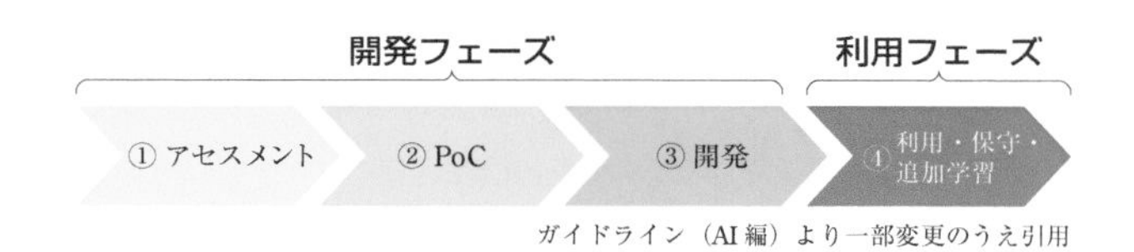

図 8.7　機械学習 SW における開発手法

表 8.2 各段階の目的・成果物・契約内容

	開発			利用・保守・追加学習
目的	一定量のデータを用いて訓練済みモデルの生成可能性を検証する	訓練用データセットを用いてユーザが希望する精度の訓練済みモデルが生成できるかどうかを検証する	訓練済みモデルを生成する	開発した訓練済みモデルの利用に関する契約．開発者が納品した訓練済みモデルについて，保守及び追加の訓練用データセットを使って学習をする内容が盛り込まれることが多い
成果物	レポートなど	レポートなど	訓練済みモデルなど	再利用モデルなど
契約	秘密保持契約書・アセスメント契約書など	導入検証契約書など	ソフトウェア開発契約書	利用・保守・追加学習契約

要は表 8.2 のとおりである．

もちろん，「4 つに分割する」における「4」という数字に意味があるわけではなく，「うまくいくかどうかわからないから少しずつ進め，うまくいきそうなら次のステップに行き，無理そうなら中止する．それによってユーザ・開発者双方のリスクをコントロールする」という点が本質である．そのため，開発規模によっては，アセスメント段階と PoC 段階が一体となることもあるし，PoC 段階をさらに複数に分割することもある．

(3) 契約内容の工夫：「契約内容としてどのような内容を盛り込むか」である（表 8.3）．

(i) 契約の法的性質：契約の法的性質だが，従来型の SW 開発は工程によって異なる．つまり，企画・要件定義などの上流工程は，契約の法的性質は「準委任型」とするのが適切であり，下流に行くにしたがって契約の法的性質は「請負型」とするのが適切となる．

一方，機械学習 SW の場合は，従来型の SW 開発の場合とは異なり，具体的な仕事の完成を目的とする請負型の契約はなじみにくく，全工程で準委任型の契約が親和的である．これは，契約締結時までに仕様や検収基準を確定することが難しいことが多く，また，未知の入力データに対しては，訓練済みモデルがユーザ・ベンダのいずれもが想定しない挙動をしないことを保証

表 8.3　契約内容

	従来型の SW 開発	**機械学習 SW 開発**
契約の法的性質	工程によって異なる（上流工程は準委任型，下流に行くにしたがって請負型）	全工程で準委任型が親和的
品質保証	請負型が適用される工程では合意可能	なし（モデル開発契約 7 条）．ただし，一定の既知データを用いた場合の性能であれば保証可能な場合もある
検収	請負型が適用される工程では合意した検収基準により検収実施可能	なし（モデル開発契約 7 条）．ただし，一定の既知データを用いた検収であれば合意・実施できる場合もある
契約不適合責任	請負型が適用される工程においてはベンダに契約不適合責任あり	なし

することも困難であるためである．

(ii) 契約条項：機械学習 SW 開発契約の内容としては，品質保証や検収，契約不適合責任に関して，従来の SW 開発契約と異なる内容にする必要性が高い．

例えば，品質保証については，従来型の SW では保証することが可能だが，機械学習 SW の場合は，（テスト用データであればともかく）利用段階において未知のデータを入力した場合の品質保証をする契約条項を設けるべきではない．

さらに，開発した訓練済みモデルの検収についても，そもそも何をもって訓練済みモデルの「完成」というのか自体の判断が難しいことから，機械学習 SW 開発の場合は検収についての契約条項を設けることが難しい．

2018 年 AI モデル契約における品質に関する条項は以下のとおりである．

> 第 7 条（ベンダの義務）
> 1 ベンダは，情報処理技術に関する業界の一般的な専門知識に基づき，善良な管理者の注意をもって，本件業務を行う義務を負う．
> 2 ベンダは，本件成果物について完成義務を負わず，本件成果物等がユーザの業務課題の解決，業績の改善・向上その他の成果や特定の結果等を保証しない．

この条項のポイントは，まず第 2 項でベンダが成果物である訓練済みモデルの完成義務を負わないことを明記している点である．つまり成果物である訓練済みモデルについて，一定の品質を有したモデルが完成することの保証を行っていない．

ただし，これは，ベンダが一切責任を負わないということを意味していない．例えば，「ベンダが，通常の技術レベルを持つAIベンダであればやらないレベルのミスを犯したことにより，学習に通常では考えられない期間を要したため，納期に間に合わなかった」という例であれば，ベンダは開発遂行についての責任を負うことになる．

つまり，ベンダは「完成」させる義務は負わないが，完成させるまでの作業にミスがあった場合にはそれに対して責任を負うということであり，その点を明記したのが第1項である．

(iii) 契約条項上の工夫：筆者はセミナーなどで表8.3を使って説明することが多いが，そこで一番聞かれる質問は「現場に機械学習SWを投入し，未知のデータが入力された場合に性能保証ができないのは理屈としてはわかった．しかし委託料を支払って開発した機械学習SWについて一切性能保証がないというのは，やはりユーザとしては納得しがたい．契約内容の工夫でなんとかできないか」というものである．

この点について考えられる契約条項上の工夫は「学習に利用しない一定の既知のテスト用データを利用した性能保証を行う方法」と「準委任契約における成果完成型を選択する方法」である．

前者については，未知のデータが入力された場合の品質保証は難しいとしても，既知のテスト用データ入力の場合の品質保証は技術的には可能なため，選択肢の一つとすることが可能である．ただし，評価方法が適切なものである必要があり，またテスト用データによる精度保証は実装時における精度を保証するものではないことに留意が必要である．

後者について，まず「準委任契約」とは，仕事の完成ではなく，一定の事務処理を行うことを約する契約のことをいい，請負人が仕事を完成することを約する「請負契約」と対比されることが多い．

先述のように，機械学習SW開発の場合は，そもそもその技術上「仕様確定」「精度保証」「完成」を想定しにくいという特色があるため，仕事完成を約する「請負契約」ではなく「準委任契約」が親和的である．

もっとも，準委任契約には，委任事務の履行により得られる成果に対して報酬を支払う「成果完成型」と，委任事務の処理の割合に応じて報酬を支払う「履行割合型」がある．

「履行割合型」の典型例は，ソフトウェア開発契約におけるいわゆる「人月単価方式」である．一定の技術レベルの人員が一定期間稼働することに対して一定の対価を支払う方式であり，成果物の精度や質が委託料の金額や支払い方法に連動しない．

一方，「成果完成型」の典型例は，弁護士が訴訟事件について依頼者と委任契約を締結する際に，一定の成果に応じて報酬を受領する旨を約する（いわゆる成功報酬制）方式などが該当する．

この「成果完成型」の準委任契約であれば，進捗に応じた成果（例えば既知データに対する一定レベルの精度を満たした場合など）に対して固定金額を支払う合意をすることになり，成果未達成の場合のユーザ・開発者双方のリスクを下げることができる．

8.4.2.3 小まとめ

以上，機械学習 SW 開発において交渉が難航することが多い「機械学習 SW の性能保証，検収，契約不適合」が通常のシステム開発と機械学習 SW 開発の違いに起因すること，およびそれを乗り越えるための 3 つのポイントに対する実務的な工夫について述べた．

なお，機械学習 SW 開発案件において，当初ユーザ側のビジネス部門や技術部門と開発者とが盛り上がり，その話がユーザ側の法務・知財部門に上がった瞬間にストップがかかるケースが多く見られる．

そのようなときには，本章で解説したようなポイントに双方が留意し，合理的な契約交渉が進むことを期待したい．

8.4.3 知的財産権

機械学習 SW の開発に際して，成果物等に関する知的財産権について契約上どのように定めるかはユーザ・開発者にとって非常に大きな関心事である．

8.4.3.1 なぜ交渉が難航するのか

機械学習 SW の開発においては，通常のシステム開発以上に成果物の知的財産権に関する当事者双方の主張の対立が先鋭化することが多いが，その理由は以下の 2 点にある．

- 通常のシステム開発と異なり，機械学習 SW 開発においては複数の材料，中間成果物，成果物が存在する．
- 開発に要する材料，中間成果物，成果物が高い価値を持ち，ユーザ・開発者ともにそれらを独占／再利用したいという需要が存在する．

まず，通常のシステム開発の開発工程をごくごく単純化すると，図 8.8 に表すように，「『開発者及びユーザの労力やノウハウ』という材料を投入して『プログラムや文書類』という成果物を開発する」ということになる．

一方，機械学習 SW 開発の開発工程はもう少し複雑である（図 8.9）*11．まず投入される材料が「開発者及びユーザの労力とノウハウ」だけではない．生データや訓練用プログラムも投入されるし，投入されるノウハウとしても，

図 8.8　通常のシステム開発の開発工程

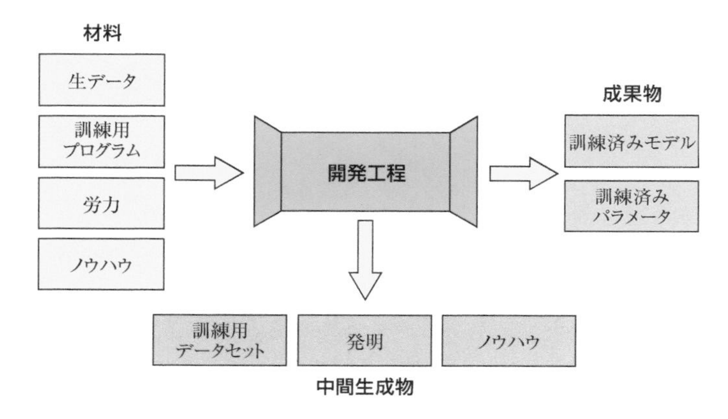

図 8.9　機械学習 SW 開発の開発工程

*11　図 8.9 における「成果物」とは契約上，納品や作成支援が合意されているものを指す．したがって「成果物」と「中間成果物」の区別は相対的なものであり，契約内容によっては訓練用データセットが成果物として合意されることもある．

データ処理に関するノウハウや訓練済みモデル生成に関するノウハウなど多岐にわたる．

そして，開発過程を経て成果物である「訓練済みモデル」や「訓練済みパラメータ」を生成するが，機械学習 SW 開発の場合，開発の過程で「訓練用データセット」や「発明」「新たなノウハウ」などの中間成果物が生じる．

さらに，これらの材料，中間成果物，成果物が高い価値を持ち，ユーザ・開発者ともにそれらを独占／再利用したいという意向を強く持つ．

8.4.3.2 整理の枠組み

この点を解決するために，筆者は以下のような枠組みで整理すればよいのではないかと考えている．

1. 材料・中間成果物・成果物について，何が知的財産権の対象となるのかならないのかを知っておく．
2. 1. についてのデフォルトルール（法律上のルール）として，誰がどのような権利を持っているかを知っておく．
3. 契約条項をどのようにして自社に有利にデザインするかを知っておく（「権利帰属」にこだわらず「利用条件」で「実」をとる）．

以下順番に説明をしていく．

8.4.3.3 権利の所在を知っておく

「1. 材料・中間成果物・成果物について，何が知的財産権の対象となるのかならないのかを知っておく」「2. 1. についてのデフォルトルール（法律上のルール）として，誰がどのような権利を持っているかを知っておく」の 2 点は，まとめたほうがわかりやすいのでまとめて解説する．

ここで検討する必要がある対象物（材料・中間成果物・成果物）は，以下の 6 つである．

1. 生データ
2. 訓練用データセット
3. 訓練用プログラム
4. 訓練済みモデル
5. 訓練済みパラメータ

6. ノウハウ

日本の知的財産権制度のもと，これら6つの対象物を保護しようとすると，実際には特許権（特許法），著作権（著作権法），営業秘密及び限定提供データ（不正競争防止法）の3つのみが選択肢となる．

以下では，これらの対象物について，それぞれ知的財産権の対象となるのか・ならないのか，およびデフォルトルール（法律上のルール）として誰がどのような権利を持っているかについて解説する．

生データ

(i) 知的財産権の対象となるのかならないのか：生データの種類によるが，例えば機械の操業データ，センサデータや事実を示すデータなどについて知的財産権は発生しないので，「営業秘密」（不競法2条6項）または「限定提供データ」（不競法2条7項，以下両者をまとめて「営業秘密等」という）に該当する限りにおいて，保護されることになる．営業秘密等にも該当しない生データについては，法律上保護されず，誰が権利を持つかについてのデフォルトルールがないということになる．

(ii) デフォルトルール（法律上のルール）として誰がどのような権利を持っているか：営業秘密等に該当しない生データについては，知的財産権の対象ではないため誰も権利を持っていない．したがって，そのような場合は生データを誰がどのように利用できるかについては，ユーザ・開発者双方の契約によって定めるしかないことになる．

訓練用データセット

(i) 知的財産権の対象となるのかならないのか：すでに解説をしたとおり，訓練用データセットについては，個々のデータに著作物性がない場合でも，訓練用データセットが「データベースの著作物」（著作権法12条の2）に該当すれば著作権が発生する．

「データベースの著作物」とは「その情報の選択又は体系的な構成によって創作性を有するもの」であるが，効率的な機械学習・深層学習のために，生データを取捨選択したり，体系的な構成で整理したりした訓練用データセットは「データベースの著作物」に該当する場合も多いと思われる.
また，営業秘密等に該当すれば不正競争防止法により保護される.

(ii) デフォルトルール（法律上のルール）として誰がどのような権利を持っているか：訓練用データセットが「データベースの著作物」に該当する場合，創作的な「情報の選択」又は「体系的な構成」を行った者が著作権者となる．したがって，開発者のノウハウのみを利用して開発者が加工を行って訓練用データセットを生成したのであれば開発者が著作権者となるし，ユーザと開発者が共同して創作的な行為をしたのであればユーザ・開発者の共同著作物となって双方が著作権を共有するということもありえる.

訓練用プログラム

訓練用プログラムは，開発者がすでに保有しているものを利用する場合や，具体的開発案件にそくして一から開発する場合などさまざまなケースがあるが，実際には，TensorFlow などの OSS が利用されることが多い.

(i) 知的財産権の対象となるのかならないのか：訓練用プログラムは「プログラム」なので，通常のプログラムが知的財産権の対象となるかどうかと同様の問題である．具体的にはアルゴリズムについては，特許法上の要件を充足すれば「物（プログラム）の発明」等として特許を受ける権利が発生するし，コード部分は著作権法による「プログラムの著作物」として著作権法上の保護を受ける（なお，オブジェクトコードに変換されても同様．著作権法 10 条 1 項 9 号）.
また，営業秘密等に該当すれば不正競争防止法により保護される.

(ii) デフォルトルール（法律上のルール）として誰がどのような権利を持っているか：法律上，特許を受ける権利を取得するのは発明者（作成者）であり，著作権を取得するのは創作者（作成者）であるから，当該プログラムを発明・創作した者が特許を受ける権利・著作権を取得することになる.
したがって，訓練用プログラムを開発者が一から開発したのであれば，デフォルトルールとしては開発者が特許を受ける権利も著作権も取得することになる.

訓練済みモデル

訓練済みモデルは，訓練用データセット同様，再利用可能であり，契約当事者の関心が非常に高い成果物である．

ただし，訓練済みモデルに関しては，契約上・交渉上「訓練済みモデル」という言葉が何を意味しているのかについて，慎重に見極める必要がある．というのは，訓練済みモデルは，「関数」「数理モデル」「アルゴリズム」「ネットワーク構造」「推論プログラム」「パラメータ」「それら各概念の組み合わせ」など多義的な意味を持っており，当事者が異なる意味で使うと大きなトラブルの原因となるからである．

本章では，2018 年 AI ガイドラインと同様，訓練済みモデルの用語を「『訓練済みパラメータ』が組み込まれた『推論プログラム』」を指すものとして用いる．

(i) 知的財産権の対象となるのかならないのか：訓練済みモデルのうち「推論プログラム」部分については，訓練用プログラムと同様に考えればよい．つまり，アルゴリズム部分は，特許法上の要件を充足すれば「物（プログラム）の発明」等として特許を受ける権利が発生するし，ソースコード部分は著作権法による「プログラムの著作物」として著作権法上の保護を受ける．例えば，特定の開発課題で非常に高い精度を持つ独自性の高いネットワーク構造を生み出した場合，そのネットワーク構造については「物（プログラム）の発明」として特許出願が可能となる可能性がある．

また，営業秘密等に該当すれば不正競争防止法により保護される．

訓練済みモデルのうち「訓練済みパラメータ」部分については後述するが，結論的には知的財産権の対象にはならないものと考える．

(ii) デフォルトルール（法律上のルール）として誰がどのような権利を持っているか：これも，「推論プログラム」部分については，訓練用プログラムと同様，開発者が一から開発したのであれば，デフォルトルールとしては開発者が特許を受ける権利も著作権も取得することになる．

訓練済みパラメータ

訓練済みパラメータとは，訓練用データセットと訓練用プログラムを用いた訓練の結果，得られたパラメータ（係数）をいう．すなわち「訓練用プログラムで自動的に生成される」かつ「大量の数値の列」であり，ディープラーニングの場合でいうと，訓練済みパラメータの中で主要なものとしては，各ノード間のリンクの重みづけなどがこれに該当する．

(i) 知的財産権の対象となるのかならないのか：訓練済みパラメータは，「訓練用プログラムで自動的に生成される」かつ「大量の数値の列」であって創作性がないことから「発明」にも「著作物」にも該当しないものと思われる．

もちろん，営業秘密等に該当すれば不正競争防止法により保護される．

(ii) デフォルトルール（法律上のルール）として誰がどのような権利を持っているか：営業秘密等にも該当しない訓練済みパラメータについては，知的財産権の対象ではないため誰も権利を持っていない．したがって，訓練済みパラメータを誰がどのように利用できるかについては，ユーザ・開発者双方の契約によって定めるしかないことになる．

なお，訓練済みモデルについて，本章のように「『訓練済みパラメータ』が組み込まれた『推論プログラム』」と定義する場合，訓練済みモデルと訓練済みパラメータの権利帰属や利用条件については，同じ扱いとすることがほとんどである．

ノウハウ

機械学習 SW の開発に際してはさまざまなノウハウが生じる．例えば，「実環境から生データを取得・選択する方法」「訓練用データセットへの加工方法」「訓練用プログラムを用いた効率的な訓練方法」「訓練済みモデルの本番環境における調整」などに関するノウハウである．

(i) 知的財産権の対象となるのかならないのか：ノウハウについては，無形の情報なので，著作権の対象にはならないが，「発明」の要件を満たすノウハウであれば特許を受ける権利の対象になりえるし，営業秘密等に該当すれば不正競争防止法により保護される．

(ii) デフォルトルール（法律上のルール）として誰がどのような権利を持っているか：営業秘密等や発明に該当しないノウハウについては，知的財産権の対象ではないため誰も権利を持っていない．したがって，ノウハウを誰がどのように利用できるかについては，ユーザ・開発者双方の契約によって定めるしかないことになる．

以上をまとめると，表 8.4 のように整理できる．

表 8.4　知的財産権による保護まとめ

	特許法（「発明」）	著作権法（「著作物」）	不正競争防止法（「営業秘密」「限定提供データ」）
生データ	×	△（著作物性があるデータのみ）	○（要件を満たす場合．以下同様）
訓練用データセット	×	△（データベースの著作物に該当する場合）	○
訓練用プログラム	○（アルゴリズム部分）	○（コード部分）	○
訓練済みモデル（推論プログラム＋訓練済みパラメータ）	○（アルゴリズム部分）	○（コード部分）	○
訓練済みパラメータ	×	×	○
ノウハウ	△（「発明」の要件を満たす場合）	×	○

8.4.3.4　契約条項をどのようにして自社に有利にデザインするかを知っておく

機械学習 SW 開発における 6 つの中間成果物・成果物についてのデフォルトルールがわかった．次に重要なのは，そのデフォルトルールを前提として，契約条項をどのようにデザインするかである．

典型的な暗礁乗り上げパターン：開発契約における，知的財産権に関する典型的な暗礁乗り上げパターンは以下のようなものである．

ユーザの主張：訓練用データセットや訓練済みモデルは，うちのノウハウや機密が詰まった生データを用いて生成されたものですし，開発に際して委託料も支払っています．当社が成果物の知的財産権を持っているはずです．

開発者の主張：生データだけでは訓練済みモデルは生成できません．高性能なモデルができるのは，データの前処理やモデルの訓練過程いずれにおいてもうちの高度のノウハウと多大な労力あってこそです．当社が成果物の知的財産権を持っているはずです．

整理の枠組み：このような対立は，ユーザ・開発者いずれもが「成果物等は自社のものである」，言い換えると「成果物の権利を自己に帰属させる」ことに固執することに起因している．

そして，このように「どちらが権利を持っているか」（権利の帰属）に双方がこだわっている限り永久に双方の溝は埋まらず，交渉に多大な労力と時間がかかり結局双方が競争力を失うことになる．

そこで，2018 年 AI ガイドラインで提唱され，実務でもよく用いられている整理の枠組みが，「権利帰属」と「利用条件」を分離して柔軟な条件設定をすることである．

例えば訓練済みモデルにつき，「開発者に権利を帰属させたうえで（「権利帰属」），「開発後，開発者は一定期間の目的外利用や競業的利用は禁止される一方で，ユーザは当該訓練済みモデルを自由に利用できる（「利用条件」）」等の対応をすることによって，当事者双方の利益に合致する契約を締結できる場合もあるだろう． 言い換えれば「双方が対象物の『権利帰属』ではなく『利用条件』で『実』をとることを目指す」という発想である．極端な言い方をすれば，自社が訓練済みモデルに関する権利を保有しておらず，相手に権利がすべて帰属していても，交渉の結果「モデルの第三者提供を含め，何の制限もなくモデルを自由に利用できる」という利用条件を設定できれば，実質的にはモデルの権利を保有していることとほとんど同じである．

具体的な検討方法：このように「権利帰属」と「利用条件」を分けて考えると

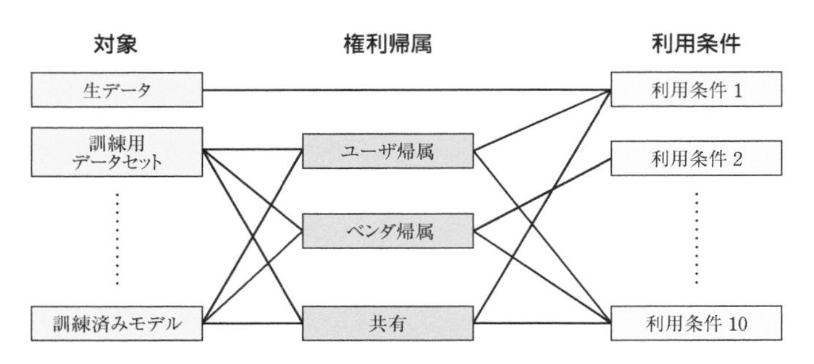

図 8.10 権利帰属と利用条件の検討

いう発想に立つと，理屈としては，6 つの中間成果物・成果物すべてについて「権利帰属」と「利用条件」を設定するということになる（図 8.10）．なお，図 8.10 で生データについて「権利帰属」を定めていないのは，生データについては現行法上知的財産権が発生しないため，直接「利用条件」を定めれば足りるためである（もちろん，著作物など知的財産権が発生する生データについては「権利帰属」が問題となる）．

(i) 権利帰属：権利帰属については，誰に権利帰属するかを合意するとすれば，以下の 3 パターンしかない．

- 開発者全部帰属
- ユーザ全部帰属
- ユーザ・開発者共有

2018 年 AI モデル契約では，成果物の権利帰属について以下のような条項を設けている（2021 年 AI モデル契約でも同様）．

【モデル開発契約 16 条 1 項】
1 本件成果物および本開発遂行に伴い生じた知的財産（以下「本件成果物等」という．）に関する著作権（著作権法第 27 条および第 28 条の権利を含む．）は，ユーザまたは第三者が従前から保有していた著作物の著作権を除き，ベンダに帰属する．
【モデル開発契約 17 条 1 項】

1 本件成果物等にかかる特許権その他の知的財産権（ただし，著作権は除く．以下「特許権等」という．）は，本件成果物等を創出した者が属する当事者に帰属するものとする．
2 ユーザおよびベンダが共同で創出した本件成果物等に関する特許権等については，ユーザおよびベンダの共有（持分は貢献度に応じて定める．）とする．（以下略）

ポイントは，成果物に関する知的財産権の帰属に関し，著作権と特許権等が別々の条項で規定されている点である．これは，開発を開始する段階において発生することが確実で，かつその帰属についてあらかじめ明確化しておきたいというニーズが強いプログラムの「著作権」と，発生するかどうかが不確定である「特許を受ける権利」については別の規定にしたいという意向が双方において強いためである．なお，上記の条項例は，著作権についてベンダに全部帰属，著作権以外の知的財産権は当該知的財産権を創出した者帰属とした例である．

(ii) 利用条件：利用条件については，ユーザ，開発者それぞれが，材料・中間成果物・成果物を，自社のビジネスにおいてどのように利用したいかをよく検討しなければならない．AI・データビジネスの展開方法にはさまざまなパターンがあり，当該パターンを実現できるように，ユーザ・開発者双方が利用条件を設計したうえで交渉する必要がある．つまり，利用条件に関する条項について交渉する前に，まずビジネスにおける展開パターンについて交渉し，合意しなければならないということである．ビジネスにおける展開パターンに関する交渉をせずに，いきなり利用条件の交渉をしてもうまくいかないことが多い．

8.4.3.5 小まとめ

以上述べてきたように「生成された訓練用データセット，訓練済みモデル，訓練済みパラメータは誰がどのような権利を持っているのか（知的財産権）」という点については，開発契約の当事者が非常に強い関心を持つ領域である．それがゆえに双方の意向が対立し交渉に非常に長い時間を要することも多い．

その点を整理するための枠組みとして本章では以下の 3 点を提案した．

1. 材料・中間成果物・成果物について，何が知的財産権の対象となるのかならないのかを知っておく．
2. 1. についてのデフォルトルール（法律上のルール）として，誰がどのような権利を持っているかを知っておく．
3. 契約条項をどのようにして自社に有利にデザインするかを知っておく（「権利帰属」にこだわらず「利用条件」で「実」をとる）．

8.4.4 責任

8.4.4.1 開発者がユーザに対して負担する3種類の責任

責任に関してよく聞かれる質問は以下のようなものである．

- ユーザの提供データを用いて開発者が開発したAIを組み込んだソフトウェアが誤作動して，ユーザや第三者に損害を与えた場合，誰が責任を負うのか．
- AIの誤作動に備えて，機械学習SW開発契約においてはどのような定めをすべきか．

これら機械学習SWの開発・利用に関して，開発者がユーザに対して負担する可能性がある責任は以下の3つに分類できる．

1. 機械学習SW開発遂行に際してユーザに生じた損害についての責任．
2. 成果物である機械学習SWの利用によりユーザに生じた損害についての責任．
3. 成果物である機械学習SWをユーザが利用したことによりユーザが第三者の知的財産権を侵害した場合の責任．

8.4.4.2 機械学習SW開発遂行に際してユーザに生じた損害についての責任

まず「機械学習SW開発遂行に際してユーザに生じた損害」の具体例として，「開発者が，通常の技術レベルを持つ開発者であれば発生しないレベルのミスを犯したことにより，学習に通常では考えられない期間を訓練に要したため納期に間に合わなかった」場合の責任を考える．

当然のことだが，開発契約の法的性質を準委任契約としたからといって，受任者である開発者が一切責任を負わないということではない．準委任契約においても，開発者は「善管注意義務」（民法644条．委任の本旨に従い，善良な管理者の注意をもって，委任事務を処理する義務）を負っている．したがって，この「開発遂行に際して生じた責任」については機械学習 SW 開発と通常のシステム開発を区別する合理性がない．

そのため，2018 年 AI モデル契約では以下のように定めている（2021 年 AI モデル契約でも同様）．

【第 22 条 1 項】
1 ユーザおよびベンダは，本契約の履行に関し，相手方の責めに帰すべき事由により損害を被った場合，相手方に対して，損害賠償（ただし直接かつ現実に生じた通常の損害に限る．）を請求することができる．ただし，この請求は，業務の終了確認日から●か月が経過した後は行うことができない．
2 ベンダがユーザに対して負担する損害賠償は，債務不履行，法律上の契約不適合責任，知的財産権の侵害，不当利得，不法行為その他請求原因の如何にかかわらず，本契約の委託料を限度とする．
3 前項は，損害が損害賠償義務者の故意または重大な過失に基づくものである場合には適用しないものとする．

まず，第 1 項において，AI の「開発遂行」に際して，開発者の責任でユーザに生じた損害については開発者に賠償責任があることを明記している．第 2 項，第 3 項においては，開発者が負担する損害賠償額の上限を開発者に故意・重過失がある場合を除き，委託料相当額までとしている．これは開発者の保護のための条項であるが，筆者の経験ではこのような条項が設けられる例が多い．

8.4.4.3 成果物である機械学習 SW の利用によりユーザに生じた損害についての責任

次に「成果物である機械学習 SW の利用によりユーザに生じた損害」の具体例として，「工場における半製品の異常検知 SW を開発者が開発してユーザに納品，ユーザが自社の工場において当該 SW を利用したところ，機械学習 SW が異常を見落としてユーザが不良品を顧客に出荷してしまい大きな損害を被った」場合の責任を考える．

先ほどの「機械学習 SW 開発遂行に際してユーザに生じた損害についての責任」と異なり，「機械学習 SW の利用によりユーザに生じた損害についての責任」については，開発者にその責任を問うことがかなり難しい．

理由としては，まず「誤判定の原因が不明である」という点が挙げられる．つまり，仮に誤判定が生じたとしても，それは，そもそも開発に際してユーザが提供したデータが偏っていたせいかもしれない．あるいは，開発者の選択したアルゴリズムが正しくなかったかもしれないが，想定外のデータがユーザによって入力されたせいかもしれない．つまり，誤判定の原因が特定できない．

また，開発者が開発しユーザに納品した機械学習 SW は，単体で利用されることは少なく，ユーザが利用するシステムの一部分に組み込まれて利用されるのが通常である．その場合，仮に誤った処理結果が機械学習 SW から出力されたとしても，それを受け取ったユーザシステムにおいて誤った結果が出力されることを防ぐ機能をユーザの責任で備えるべきだったとも考えることができる．つまり，機械学習 SW による誤った処理結果の出力と，ユーザが被った損害との間に因果関係がないとも考えられる．最後に，そもそも機械学習 SW においては，開発者にとっても処理結果が予見できないため，損害発生について開発者に故意や過失があるケースはほとんどない．

したがって，開発契約においては，この「機械学習 SW の利用によりユーザに生じた損害についての責任」については，開発者は責任を負わないとするのが合理的ではないかと思われる．

そこで，2018 年 AI モデル契約では，以下のように定めて，訓練済みモデルなど成果物等の使用等による責任を開発者は原則として負わないと定めている．

> 【第 20 条】
> ユーザによる本件成果物等の使用，複製および改変，並びに当該，複製および改変等により生じた生成物の使用（以下「本件成果物等の使用等」という．）は，ユーザの負担と責任により行われるものとする．ベンダはユーザに対して，本契約で別段の定めがある場合またはベンダの責に帰すべき事由がある場合を除いて，ユーザによる本件成果物等の使用等によりユーザに生じた損害を賠償する責任を負わない．

もちろん，当事者のニーズや力関係によっては，訓練済みモデルの利用によって生じた損害についても開発者に責任を負ってほしいということはありうると思われる．そのような場合においては，一定の期間や上限金額を設けたうえで開発者が損害賠償責任を負担するという条項にすることも考えられる．

8.4.4.4 成果物である機械学習SWをユーザが利用したことによりユーザが第三者の知的財産権を侵害した場合の責任

最後に「成果物である機械学習 SW をユーザが利用したことによりユーザが第三者の知的財産権を侵害した場合」である．具体例として，「ある訓練済みモデルの生成方法（学習方法）について A 社により特許登録がなされていた．開発者が当該特許を A 社に無許諾で実施して訓練済みモデルを生成してユーザに提供し，ユーザが不特定多数の第三者に当該モデルを提供しはじめたところ，A 社からユーザに特許権侵害であるとの警告書が届いた」場合の責任について考える．

この「成果物である機械学習 SW をユーザが利用したことによりユーザが第三者の知的財産権を侵害した場合の責任」は先ほど説明した「機械学習 SW の利用によりユーザに生じた損害」の一種だが，知的財産権の侵害についてはユーザの関心が非常に高いため別に検討する必要がある．

ユーザとしては，開発者に対して，知的財産権の非侵害保証（第三者の知的財産権を侵害しないことの保証）をしてほしいという要請を行うこともある．

しかし，例えば，開発者がベンチャー企業のような場合には，侵害の有無を調査検証する十分な人材や財力がないことも多く，開発者に知的財産権の非侵害の調査義務や責任分担を課すとすれば，開発そのものが阻害されたり，開発スピードの大幅な低下が生じたりする．

また開発者が知的財産権の非侵害調査を行うのであれば，委託料についても当該調査に関するコストが上乗せされることになる．そのため，開発者にそのような知的財産権の非侵害の調査義務や責任を負担させないことがユーザにとっても合理的な選択となる場合も想定される．そのため，知的財産権の侵害については，実務的に以下の 4 つのいずれかが採用されることが多い．

1. 一切保証をしないパターン
2. 著作権非侵害のみ保証するパターン
3. 「開発者が知る限り」侵害していないことを保証するパターン
4. すべての知的財産権の非侵害を保証するパターン

ここで「2. 著作権の非侵害のみ保証する」ことができるのは，特許権侵害と異なり，著作権侵害の場合，開発者が意図的に他社の著作物を複製しなければ侵害にならないため，開発者も非侵害を保証することができるためである．

2. のパターンの具体的条項例は以下のとおりである（2018年AIモデル契約B案）．

> 1 本件成果物等の使用等によって，ユーザが第三者の著作権を侵害したときは，ベンダはユーザに対し，第22条（損害賠償）第2項所定の金額を限度として，かかる侵害によりユーザに生じた損害（侵害回避のための代替プログラムへの移行を行う場合の費用を含む.）を賠償する．ただし，著作権の侵害がユーザの責に帰する場合はこの限りではなく，ベンダは責任を負わないものとする．
> 2 ベンダはユーザに対して，本件成果物等の使用等が第三者の知的財産権（ただし，著作権を除く）を侵害しない旨の保証を行わない．
> 3 ユーザは，本件成果物等の使用等に関して，第三者から知的財産権の侵害の申立を受けた場合には，直ちにその旨をベンダに通知するものとし，ベンダは，ユーザの要請に応じてユーザの防御のために必要な援助を行うものとする．

8.4.5 まとめ

以上，機械学習SW開発契約締結に際して問題となることが多い3つの領域について，その内容と契約上の対応方法について解説した．機械学習SWの開発においては，通常のシステム開発と原理的に異なる点が多々あることから，契約当事者双方がこれまでの契約交渉セオリーをそのまま振りかざすのでは合理的な交渉とならないことが多い．契約交渉に際しては，本章で紹介したような視点から，自社のビジネス推進のために，交渉条件のどこを譲ってどこを堅持するかについての徹底した検討が非常に重要となる．

なお付録Aにて，「模擬裁判の紹介」として，2019年10月28日に東京弁護士会主催で行われたAIシンポジウムの企画の一環として行われた模擬裁判について解説する．筆者は当該模擬裁判において陪席裁判官役を務めたが，テーマは，「AI開発契約であるにもかかわらず，従前のシステム開発の契約書を利用して契約を締結した場合，どのようなことがリスク事項になりうるのか，また，訴訟において，どのような点に注意をする必要があるのか」というものであり，まさに今後頻発しそうな紛争類型であるため大いに参考になる．

8.5 本章のまとめ

本章では，機械学習 SW の訓練フェーズにおいて起こる知的財産権や契約に関する問題について解説した．まず開発者が自らデータを収集して機械学習 SW を開発する場合においては，当該データに関する知的財産権や契約上の制約をクリアする必要があるため，その方法について具体例を用いて解説した．次に，ユーザから委託を受けて開発者が機械学習 SW を開発する場合においては，もっぱら開発委託に関する契約交渉が問題となるところ，交渉において問題となることが多い点（精度・知的財産権・責任）について説明した．また，機械学習 SW の開発委託契約において知的財産権の帰属が問題となる材料・中間成果物・成果物（生データ，訓練用データセット，訓練用プログラム，訓練済みモデル，訓練済みパラメータ，ノウハウ）について，具体的にどのような枠組みで契約交渉すべきかについて解説した．

第V部
機械学習工学の今後

Machine Learning
Professional Series

Chapter 9

今後に向けて

石川冬樹（国立情報学研究所）

本書で扱えなかったトピックにも言及しつつ，今後に向けた議論を行う．

9.1 本書の振り返り

本書においては，機械学習を用いたシステムの開発・運用の概観に続き，ソフトウェア工学におけるデザインパターンや品質モデル，テスティング技術を機械学習システムにどう展開していくかを論じた．また機械学習システム，あるいはAIシステム全般においてしばしば話題となる説明法と倫理について論じた．最後に，実務上重要となる権利や契約についても考え方をまとめた．内容としては多岐にわたったが，2018年ごろから機械学習技術の産業応用を見据えて盛んに議論され，一定の原則が整理・確立された領域について俯瞰している．

逆に，従来のソフトウェア工学分野で確立したが機械学習システムへの適合・展開がまだ進行中であるようなトピックについては本書では扱っていない．本章では，本書執筆時点（2021年はじめ）では十分に整理されていないトピックも紹介しつつ，今後の方向性について論じる．

なお，機械学習分野において長年議論されてきたモデルやハイパーパラメータの設計，データに関するさまざまな前処理や分析・可視化，画像など特定のドメインやデータに対する技術については本書では論じていない．これらについては，本書を含む『機械学習プロフェッショナルシリーズ』のほかの書籍などを参照されたい．

9.2 ソフトウェア工学に関連するほかのトピック

以下では，ソフトウェア工学に関連するトピックのうち，本書において深く踏み込めなかったトピックについて触れておく．

9.2.1 要求工学

2章においては，ゴール分解木を用いて，ビジネスのニーズを分解し，システムによる実現との対応がとれていることを確認した．このようにさまざまなステークホルダとのコミュニケーションによりニーズを分析し，システムが実現する事柄を定め，検証していく要求分析工程のための知見や技術は，**要求工学** (**requirements engineering**) と呼ばれている [1]．

本書においてはゴール分解木による基本的な分析のみを示したが，機械学習固有の性質を踏まえて要求分析をどう行うかの議論も盛んになってきている．例えば，従来からニーズの不確実性や外界環境の不確実性は盛んに議論されてきたが，機械学習の場合，さらに実装に関する不確実性が大きくなる．すなわち，実現可能な予測性能や工数（価値やコスト）が正確には見積もれない．産業界からの取り組みとしては，機械学習プロジェクトキャンバス [2] などの分析の枠組みも提起されている．今後関連する知見や実証がより積み重なっていくことを期待したい．

9.2.2 MLOps

本書においては機械学習の訓練あるいは推論に関する実行基盤となるシステムについては論じていない．従来のソフトウェアシステムに関しても，ハードウェアやネットワークも含めたシステム全体の運用が，ソフトウェアの開発と一体化し連動することの重要性が訴えられてきた (**DevOps**)．機械学習システムの場合，訓練において実行時間が膨大であるとともに，推論においても監視が必要である（3章）．そのため，やはりハードウェアも含めたシステム全体の考慮が重要となる．この観点は **MLOps**[3] といった語で議論されている．

9.2.3 実証的ソフトウェア工学とマネジメント

ソフトウェア工学において近年重要とされている領域の一つに，**実証的ソフトウェア工学 (empirical software engineering)** がある．その名のとおり，実証に重きをおいたアプローチである．例えば，どのような種類の不具合が実際に多いのか，どのような側面がコストの増大や納期の遅れに影響しているのかといったことの実態を調査したり，新しい技術の効果を広く測定したりするような取り組みが含まれる．こういった取り組みに基づき，完全になりえないテストについての終了基準や，リスクや工数の見積もりに関し考慮する側面などについての示唆が得られる．

機械学習工学においてもこのような取り組みは重要であろう．初期の取り組みとして，日本国内において機械学習システムの開発・運用における難しさを調査した取り組み [4] や，マイクロソフト社における実態調査を行った取り組みがある [5]．また GitHub や Stack Overflow から，深層学習に関する不具合の種別を調査した取り組みもある [6]．まだ実証としては小規模であるものの，今後このような調査が進み，知見が積み重なっていくことを期待したい．

特にマネジメントにおける意思決定，例えば工数の見積もり，リスクの洗い出し・分析，コードレビューやテストに関する活動の対象や終了基準については，従来のソフトウェアにおいて経験則が重要な役割を果たすことが多かった．今後，より実証的な開発・運用のデータに対する分析が進むことで，開発や運用の活動に関する意思決定を助けるような経験則が累積されていくことが望ましい．

9.2.4 システムズエンジニアリング

本書ではソフトウェア工学分野における概念，特に，開発プロセスやデザインパターン，品質マネジメント，テスティングに関する原則や技術を論じた．しかし機械学習システムの有効な活用や，その過程の効率化については，ソフトウェア工学という一つの分野に限らず，さまざまな工学分野の知見が活きる可能性がある．

例えばロボットシステムや自動運転システムであれば，ハードウェアや外界の分析と連動した全体の中で，機械学習モデルなどソフトウェアの役割を論じるべきである．また，広義のシステムとして，人間や社会を含む全体のあり方について，複数の専門領域にまたがり，多様な価値を踏まえて全体最適を考えることも必要である．このような考え方は，IoT (Internet-of-Things) や Industry 4.0 といった潮流の中で，**システムズエンジニアリング**として議論されている [7]．また歴史ある学問分野としても，ハードウェアも含めた全体を扱うシステム工学，信頼性に関する分析を深く踏み込んで扱う信頼性工学など多くの分野がある．

今後，これら多くの分野も踏まえた総合的なアプローチがますます重要になる．

9.2.5 セキュリティとプライバシー

セキュリティとプライバシーは，データの提供者から機械学習システムの利用者まで，多くのステークホルダや社会にとっても非常に重要である．また技術的にも，機械学習システムならではの特性や留意点がある．本書ではこれらの品質特性について深く踏み込めていない．技術的観点からの整理ははじまっており，例えば以下のようなものがある．

- 機械学習システムに対する攻撃の分類や整理 [8]
- プライバシーを保護しながらデータを解析する技術 [9]

これらの品質特性を踏まえてシステムをどう仕立て上げていくかという工学的アプローチについては，これからさらに整理されていくことが期待される．

9.3 機械学習工学の範囲

「機械学習工学」という分野においては，従来のソフトウェアと機械学習モデルとの違いに重点をおくことで，開発や品質保証，運用における課題が論じられてきた．この活動は，ともすればバズワードとして表面的に受け止められてしまう「AI」や「機械学習・深層学習」について，理解・議論をうながすという点で意義があったと考えられる．

一方で，以下の二つの点で，「機械学習工学」の範囲やあり方に疑問が残る．

- 従来のソフトウェアシステムでも，ヒューリスティクスによりあいまいな処理を実現していた場合，複雑すぎて実装が把握できない場合などはあったはずである．機械学習システムだけの課題ではないはずで，ソフトウェア工学と分けて考えるべきなのか．
- 機械学習，特に教師あり学習を主眼で考えているが，強化学習技術に基づき実世界で活動するロボット，教師なし学習技術により実現された推薦システム，さらには最適化技術により実現されたスマートシステムなどにも同様な特性や課題があるはずである．教師あり学習だけが対象でよいのか．

結局，機械学習工学として本書で論じた原則や技術は，「正解がない」「社会への影響が大きい」など複数の特性を持つシステムを扱う考え方を総合的に論じているといえる．このような特性は，従来システムにおいて存在しなかったわけではない．しかし，教師あり学習技術の産業応用が盛んに追求されたことにより，非常に多くの実務者がこのような特性を持つシステムに向き合うことになり，議論が活発化された．

今後は，本書で論じたような特性が含まれるシステムに対し，それぞれの特性に応じた工学的方法論を扱うことが肝要であろう．現在の「機械学習工学」は，これらの複数の特性を総体的にとらえたビューであるといえる．

機械学習工学において論じられてきたシステムの特性を以下に論じる．機械学習工学という名前はさておき，これからのソフトウェアシステム開発・運用において，これらの特性を扱う機会がますます増えていくと考えられる．

9.3.1 機能に対する要求があいまいである・正解がない

対象とする問題の性質上，適切な挙動とそうでないものの境界を厳密に決めかねる，あるいは唯一の正解が存在しないようなシステムである．教師あり学習技術の発展により，そのようなシステムを産業界にて開発・運用することが広く追求されるようになった．しかし，不良データの判定やプロジェクト工数の見積もりなど，従来もあいまいな要求に対するシステム実装は検討されており，人間が経験的，近似的に定めたモデルをもとに判断や予測を実装することがなされてきた．商品や学習題材の推薦システムも，同じくあいまいな要求を扱うシステムであり，教師なし学習技術にも分類される相関分析などを用いた実装が行われている．

本書においては，特に品質検査（5 章）や実行時監視（3 章）において，このシステム特性を扱った．例えばメタモルフィックテスティングなど，絶対的な正しさというわけではないものの疑似的な基準を用いることを論じてきた．またビジネス上の観点からの評価を行うことも肝要である（2 章）．出力や振る舞いに対して絶対的な正否がつけられない場合であっても，システムの適切さについて分析を行い，問題の検出をうながす考え方が求められるケースが増えていくであろう．

9.3.2 問題領域・想定環境がオープンである

オープンで無数の要素を含む実世界を扱うシステムである．自動運転が最も代表的であり，無数ともいえる「多様なシーン」において「多様な障害物」を検出し，安全な運転行動をとることが求められる．工場での不良品検出であればそこまでの多様性はないであろうが，起きうる不良品の種類や，検出に用いる製品画像に対する光のあたり方など，実世界の多様性を多かれ少なかれ扱うことになる．

本書においては，品質をとらえるガイドライン（5 章）に関連して，問題領域の分析やデータ品質の評価のために，明示的な場合分けを試みるアプローチを論じた．また実世界を対象とするがゆえに，運用時になってから想定漏れや変化が発生することは避けられず，継続的な品質の確認が必要であることは，運用の観点でも品質の観点でも論じた（3 章，5 章）．

IoT (Internet-of-Things) や CPS (Cyber-Physical Systems)，あるいは Society 5.0 といった潮流に示されるように，ソフトウェアシステムが実世界に踏み込むことはますます増えていくであろう．本章でも述べたように，システムズエンジニアリングやシステム工学などの考え方も交え，実世界における価値やリスクをとらえていく手法がますます重要になるであろう．

9.3.3 実装の振る舞いが把握・解釈できない

実装の振る舞いが複雑すぎて，人間による把握・解釈が困難なシステムである．特に深層ニューラルネットワークの産業応用において，この特性が注目されることになった．従来のソフトウェアにおいても，実装されたプログラムの振る舞いが複雑すぎたり，当時の設計者がいないことで振る舞いの規則性を把握しかねたりすることがあった．強化学習技術や最適化技術を用いた場合なども，得られた実装において，「どのようなケースでどのような判断がなされるか」の把握は困難である．

本書においては，説明法（6章）が最も関連する原則・技術となる．個別の出力や振る舞いの局所的な説明，あるいはモデル自体の大域的な説明のための技術が，このようなシステム特性に対処するための手段の一つとなる．また振る舞いの複雑さに起因して，振る舞いの頑健性や安定性に対する懸念がしばしば生じ，評価が必要なことも論じた（5章）．

本書では扱っていないが，ソフトウェア工学分野においても従来より，リバースエンジニアリングと呼ばれる技術により開発者の理解支援を行うことは盛んに取り組まれていた．また，ユーザビリティの一環として，システムの機能や利用の是非について理解しやすいことも，必要な品質特性として挙げられてきた．深層ニューラルネットワークなど実装依存の技術の深掘りを進めつつ，これまで以上に複雑さに対処する技術が重要になるであろう．

9.3.4 データが大きな役割を果たす

データが大きな役割を果たすシステムである．何か特徴的で有意義なデータがあった際に，その検索や表示の機能を提供するシステムは以前からあった．開発・運用の内部工程においてデータが用いられる点，統計的な性質や品質が重要となってくる点が，機械学習システムならではの特徴である．

本書においては，どの章においてもデータに関する論点が含まれている．本書において取り上げた権利や契約の扱いについては，データに関する議論も重要な主題となっている（8章）．

ビッグデータの潮流も受けて，機械学習工学以前からもデータを扱う原則や技術は盛んに追求されてきた．今後もソフトウェアの側面とデータの側面とを連携・融合して扱うことが求められるであろう．

9.3.5 人間・社会のあり方に対して影響が大きい

倫理的な観点など，人間・社会のあり方に対して影響が大きいシステムである．当然従来のソフトウェアシステムであっても，銀行システムのように人間の活動や社会の根幹を支えており，不具合の影響が大きなものは当然あった．機械学習を用いたAIシステムでは，公平性が求められる判断など，人間の尊厳や意識・感情にかかわる側面が直接扱われるようになっている．このようなシステムは，教師あり学習だけでなく，人間が経験論から設計したモデル，教師なし学習など他の技術により構築されることも多々ある．

本書においては，品質および倫理の観点から，公平性やアカウンタビリティに関する議論を行った（5章および7章）．

ソフトウェアの企画・開発・運用において，人間や社会への影響を考えることは当然であるものの，その影響が大きいシステムに携わる機会がどんどん増えている．技術者とガバナンス担当者などが連携して取り組むことがますます重要になるであろう．

9.3.6 開発・運用の不確実性・予測困難性が高い

未確立な技術を用いる，技術的な難易度が高い，そもそも組織として経験がない問題領域や機能に取り組むなど，未知の部分が大きいシステムである．本書執筆時点では，教師あり学習によるAIシステムに取り組んだ経験が，発注者や利用者においても，開発者においても現状まだ少ないということがあるであろう．また機械学習の場合，達成できる予測性能，必要な試行錯誤など，実装についての不確実性・予測困難性が高い．事前の開発や運用における不確実性が高いシステムである．アジャイルソフトウェア開発の潮流も，ある種の不確実性・予測困難性に対応する流れであった．

本書においては，ビジネス上の価値とリンクしていることを確認しつつ，不確実性を踏まえた品質評価や監視を行っていく点については述べた（2章，3章，5章）．しかし本章にて述べたように，マネジメントの方法論などについては今後さらなる原則や方法論の整理が期待される．

このような不確実性は，本来イノベーションを追求するうえで避けられないことであり，機械学習に限らず起きることであり，今後も向き合っていく事柄となるであろう．

9.4 おわりに

本章でまとめたように，機械学習工学は，複数のシステム特性に起因する難しさを，機械学習技術を題材として総合的に論じているといえる．9.3節で挙げたようなシステム特性はますます重要になってくると考えられる．世界の変化がますます激しくなっていく中で，本書の内容に対しても，技術の進化や経験の蓄積により更新があり，また教師あり学習に限らず新たな種類のシステムへの展開も進むであろう．その際に，本書にてまとめた原則やアプローチが，読者が向き合うべき課題解決や価値創造において助けになることを願う．

B i b l i o g r a p h y

参考文献

[1] 情報サービス産業協会 REBOK 企画 WG. 要求工学知識体系 (REBOK). http://www.re-bok.org/

[2] 三菱ケミカルホールディングス. 機械学習プロジェクトキャンバス. https://www.mitsubishichem-hd.co.jp/news_release/pdf/190718.pdf

[3] M. Treveil and the Dataiku Team. *Introducing MLOps: How to Scale Machine Learning in the Enterprise.* O'Reilly Media, 2020.

[4] F. Ishikawa, N. Yoshioka. How do engineers perceive difficulties in engineering of machine-learning systems?: Questionnaire survey. *Joint International Workshop on Conducting Empirical Studies in Industry and 6th International Workshop on Software Engineering Research and Industrial Practice (CESSER-IP 2019) at The 41st ACM/IEEE International Conference on Software Engineering (ICSE 2019)*, 2–9, 2019.

[5] S. Amershi, A. Begel, C. Bird, R. DeLine, H. Gall, E. Kamar, N. Nagappan, B. Nushi, T. Zimmermann. Software engineering for machine learning: A case study. *2019 IEEE/ACM 41st International Conference on Software Engineering: Software Engineering in Practice (ICSE-SEIP)*, 291–300, 2019.

[6] M. J. Islam, G. Nguyen, R. Pan, H. Rajan. A comprehensive study on deep learning bug characteristics. *The 27th ACM Joint Meeting on European Software Engineering Conference and Symposium on the Foundations of Software Engineering (ESEC/FSE 2019)*, 510–520, 2019.

[7] 情報処理推進機構社会基盤センター. システムズエンジニアリングの推進. https://www.ipa.go.jp/sec/our_activities/se.html

[8] R. S. S. Kumar, D. O. Brien, K. Albert, S. Viljöen, J. Snover. Failure modes in machine learning systems. *arXiv:1911.11034*, 2019.

[9] 佐久間淳. データ解析におけるプライバシー保護. 講談社, 2016.

A p p e n d i x 

付録A 模擬裁判の紹介

筆者が所属する法律事務所ではAI開発案件を多数法務サポートしているが，筆者が知る限り，AI開発のトラブルが実際の裁判まで発展したケースはない．

ここでは，おそらく史上初めてAI開発契約の効力が争われた裁判を紹介したい．ただし「裁判」といっても，2019年10月28日に東京弁護士会主催で行われたAIシンポジウムの企画の一環として行われた模擬裁判である．

テーマは，「AI開発契約であるにもかかわらず，従前のシステム開発の契約書を利用して契約を締結した場合，どのようなことがリスク事項になりうるのか，また，訴訟において，どのような点に注意をする必要があるのか」というものであり，まさに今後頻発しそうな紛争類型である．

機械学習SWの開発においてどのようなトラブルが生じうるか，それについて仮に裁判になった場合に裁判官（模擬裁判官の裁判長は知財専門の元裁判官が務めた）がどのような判断をするかは「機械学習と契約・知財」という8章のテーマとの関係でも非常に重要である．

筆者は模擬裁判における陪席裁判官役を務めたので，模擬裁判においてなされた議論を紹介したい．

なお，本稿は，事案の理解のために適宜改変・省略をしているが，不正確な部分があれば文責はすべて筆者にある．また，意見・コメントについては筆者の個人的な意見・見解である．

A.1 事案の概要

1 X社は食品の製造メーカ，Y社はAI開発を行っている開発者である．

2 X 社が Y 社に対して AI を含む不良品検出システムの開発を発注した．具体的には食品工場における製造ラインの最終検査工程において，製品の画像から自動的に不良品を検出するシステムである．

3 Y 社は，以下の工程を経て，本件不良品検出システムを開発した．

(1) X 社から提供を受けた製品のサンプル画像 1 万枚を加工して本件訓練用データセット*1 を作成．

(2) 本件訓練用データセットを用いて，深層学習の手法を取り入れた本件訓練用プログラムで学習させ，製品の画像から自動的に不良品を検出する本件訓練済みモデルを開発．

(3) 本件訓練済みモデルを組み込んだ本件不良品検出システムを開発．

(4) Y 社は X 社に対し，本件訓練済みモデルを組み込んだ本件不良品検出システムを納品した．なお，開発過程において作成された本件訓練用データセット，本件訓練用プログラム，本件ハイパーパラメータなどは納品されていない．また，本件訓練済みモデルを組み込んだ本件不良品検出システムは，ソースコードではなくバイナリコードの形式で納品されている．

4 X 社は，納品された本件不良品検出システムを運用していたが，その後，納品された本件不良品検出システムについて，さらに精度を上げるために改良すること，また，他の製品の製造ラインにも同種のシステムを組み込むために，納品された本件不良品検出システムを改変することを考えた．ただ，Y 社の報酬が高いため，別の開発者に発注をかけようとした．

5 X 社は，Y 社に対し，以下の要求をしたが，Y 社は拒絶した．

(1) Y 社が上記 3(1) で作成した本件訓練用データセットの引き渡し（開示）

(2) Y 社が上記 3(2) の本件訓練済みモデルを作成するときに利用した本件訓練用プログラムや本件ハイパーパラメータの引き渡し（開示）

(3) Y 社が上記 3(3) で開発した本件訓練済みモデルのソースコードの引き渡し（開示）

6 X 社は Y 社に対し訴えを提起した（図 A.1）．

---

*1 模擬裁判の解説部分で出てくる各用語（「訓練用データセット」や「訓練済みモデル」など）の定義は，2018AI ガイドラインに準拠している．

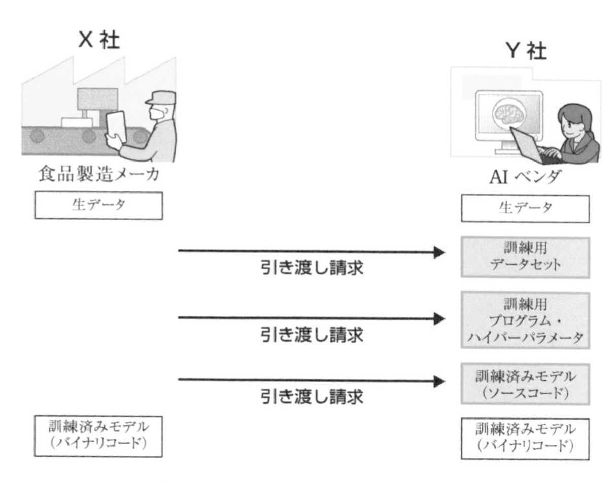

図 A.1　模擬裁判における請求内容

A.2　原告（X 社）の主張の概要

本件における原告の主張を極めてざっくりまとめると，「訓練済みモデルのバイナリコードの納品を受けているが，それ以外にも，訓練用データセット，訓練用プログラム，ハイパーパラメータ，訓練済みモデルのソースコードを引き渡してほしい．もし引き渡さないのであれば，それらの知的財産権が原告に帰属していることを前提に，それらの知的財産権の侵害に基づいて損害賠償請求をする」というものである．

法律的に整理すると以下のとおりとなる．

1 引き渡し請求
(1) 訓練用データセットの引き渡し請求
(2) 訓練用プログラム及びハイパーパラメータの引き渡し請求
(3) 訓練済みモデルのソースコード引き渡し請求
2 損害賠償請求
(1) 訓練用プログラム及びハイパーパラメータに関する著作権及び特許を受ける権利行使の妨害による損害賠償請求
(2) 訓練済みモデルのソースコードに関する著作権及び特許を受け

る権利行使の妨害による損害賠償請求

では，この事案において原告・被告の間で締結された開発契約はどのようなものだったのか．原告・被告は，2009年に経済産業省が作成・公表したITシステム開発のモデル契約（以下2009年経産省モデル契約）*2 どおりの契約を締結していた．当該契約書のうち，関係する条項のみを抜粋し，さらに適宜簡略化したのが以下のとおりである（甲がユーザ，乙がベンダである）．

A.3 契約条項

（納入物の納入）
第26条 乙は甲に対し，個別契約で定める期日までに，個別契約所定の納入物を検収依頼書 (兼納品書) とともに納入する．
2. 甲は，納入があった場合，次条の検査仕様書にき，第28条（本件ソフトウェアの検収）の定めに従い検査を行う．
3. 乙は，納入物の納入に際し，甲に対して必要な協力を要請できるものとし，甲は乙から協力を要請された場合には，すみやかにこれに応じるものとする．
4. 納入物の滅失，毀損等の危険負担は，納入前については乙が，納入後については甲が，それぞれこれを負担するものとする．

（資料等の提供及び返還）
第39条 甲は乙に対し，本契約及び各個別契約に定める条件に従い，当該個別業務遂行に必要な資料等の開示，貸与等の提供を行う．
2〜4 中略
5. 甲から提供を受けた資料等（次条第2項による複製物及び改変物を含む．）が本件業務遂行上不要となったときは，乙は遅滞なくこれらを甲に返還又は甲の指示に従った処置を行うものとする．
6. 略

*2 なお，この「2009年経産省モデル契約」は，2020年4月に施行された改正民法等に関係する論点やそれ以外の論点について見直しを行い，2020年12月22日に「情報システム・モデル取引・契約書・第二版」として公開されています．詳細は https://www.ipa.go.jp/ikc/reports/20201222.html を参照ください．本稿の記載は「2009年経産省モデル契約」を前提としています．

（資料等の管理）
第 40 条 乙は甲から提供された本件業務に関する資料等を善良な管理者の注意をもって管理，保管し，かつ，本件業務以外の用途に使用してはならない.
2. 乙は甲から提供された本件業務に関する資料等を本件業務遂行上必要な範囲内で複製又は改変できる.

（秘密情報の取扱い）
第 41 条 甲及び乙は，本件業務遂行のため相手方より提供を受けた技術上又は営業上その他業務上の情報のうち，相手方が書面により秘密である旨指定して開示した情報，又 は口頭により秘密である旨を示して開示した情報で開示後 10 日以内に書面により内容 を特定した情報（以下あわせて「秘密情報」という.）を第三者に漏洩してはならない．但し，次の各号のいずれか一つに該当する情報についてはこの限りではない．また，甲及び乙は秘密情報のうち法令の定めに基づき開示すべき情報を，当該法令の定め に基づく開示先に対し開示することができるものとする.（略）2～4 中略
5. 秘密情報の提供及び返却等については，第 39 条（資料等の提供及び返還）を準用する.
6. 以下略

（納入物の特許権等）
第 44 条 本件業務遂行の過程で生じた発明その他の知的財産又はノウハウ等（以下あわせて「発明等」という.）に係る特許権その他の知的財産権（特許その他の知的財産権 を受ける権利を含む．但し，著作権は除く.），ノウハウ等に関する権利（以下，特許権 その他の知的財産権，ノウハウ等に関する権利を総称して「特許権等」という.）は， 当該発明等を行った者が属する当事者に帰属するものとする.
2. 甲及び乙が共同で行った発明等から生じた特許権等については，甲乙共有（持分は貢献度に応じて定める.）とする．この場合，甲及び乙は，共有に係る特許権等につき，それぞれ相手方の同意及び相手方への対価の支払いなしに自ら実施し，又は第三者に対し通常実

施権を実施許諾することができるものとする．
3～4 略

（納入物の著作権）
第 45 条 納入物に関する著作権（著作権法第 27 条及び第 28 条の権利を含む．以下同じ.）は，乙又は第三者が従前から保有していた著作物の著作権及び汎用的な利用が可能なプログラムの著作権を除き，甲より乙へ委託料が完済されたときに，乙から甲へ移転する．なお，かかる乙から甲への著作権移転の対価は，委託料に含まれるものとする．
2. 甲は，著作権法第 47 条の 3 に従って，前項により乙に著作権が留保された著作物につき，本件ソフトウェアを自己利用するために必要な範囲で，複製，翻案することができるものとし，乙は，かかる利用について著作者人格権を行使しないものとする．また，本件ソフトウェアに特定ソフトウェアが含まれている場合は，本契約及び個別契約に従い第三者に対し利用を許諾することができるものとし，かかる許諾の対価は，委託料に含まれるものとする．

【個別契約から抜粋】
1. 作業範囲
X 社の食品工場の製品（商品名○○）の製造ラインにおける AI を利用した不良品検出システム開発，テスト及びドキュメント類作成
2. 納入物
・システム設計書 印刷部数 1 部 CD-ROM 1 部
・ソフトウェアテスト及び結果報告書 印刷部数 1 部 CD-ROM 1 部
・システムテスト仕様書及び結果報告書 印刷部数 1 部 CD-ROM 1 部
・ソースプログラム CD-ROM 2 部
・システム運用マニュアル 印刷部数 1 部 CD-ROM 1 部
・ユーザ利用マニュアル 印刷部数 1 部 CD-ROM 1 部
（以下略）

A.4　原告主張の根拠と被告の反論およびコメント

原告の請求は「引き渡し請求」と「損害賠償請求」に大きく分かれるが，各争点に関する原告の主張と被告の反論，筆者のコメントは以下のとおりである．

A.4.1　引き渡し請求

A.4.1.1　(1) 訓練用データセットの引き渡し請求

原告は契約上の二つの条項を手がかりに，二つの異なる根拠で訓練用データセットの引き渡し請求をした．

（ア）訓練用データセットは「納入物」に含まれる．

原告の主張　訓練用データセットは個別契約書の「納入物」に定められている「ソースプログラム」に含まれるため，引き渡しを求める．

被告の主張　訓練用データセットは中間成果物にすぎず，納入物（＝ソースプログラム）には含まれない．

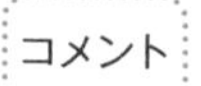

訓練用データセットは生データを加工したデータベースの成果物なので，「『納入物』として定められているソースプログラムに含まれる」という原告の主張は成り立たないと思われる．実際の模擬裁判でもこの点に関する原告の主張は成り立たない可能性が高いとの意見が大半であった．

（イ）訓練用データセットは「秘密情報」の「改変物」に含まれる．

原告の主張　・原告が提供した生データ（＝製品のサンプル画像1万枚）は，第41条第1項の「秘密情報」である．

・秘密情報の返却に関しては，第41条第5項で第39条が準用されている．

・第39条第5項では，「甲から提供を受けた資料等（次条第2項による複製物及び改変物を含む．）」の返還が定められている．

・本件訓練用データセットは，原告が提供した生データ（＝製品のサンプル画像1万枚）を加工して作成されたものであるから，当該生データの「改変物」である．

被告の主張　生データをベンダのノウハウにより大幅に加工してデータベース化しており，まったく別物の情報に変更されているため，生データの「改変物」にあたらない．

コメント　この（イ）の主張は（ア）より原告の主張の筋がよいように思われる．まず，原告が被告に提供した生データ自体が「秘密情報」に該当することには争いがない．したがって「訓練用データセット」が「秘密情報」を「改変」したものなのかが争点となり，そもそも「改変」がどのような意味なのかが問題となる．模擬裁判では，裁判長は，まずその点に関する契約書以外の資料（メールや議事録や提案資料など）がないかを確認した（ちなみに，今回の模擬裁判では契約書の文言の解釈だけが問題となったが，実際の案件においては契約書だけが作成されているということはほとんどなく，提案書等の資料の授受やメールのやりとり，議事録などがあるので，それらの記載が非常に重要となる．）．次に裁判長は，著作権法上の「改変」（著作権法第 20 条）という文言が解釈の手がかりになるのではないかと指摘をした．この点については，訓練用データセットについては生データの「改変」に該当する場合があるのではないかと思われる（一方，訓練用プログラム，ハイパーパラメータ，訓練済みモデルについては生データ（秘密情報）となんらかの意味で類似性や同一性があるとはいいがたいと考える）．つまり，訓練用データセット＝生データ＋加工（クレンジングやアノテーション）＋データベース化（学習に適したデータの取捨選択）により生成されるため，その加工の程度によっては，（著作権法上の「改変」や）本契約書上の「改変」に該当し，原告の請求が成り立つ可能性があるのではないかと思われる．模擬裁判でも，ベンダがどの程度生データを加工して訓練用データセットを生成したかについて裁判所が被告に説明を求めていた．

A.4.1.2　(2) 訓練用プログラム及びハイパーパラメータの引き渡し請求

原告は，(2) についても，訓練用データセットと同様，契約上の二つの条項を手がかりに，二つの異なる根拠で訓練用プログラム及びハイパーパラメータの引き渡し請求をした．

（ア）訓練用プログラム・ハイパーパラメータは「納入物」に含まれる．

原告の主張　訓練用プログラム・ハイパーパラメータは個別契約書「納入物」に定められている「ソースプログラム」に含まれるため，引き渡しを求める．

被告の主張　訓練用プログラム・ハイパーパラメータは被告がもともと保有しているプログラムやノウハウであり，「納入物」としての「ソースプログラム」に含まれない．

コメント　訓練用プログラム・ハイパーパラメータは，被告の主張するとおり被告がもともと保有しているプログラムやノウハウであるため，「『納入物』として定められているソースプログラムに含まれる」という原告の主張は成り立たないと思われる．

（イ）訓練用プログラム・ハイパーパラメータは「秘密情報」の「改変物」に含まれる．

原告の主張　訓練用データセットと同様「秘密情報」の「改変物」に含まれ，被告に返却義務がある．

被告の主張　提供された生データとは無関係に，被告が自己のノウハウに基づき作成・設定したものであり，生データの「改変物」にあたらない．

コメント　ここも生データが「秘密情報」に該当することは争いがないが，訓練用データセットと異なり，訓練用プログラム及びハイパーパラメータが生データの「改変物」に該当するということはありえないため，原告の請求は成り立たないと思われる．

A.4.1.3 (3) 訓練済みモデルのソースコード引き渡し請求

最も熱い論点である．原告からすれば，訓練済みモデルのソースコードを引き渡してもらえれば，別のベンダにそれを渡して精度向上や保守が可能になる一方で，ベンダとしてはノウハウの塊であるソースコードの引き渡しは何としても避けたいところである．原告は，(3) についても，契約上の二つの条項を手がかりに，二つの異なる根拠で訓練済みモデルのソースコードの引き渡しを請求した．

(ア) 訓練済みモデルのソースコードは「納入物」に含まれる.

原告の主張

訓練済みモデルのソースコードは個別契約書「納入物」に定められている「ソースプログラム」に含まれるため, 引き渡しを求める.

被告の主張

ソースコードは開発の源泉であり, 開示してしまうとノウハウや営業秘密が漏れてしまうばかりか, 簡単に複製や改変が可能となってしまう. そのため, 取引通念上ソースコードを非開示にして納品するものである. したがって, ソースプログラムとは, あくまで完成品としてのプログラムを指すにすぎず, ソースコードは含まれない.

コメント

通常「ソースコード」と「ソースプログラム」は同義と解釈されている. したがって, この点については, 契約書の文言だけを見る限りでは, 原告の請求が成り立つ可能性が高いのではないかと思われる. 模擬裁判での被告の主張も「ソースプログラム」という言葉については, 担当者が契約書のひな形をそのまま利用してしまった, などかなり苦しいものであった. もっとも, ユーザは当初バイナリコードしか納品を受けておらず, その点について特に不満などをいわなかったにもかかわらず, 後日態度を翻してソースコードの引き渡し請求をしてきたことについてどのように考えるか, という問題はある (ちなみに, 納品後どの程度の期間不満をいわずに使っていたか, という事情は明らかではない). 模擬裁判においては, その点がかなり重視され, 裁判長からは「納品時に不満をいわなかったのに, なぜ一定期間が経過してからソースコードの引き渡しをしてほしいと言い出したのか」という点について, 原告に説明するよう要請があった. 模擬裁判では結論まで出さなかったが, この点については,「契約書には『ソースプログラム』と記載されているが, 当事者間の合理的な意思解釈として, それはバイナリコードの意味だった」ということが成り立つかどうかがポイントである. 契約書に明確に「ソースプログラム」と記載がある以上, 筆者はそのような解釈が成り立つ可能性は乏しいのではないかと考える. ただし, 実際の裁判では, 周辺事情, 具体的には, 納品後原告が異議を述べていなかった期間の長短や, 契約締結前にどのようなやりとりがなされたのか (例えば, 原告自身での改変や保守が想定されているなど, ソースコードを開示することが前提となっているようなやりとりがあったか) などによって結論は変わってくると思われる.

（イ）訓練済みモデルのソースコードは「秘密情報」の「改変物」に含まれる．

原告の主張　訓練用データセットと同様「秘密情報」の「改変物」に含まれ，被告に返却義務ある．

被告の主張　生データを改変してもソースコードにはならない．ソースコードはベンダのノウハウにより制作されたものであるから，生データの「改変物」にあたらない．

コメント　ここも生データが「秘密情報」に該当することには争いがないが，訓練済みモデルがその「改変物」に該当するということはありえないため，原告の請求は成り立たないと思われる．

A.4.2　損害賠償請求（双方の主張を一部省略している）

原告の主張　ベンダが訓練済みモデルのソースコードをユーザに引き渡さずまたは開示しないことにより，原告は訓練済みモデルのソースコードに関する著作権及び特許を受ける権利が行使できず損害を被った．そこで，原告は被告に対し，不法行為により損害賠償を求める．理由は以下のとおり．

(1) 著作権について

・「納入物に関する著作権は，乙又は第三者が従前から保有していた著作物の著作権及び汎用的な利用が可能なプログラムの著作権を除き，甲より乙へ委託料が完済されたときに，乙から甲へ移転する．」とされている（第45条第1項）．

・本件訓練済みモデルは「納入物」の一部である「ソースプログラム」に含まれる．

・したがって，委託料の支払いがあれば，本件訓練済みモデルの著作権は被告から原告に移転する．

(2) 特許を受ける権利について

・特許を受ける権利は，単独で当該発明等を行った場合には，その発明者が属する当事者に帰属し，共同で発明した場合には共有となる（第44条第1項，同第2項）．

・本件訓練済みモデル自体は被告が作成しているものの，本件訓練済みモデルは原告が提供した生データ（製品のサンプル画像1万枚）をもとにして作成されたものである．また，訓練用データセットを作成するときには，原告の知見が活用されており，またアイデアで解決すべき課題の設定も原告が行っている．

・したがって，本件訓練済みモデルは，原告と被告が共同して発明したものであり，原告は特許を受ける権利を享有している．

被告の主張

(1) 著作権について

そもそもソースコードは「ソースプログラム」に含まれないから「納入物」に含まれず，そもそも第45条第1項の適用がない．仮に，「ソースプログラム」に含まれるとしても，訓練済みモデルのソースコードは，その全部または一部をほかに転用することが可能であるから，「汎用的な利用が可能なプログラム」にあたり，その著作権は被告に留保される．

(2) 特許を受ける権利について

・ソースコードの制作において，ユーザの知見は提供されておらず，もっぱら被告が自己のノウハウに基づき単独で開発したものであるから，特許を受ける権利は被告に帰属する．

・したがって，ソースコードの特許を受ける権利は被告に帰属する．

・原告は事業上の課題を述べただけであり，技術課題は，被告が独自に設定し解決手段も自ら考案した．

コメント

これは非常に興味深い論点である（ちなみに，著作権や特許を受ける権利がどちらに帰属しているかの問題と，ソースコードなどの引き渡し請求権があるかの問題は別の問題である）．

(1) 著作権について

まず著作権についてであるが，この点に関し，訓練済みモデルのソースコードは納入物に含まれる可能性が高いのは前述のとおりである．とすると，著作権に関する論点においては，訓練済みモデルのソースコードが契約書に記載されている「汎用的な利用が可能なプログラム」に該当するかどうかによって結論が左右される．該当すれば著作権はベンダに帰属する一方で，該当しなければ著作権はユーザに移転する．筆者が調べたところ2009年経産省モデル契約における「汎用的な利用が可能なプログラム」の意味について争われた裁判例は発見することができなかった．もっとも，2009年経産省モデル契約の当該条項の解説部分に「汎用的な利用が可能なプログラム」の解釈についての手がかりがある（95ページ）．具体的には以下の部分である．

・・・・・・・・・・・・・・・・・・・・・・・・・・・

B 案では，ベンダ単独で作成した著作物の著作権についてユーザに譲渡することとし，原則としてユーザに権利を帰属させる．但し，ベンダが将来のソフトウェア開発に再利用できるように，同種のプログラムに共通に利用することが可能であるプログラムに関する権利（ベンダが従前より権利を有していたもの及び本件業務により新たに取得したものを含む．）及びベンダが従前から保有していたプログラムに関する権利は，ベンダに留保されるものとする．ベンダは，本契約の秘密保持義務に反しない限り，他のソフトウェア開発においても汎用プログラム等を利用することが可能となる．

・・・・・・・・・・・・・・・・・・・・・・・・・・・

これは実質的にいうと，「汎用的な利用が可能なプログラムに関する著作権をベンダに帰属させることで，ベンダにおける同種案件の開発効率が向上する．それは，開発委託費用の低減につながり，ユーザの利益にもなる．ベンダが秘密保持義務を遵守すればユーザに不利益はないはず．」という考えが背後にあるものと思われる．そうすると，ここでいう「汎用的な利用が可能なプログラム」とは，「一切カスタマイズせずに，そのまま使い回せるプログラム」とまで狭く解釈する合理性はなく，「若干のカスタマイズをすることで同種案件において使いまわしが可能なプログラム」という意味でとらえるべきではないかと思われる．「汎用的な利用が可能なプログラム」という文言の意味がそのような意味だとすると，訓練済みモデルのソースコードについては，同じ訓練済みモデルに別データで訓練させることにより同種案件で使いまわすことが可能なので，「汎用的な利用が可能なプログラム」に該当し，著作権はベンダに帰属するのではないかと考える．

(2) 特許を受ける権利について

次に特許を受ける権利だが，この論点は，結局，当該発明を誰が行ったのかという問題に帰着する．ベンダが単独で発明を行ったのであればベンダに単独で特許を受ける権利が帰属するし，ユーザ・ベンダが共同して発明を行った場合には，特許を受ける権利は共有となる．これは「(共同) 発明者の認定」に関する問題であり，よく裁判で争われる論点である．例えば平成 21 年 10 月 8 日大阪地裁判決では「発明者」の意義について「発明とは『自然法則を利用した技術的思想の創作のうち高度のもの』をいい（特許法2条1項），特許発明の技術的範囲は，特許請求の範囲の記載に基づいて定めなければならない（同法70条1項）．したがって発明者（共同発明者）とは，特許請求の範囲の記載から認められる技術的思想について，その創作行為に現実に加担した者ということになる．また，現実に加担することが必要であるから，具体的着想を示さずに，当該創作行為について，単なるアイデアや研究テーマを与えたり，補助，助言，資金の提供，命令を下すなどの行為をしたのみでは，発明者ということはできない」と判示している．したがって，ユーザが発明者に該当するか否かはケースバイケースだが，単にデータを提供しただけとか，委託料を支払っただけではユーザが発明者になることはないと思われる．

A.5 事案に関するまとめ

1. 訓練用データセットの引き渡し請求について
   納品物（「ソースプログラム」）には含まれない．「秘密情報」の「改変物」に該当する可能性はあるが，生データをどの程度加工したかという程度問題となる．
2. 訓練用プログラム・ハイパーパラメータの引き渡し請求について
   納品物（「ソースプログラム」）にも「秘密情報」の「改変物」にも含まれない．
3. 訓練済みモデルのソースコードについて
   納品物（「ソースプログラム」）には含まれ，引き渡し請求の対象となると思われる．ただし，バイナリコードを納品した後の状況や開発契約締結交渉のやりとり次第では，認められない可能性もある．
4. 訓練済みモデルの著作権や特許を受ける権利について
   著作権については，訓練済みモデルが納品物（「ソースプログラム」）に含まれるため，原則としてベンダからユーザに移転する．ただし「汎用的な利用が可能なプログラム」に該当すればベンダに著作権が留保されるが，「汎用的な利用が可能なプログラム」の意味を「若干のカスタマイズをすることで同種案件において使いまわしが可能なプログラム」という意味でとらえると，訓練済みモデルのソースコードは，「汎用的な利用が可能なプログラム」に該当するのではないかと思われる．特許を受ける権利については，ユーザが発明者になるかはケースバイケースだが，単にデータを提供しただけとか，委託料を支払っただけではユーザが発明者になることはない．

索　引

欧字

あ行

か行

さ行

た行

な行

は行

ま行

や行

ら行

編著者紹介（［　］内は執筆箇所）

いしかわふゆき
石川冬樹　博士（情報理工学）　［1，5，9 章］
2007 年　東京大学大学院情報理工学系研究科博士課程修了
現　在　国立情報学研究所アーキテクチャ科学研究系 准教授，
国立情報学研究所先端ソフトウェア工学・国際研究センター 副センター長

まるやま　ひろし
丸山　宏　博士（工学）
1983 年　東京工業大学大学院理工学研究科修士課程修了
現　在　株式会社 Preferred Networks PFN フェロー

著者紹介

かきぬまたいち
柿沼太一　弁護士・弁理士　［8 章，付録 A］
1997 年　京都大学法学部卒業
2000 年　弁護士登録
現　在　弁護士法人 STORIA 代表

たけうちひろのり
竹内広宜　博士（工学）　［2 章］
2000 年　東京大学大学院工学系研究科修士課程修了
現　在　武蔵大学経済学部 教授

どばし　まさる
土橋　昌　［3 章］
2008 年　東北大学大学院情報科学研究科修士課程修了
現　在　株式会社エヌ・ティ・ティ・データ 技術革新統括本部 技術開発本部
エグゼクティブ IT スペシャリスト（プラットフォーム）

なかがわひろし
中川裕志　工学博士　［1，7 章］
1980 年　東京大学大学院工学系研究科博士課程修了
現　在　理化学研究所革新知能統合研究センター チームリーダー

はら　さとし
原　聡　博士（工学）　［6 章］
2013 年　大阪大学大学院工学研究科博士後期課程修了
現　在　大阪大学産業科学研究所 准教授

ほりうちしんご
堀内新吾　［3 章］
2013 年　東京大学大学院情報理工学系研究科修士課程修了
現　在　株式会社エヌ・ティ・ティ・データ 技術革新統括本部 技術開発本部
シニアエキスパート

わしざきひろのり
鷲崎弘宜　博士（情報科学）　［4 章］
2003 年　早稲田大学大学院理工学研究科博士後期課程修了
現　在　早稲田大学理工学術院基幹理工学部 教授，
早稲田大学グローバルソフトウェアエンジニアリング研究所 所長，
国立情報学研究所 客員教授，株式会社システム情報 取締役（監査等委員），
株式会社エクスモーション 社外取締役

NDC007　332p　21cm

機械学習プロフェッショナルシリーズ
機械学習工学

2022年7月20日　第1刷発行

編著者　石川冬樹・丸山　宏
著　者　柿沼太一・竹内広宜・土橋　昌・中川裕志
　　　　原　聡・堀内新吾・鷲崎弘宜

発行者　髙橋明男
発行所　株式会社　講談社
〒112-8001　東京都文京区音羽2-12-21
販売　(03)5395-4415
業務　(03)5395-3615

KODANSHA

編　集　株式会社　講談社サイエンティフィク
代表　堀越俊一
〒162-0825　東京都新宿区神楽坂2-14　ノービィビル
編集　(03)3235-3701

本文データ制作　藤原印刷株式会社
印刷・製本　株式会社ＫＰＳプロダクツ

Printed in Japan

ISBN 978-4-06-528586-2